JN268695

Q&A
マニュアル

REPTILES AND AMPHIBIANS
爬虫両生類
飼育入門

ロバート・デイヴィス
ヴァレリー・デイヴィス

監訳／千石正一

緑書房

目　次

飼育を始める前に ───────────────── 5

爬虫類の飼育方法 ───────────────── 10
爬虫類カタログ ────────────────── 46

両生類の飼育方法 ───────────────── 138
両生類カタログ ────────────────── 160

学名索引 ──────────────────── 202
和名索引 ──────────────────── 205

An Andromeda Book

Copyright 1997
Andromeda Oxford Limited
Copyright 2006 The Brown
Reference Group plc

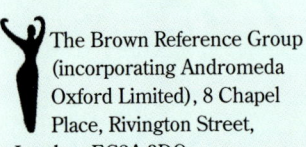

The Brown Reference Group (incorporating Andromeda Oxford Limited), 8 Chapel Place, Rivington Street, London, EC2A 3DQ

日本語版発行　緑書房

Advisory Editor　PROFESSOR MALCOLM PEAKER

Project Editors　　　Lauren Bourque
　　　　　　　　　　Fiona Gold
Art and Design　　　Ayala Kingsley
　　　　　　　　　　Chris Munday
　　　　　　　　　　Frankie Wood
Editorial Assistant　 Mark McGuinness
Picture Research
　Manager　　　　　Claire Turner
Proofreader　　　　 Lynne Elson
Indexer　　　　　　Ann Barrett
Production Manager　Clive Sparling
Publishing Director　Graham Bateman

Managing Editor For Salamander Books
　Anne McDowall

Colour origination by Pendry Litho Ltd., Hove, England
Printed by Polygraph Print, Presov, Slovakia
Japanese edition published by Midori Shobo Co., Ltd. Tokyo 1998
Translation rights arranged with Brown Reference Group plc, London through Tuttle-Mori Agency, Inc. Tokyo

はじめに

　一括して爬虫両生類herptilesと呼ばれるこの類の動物を飼育する楽しさ、面白さは、言葉で説明しようとしてもなかなかむずかしい。彼らは昔から（そしていまだに）、迷信や恐怖感、嫌悪感などと結びついた「悪評」にはこと欠かなかった。しかし、爬虫両生類が持つ多種多様な形態に魅力を感じる人びとが増えるにつれ、彼らのイメージも変わりつつある。その姿形や習性に魅せられて飼育する人もいれば、自宅の居間に「自然の小さなかけら」をつくることを楽しむ人もいる。

　飼育を始める理由はともかく、爬虫両生類の人気は急激に高まっている。ここ20年間に出版された関連書は、過去100年に比べてはるかに多い。また、専門的な設備機器や餌、栄養剤なども簡単に入手できるようになり、以前は不可能と思われていた種類でも、飼育、繁殖できる機会が増えている。一方、環境保護の観点から商業取り引きが厳しく制限される種も多い。規制の対象は、時を経るにつれて確実に増え、これに伴って、養殖による個体数の確保が急がれることになるだろう。

　爬虫両生類の飼育自体はさほどむずかしくないが、経験を積んだ飼育者でもさまざまな問題に直面することがある。動物を家に迎える前に、飼育者としての責任を十分に考えておかなければならない。事前準備をないがしろにすると、動物は苦しみ、ひいては飼い主も深い失望感を味わうことになる。

　爬虫両生類の飼育は、とりわけ栄養面での配慮がむずかしく、子供が飼育する場合は、かならず監視役の大人が必要になる。動物を手に入れる前に、経験のある「爬虫両生類に詳しい先輩、専門家」を見つけておくほうが良い。

　これまで私たちは、さまざまな爬虫両生類を飼育し、講演や著作活動を行い、専門誌の相談コーナーを担当してきた。本書は、こうした経験の中で私たちに投げかけられた（そして私たち自身が感じた）疑問をもとに執筆している。第1章「飼育を始める前に」は、爬虫類、両生類双方に共通するものだが、続く4つの章は、爬虫類、両生類ごとに、それぞれ実践的な飼育方法全般の情報、および個別の種と固有の条件という2つの部で構成している。

　本書では、現在市販されている組立式モデルや目的別モデルを念頭に、ビバリウムのサイズを従来の水槽に用いられるガロン表記ではなく、長さ×幅×高さ表記で示した。

　長年、爬虫両生類を飼育、繁殖させながら、私たちはこのすばらしい動物たちの魅力、飼育の楽しさ、成功した喜びを存分に味わってきた。本書が、読者の皆さんも同じような満足感を味わう一助となるように願っている。

ロバート＆ヴァレリー・デイヴィス

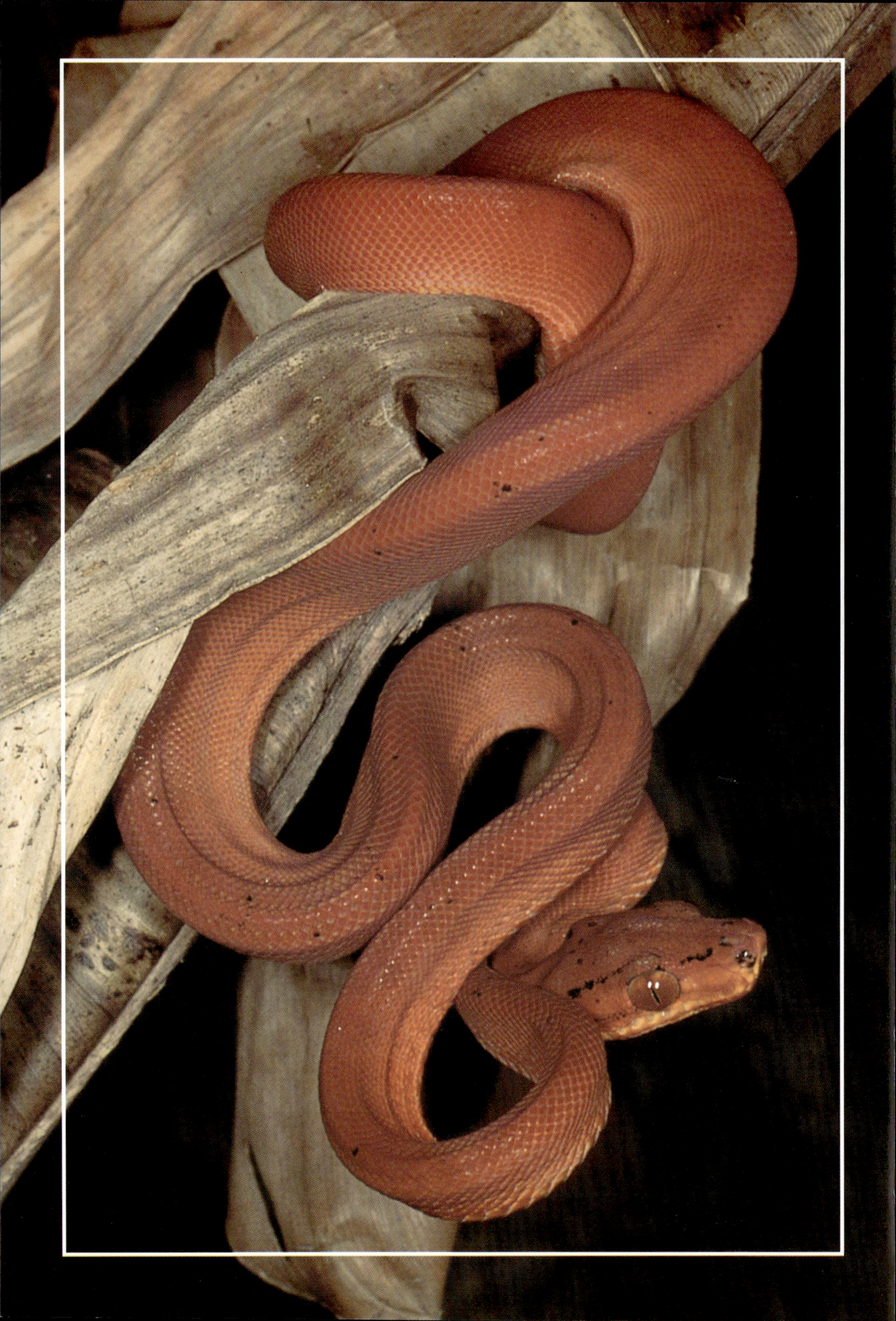

飼育を始める前に

はじめに

爬虫類と両生類は、集合的に爬虫両生類herptiles、あるいは略して「herps」と呼ばれている。いずれも、いわゆるペット動物とはみなされていないが、人に慣れるものも多く、飼い主は彼らの独自の個性を尊重している。爬虫両生類は、イヌやネコといった一般的なペット動物に比べて飼育条件が限定されるため、実際に入手する前に、起こりうるさまざまな問題を考慮する必要がある。「一風変わった動物を飼いたい」というだけでは長続きしないし、もの珍しさなどはすぐに色あせてしまうだろう。飼育するには、まず、スペースは十分か、世話をする時間はとれるか、照明、保温、餌、専門的な設備や備品の補充、獣医師への診察経費などを賄えるかといった点も考慮する。動物を家に招き入れる前に、必要な餌を日々提供できるようにすること。準備を整えずに飼うのは、動物をないがしろにし、飼い主も失望感を味わう結果になる。

法的規制について

爬虫類や両生類の取り引きおよび飼育は、各国の法律や国際法で制限されている。この種の法律は、国や地方によって異なり、たびたび変更されている。ほとんどの国には、原生種の保護や危険な動物の飼育規制を目的とする法律があり、たとえばアメリカでは、体長10cm以下のカメの販売を禁ずる、といったような連邦法や州法がある。また、ある大きさを超える爬虫両生類の飼育を禁じたり、一部の種の州間移動を不法とする地域法もある。

国際的な取り引きは、CITES（絶滅のおそれのある種の国際取り引きに関する条約）によって規制されている。この条約では、保護を必要とする種をその優先順位にもとづいてグループ分けしたうえで、認可制度を設けて取り引きを規制している。欧州連合では、さらに一部の種の輸入を禁じる規制も設けており、非原生種を野生に放すことを不法行為と規定する国も多い。この種の規制は複雑で、実際、頻繁に改正されているため、確実な情報を入手しておかないと気づかないうちに法を破ることになりかねない。しかし、自分の住んでいる国や地域の現行法、入手可能な出版物に関する詳細は、爬虫類飼育に関連する各地のさまざまな団体、爬虫両生類の研究会や協会が提供している。国内外を問わず、野生の動物を捕獲する場合はとりわけ注意を要する。

学名について

背骨を持つ動物、つまり脊椎動物は、哺乳類、爬虫類、両生類といった「綱」に分類され、さらに綱は目、亜目、科、属、種および亜種に分けられている。種の学名は一般に2つの部分から成り立っていて、最初は「属」（特定の関連種を網羅するひとつのグループ）、2つめは種を示している。3つめがある場合は、亜種、すなわちその種の動物とは若干差異があったり、生息域の異なる種を示している。たとえば、シナロアミルクヘビの学名*Lampropeltis triangulum sinaloae*は、最初の*Lampropeltis*が属名（キングヘビ類とミルクヘビ類を含む）、*triangulum*が種小名（ミルクヘビ）、そして最後の*sinaloae*が亜種小名、つまりミルクヘビのなかのシナロア地方の型を示している。学名が完全に造語された種はごく一部しかなく、大半は体の特徴（*Crotaphytus collaris*クビワトカゲ、英名Collared Lizard―カラーのついたトカゲ）や生息地、発見者の名前（*Storeria dekayi*、英名Dekay's Snake―デケイ氏のヘビ）から名づけられている。

また、複数の一般名（英名）をもつ爬虫類も多く、混乱を招く原因になっている。たとえば、Solomon Island Skink、Monkey-tailed Skink、Prehensile-tailed Skinkは、いずれも同じ動物*Corucia zebrata*（オマキトカゲ）を指すが、ほかの言語ではさらに呼び方が異なる。しかし、学名を使うと言語にかかわらず種を正確に特定することができるため、本書では和名とともに学名を表記した。

← 美しいガーデンツリーボア *Corallus enydris*は、まだ養殖には成功していない。性格は攻撃的で、給餌がむずかしい。110ページ参照。

飼育を始める前に

種を選ぶ

ビバリウムや付属設備品をつくる、あるいは購入する前に、まず飼育したい動物を決めなければならない。選択は飼育者の気持ち次第だが、その際に考慮すべき点を以下に列挙しておく。

成長後の大きさ：イグアナ、大型ヘビ、水棲ガメ、一部の陸棲ガメなどは、当初の飼育容器では飼えないほど成長し、手に負えなくなる可能性がある。

温帯種や熱帯種：暖かい地域、特に熱帯域からやってきた種には、特別な保温器具が必要で、それなりに経費もかかる。また、もともと湿度の高い土地で乾燥域原産の種を飼育するのはむずかしい。

餌の条件：爬虫類の餌に哺乳動物を与えることを嫌う飼育者もいる。

性格：おとなしく従順な種も多いが、気むずかしいことで有名な種もいて、ケージの掃除の際にけがをするおそれもある。このタイプの動物を世話するには特別な装置を必要とする。

単独またはペアでの飼育：繁殖させるつもりでペアを購入する場合、常時同居させて良いのか、繁殖期以外は別個に飼育するのかを調べておく。後者の場合は、当然もうひとつビバリウムが必要になる。

注記：繁殖は、卵や幼生をじょうずに育てるだけの経験が飼育者にあるかどうか、増えたぶんの個体を飼う準備は整っているか、十分に考えたうえで行うこと。繁殖させるつもりがないなら、ペアでの同居を避け、雄同士で飼育するのが得策だ。

個体を選ぶ

個体を選ぶには２つの法則がある。まず、「衝動買いをしない」、つまりよく研究して注意深く選ぶ、そして、「同情心から買わない」こと。かわいそうだからといって病気の個体を買うと、経費がかかるうえに、結局はがっかりすることになる。

店頭での飼育条件は依然として良くない。数店舗訪ねて、飼育状態を比較してみよう。きれいな飲み水があり、適切温度に調整した、清潔でスペースたっぷりのケージを探す。必要な設備を備え、餌は適切か、快く観察させてくれるか、質問にきちんと答えてくれるか。輸送によるダメージを考えると、電話や手紙での購入は危険。ペット市場で取り引きされる爬虫類や両生類は、野生で捕獲されたものが圧倒的に多い。が、野生での捕獲に反対して養殖個体しか飼育しないという人もたくさんいる。この問題にこだわるなら選択範囲はかなり限定される。なかには「養殖種captive-farmed種」という但し書きがついた種もあるが、これは用語上も現実問題としても矛盾している。というのも、飼育環境で繁殖した爬虫両生類が遺伝的な多様性を維持するには、新しい血が不可欠となるからだ。

トラブルを避ける

経験のない飼育者が、生物の健康状態を見分けるのはむずかしい。健康そうにみえても、購入して2、

⬇➡ ペットショップでの飼育環境は、動物の健康に大きな影響を与える。購入後のトラブルを避けるために、ケージは清潔か、過剰収容していないか、買う前に入念に点検する必要がある。

はじめに

3日で悪化するケースもある。購入するときは、時間をかけて観察し、できれば餌を食べる様子を見学させてもらう。そして、次の点に留意すること。

活発さ：眼を閉じたまま隅の方でじっとしている個体には注意すること（ただし、ヘビや一部のトカゲには瞼がなく、眼を閉じることはできない）。たとえ病気の個体でも、邪魔されれば動くので、確かめようとして執拗に刺激しないこと。ヘビや夜行性のトカゲは、日中、けだるそうにしていても特に心配はない。また、気温が低いと動きは鈍くなる。

傷や傷跡：傷口、かさぶた、発疹、腫れ、腹部の鱗の炎症、甲板のひび割れ（カメ類の場合）などに注意すること。野生で捕獲された個体なら古傷はつきもので、完全に治癒していれば問題はない。

目：分泌物やただれがなく、ダニ類がたかっていない澄んだきれいな眼の個体を選ぶ。脱皮前の眼の「白濁milkiness」は問題ないが、この場合は体のほかの部分も白っぽくなっている。陸棲半水棲ガメの眼が腫れあがり塞がっていたら病気と判断して良い。

削痩：トカゲやヘビが脱水症状や栄養失調に陥ると、尾や体の脂肪が落ち始めるので、このような個体は避けること。最悪の症状は、背骨や尾骨（尾と体の境め付近）が飛び出し、尾に沿って溝ができる。また、腹部がくぼみ、皮膚に皺が寄るのも悪い兆候。ただし、グリーンイグアナ、クビワトカゲ、チャクワラなどは、出産後、雌の腹部に皺が寄ることもあるし、満腹だとふとって見えるのに空腹時には皮膚

飼育を始める前に

がたるむこともある。プレートトカゲ（*Gerrhosaurus*属）の場合はかならず脇腹に沿って皺がある。

鼻と口：分泌物や泡は呼吸器系の病気があることを示し、ゼイゼイと息が荒くなる（シューシューという音とは異なる）。口に赤い斑点やチーズ滓のようなものがあり、吻にも異常があれば、マウスロット（感染性口内炎）の可能性が高い。また、顎がゴムのように膨れた個体も避けること。

総排出腔（肛門）：肛門の周囲に大量の糞がついている場合は腸炎の疑いが強い。やわらかい糞や水っぽい、粘りのある、血や寄生虫の混じった糞がないかどうか、ケージの中を点検しておく。

四肢と尾：四肢に損傷のある個体は買わないこと。カメ類は健康なら、手のひらに乗せたときに力強く四肢を踏ん張る。船積みを待つあいだ、四肢を縛られた個体には損傷があるだろう。周囲に紐の溝跡がないかどうか点検すること。

新しい住人の扱い方

手に入れたばかりの動物はストレスにかかることが多い。容器から出して人に見せびらかしたりせずに、落ち着くまでそっとしておく。同じビバリウムに先住者がいる場合は、まず隔離して新しい個体の健康状態を確認したうえでいっしょにし、最初のうちは注意深く監視する。飲み水はボウルで与えるか軽く水を吹きかける。脱水症状が現れている個体には、電解液electrolytesまたはprobioticsによる水和治療rehydration therapyが必要になる。餌は与えても食べないだろう。特に神経質な個体には、ケージの正面を何かで覆っておいたほうが良い。

爬虫両生類の扱い方

遅かれ早かれ、新しい住人を手で扱わなければならないときがやってくる（両生類については、どうしても必要なとき以外、手を触れないこと。140〜141ページ「両生類とは？」参照）。野生で捕獲された爬虫類は、時間とともに扱いやすくなるが、なかにはいつまでたっても手に負えないものもいる。若い個体のほうが慣れやすいが、もっとも「無邪気で慣れやすい」爬虫類でさえ噛みつく可能性はある。給餌の前後に触れるのは避け、扱うときはかならずスネークトングsnake tongsを使う。空腹時のヘビは動く手に噛みつくおそれがある。餌やヘビ、トカゲなどを触ったあとは手を洗うこと。気性の激しい

養殖個体と野生で捕獲された個体の比較

養殖個体	野生で捕獲された個体
野生の個体数が維持できる。	野生の個体数が減少する。
人工的な環境に慣れているため、あまりストレスがかからない。	捕獲や輸送などによるストレスやダメージがある。
病気や寄生虫を持ち込む危険が少ない。	病気や寄生虫を持ち込む危険がある。成体で捕獲された場合は特に、ビバリウムでの生活に適応できず、自分で体を傷つけてしまう可能性がある。
手で扱われるのに慣れているため、噛む危険が少ない。	手で扱われるのに慣れず、常に噛む危険が伴う。
飼育用の餌に慣れる。	野生で特殊な餌をとっていた種は特に、餌を受けつけない可能性がある。
年齢がわかっている。	年齢がわからず、年をとっていた個体の場合は、長期飼育は望めない。
近縁の親による同系交配の可能性が高い。	同系交配の可能性はあり得ない。

はじめに

↑ ヘビをビバリウムから出すときは、両手を使って体全体を支える。こうすると動物が安心して、扱いやすくなる。

← カメの幼体の扱いはむずかしくないが、この時期はまだ甲板がやわらかいので、力を込めて握らないこと。尖った爪先に注意しないと、思わず手を離して落としてしまう。

　ヘビを扱うときは、グラブスティックまたはスネークフックを使うか、丈夫な手袋をはめること。朝のうちは、ヘビの体が冷えていて手の温もりに体を委ねるのでこの時間帯に扱うと良い。また、特に頭の付近でつかむような動きを見せたり、ヘビの尻尾を持ってぶらぶらさせたりしないこと。ヘビの体の動きに合わせて両手を動かしながら体全体を支える。

　トカゲの場合は、尾をつかんだり驚かせたりすると、自切することがある。小さなトカゲなら、手のひらをくぼませた中に入れ、中指で喉の下を支え、親指を軽く首筋に添える。大型の場合は、片手で首を持ち、人差し指と中指で頭の両側を支え、親指と残りの指で前肢を固定する。もう一方の手は、後肢で引っ掻かれないように、後肢より後ろのほうを上から、あるいは下から支え、長い尾を脇の下で固定する。

　小さな半水棲ガメは、親指と残りの指で甲羅の後部を挟んで持ち、大型の半水棲ガメや陸棲ガメは、爪や長い首の先の顎が届かない、体の中央部あたりを両側から手で支える。

　注意：大型で力の強い爬虫類は一人で扱わない。安全のため、かならず誰かに付き添ってもらうこと。

Q&A

●ヘビが餌を食べたかどうか、判断する方法はありますか？

体に膨らみがあったら食べた証拠です。ヘビを静かに持って、指で体の下の部分をなぞってみます。腹側全体をなぞって、へこみを感じたら、しばらく餌は食べていないと考えてください。

●トカゲの鼻孔の周囲に塩分が吹き出ているのは、病気の兆候ですか？

病気ではありません。トカゲはほんのわずかしか水分を排出しないので、不必要な塩分を鼻孔から体外に出す仕組みになっています。

●飢餓状態にあるカメは、どうやって見分けるのでしょうか？

栄養状態が悪いと、体のやわらかい部分を完全に甲羅の中に引っ込めてしまいます。頭がぐったりしていたり、引っ込めたままの個体は避けてください。手に持ったとき、健康なカメなら頭を素早く引っ込め、四肢を力強く踏ん張るはずです。

●脱皮中の動物を買っても良いのでしょうか？

皮膚の脱皮は自然な現象です。皮膚が浮き上がって今にもはがれそうなら、まったく問題はありません。しかし、皮膚が白っぽくなっているのに、脱皮する気配がない場合は、健康状態が悪い証拠なので買わないでください。

●妊娠中の雌を買うと何か問題が起きますか？

やめたほうが良いでしょう。妊娠中の雌はよく輸入されていますが、出産の前または直後に死んでしまうケースが多いからです。孵化するまで卵を体内に保持する胎生種の場合、胎内で生きていても死産になるケースがよくあります。

爬虫類の飼育方法

　イヌやネコといった一般的なペット動物に比べて、爬虫類の場合は、より複雑な飼育条件が必要になる。このため、ごく最近まで、爬虫類の飼育は専門家の領域とみなされていた。しかし、今日では、アマチュア愛好家にも飼育への道がひらかれ、その気になれば、爬虫類飼育に関するさまざまな情報や専門的な設備、手軽な餌なども入手できるようになった。その結果、これまで飼育環境では不可能と考えられていた種の飼育や繁殖にさえ、成功するケースも増えてきている。

　爬虫類を長生きさせるには、飼育環境に細心の注意を払ってやらなくてはならない。爬虫類の中には、肉食のものもいれば草食のものもいる。湿気のある環境が必要な種もいれば、砂漠で暮らす種もいるし、夜行性種ならあまり照明はいらないが、昼行性種には自然な光―またはこれを模したフルスペクトル（UVB）ライト―が欠かせない。このように、飼育に先立って、まず個々の種の条件に合わせた飼育環境を整えておく。爬虫類と呼ばれる動物は、例外なく外温（変温）動物で、遺伝子の導くままに、温度の高い場所に近づいたり遠ざかったりしながら体温を調整する。このため、爬虫類は種を問わず、温度差のある環境、つまり、冷たい場所と暖かい場所のある環境が不可欠となり、ビバリウムもこうした環境を提供できるだけの大きさが必要になってくる。爬虫類は、気温が低すぎると動きが鈍くなり、高すぎると文字通り「茹だって」しまうだろう。

　適切な環境さえ整えてやれば、まず病気の心配はない。とはいえ、なんらかの原因で病気にかかった場合、入手できる治療法や治療薬はごく限られているので、対処は非常にむずかしくなってくる。実際にこうした事態に直面する前に、経験のある「爬虫類に詳しい専門家」を見つけておいたほうが良い。

爬虫類とは？	12
住み処：ビバリウム	14
保温、照明、湿度	18
ビバリウムをつくる	22
餌と給餌	28
繁　殖	34
病気と治療方法	40

➡　グリーンイグアナ *Iguana iguana*。82ページ参照。

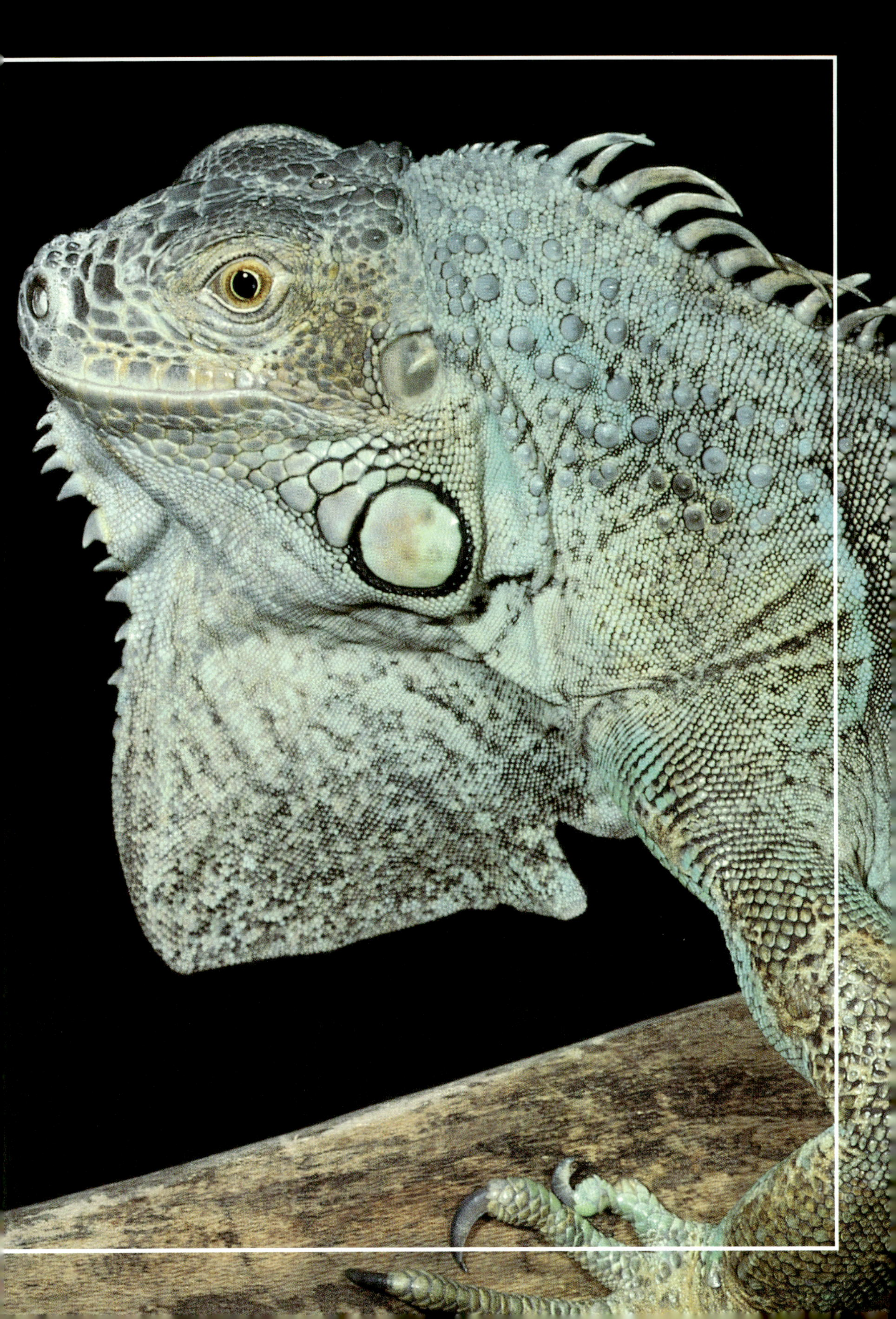

爬虫類とは？

爬虫類は、およそ3億1500万年前に地球上に登場し、一年中凍結した地域を除いて、あらゆる環境に適応してきた。外温（変温）性で、食物摂取による「産熱」よりもむしろ外部の熱で体温を維持しているため、餌の少ない場所でも生息できる。日光を好む種heliothermsは日の当たる場所で体温を維持し、接触を好む種thigmothermsは土や岩など周囲の物から熱を吸収する。爬虫類の持つ外温性という特質と生息域の多様性は、飼育するうえで重要である。寒い地域に生息する種は、冬は冬眠し、春に目覚める（35～37ページ「繁殖」参照）。爬虫類には一部胎生の種もいるがほとんどは卵で生まれる。

鱗のある動物

「鱗」は、爬虫類のもっとも大きな特徴である。爬虫綱の主要なグループのひとつに有鱗目、つまり「鱗のある動物」と呼ばれる目があるが、鱗は捕食者や乾燥から身を守る。ヘビのように背中や脇腹に沿って連続的に規則正しく並んでいる鱗もあれば、たてがみ状に隆起している鱗やプレート状、棘状の鱗もある。トカゲの鱗は棘状、プレート状に隆起したもの、滑らかなもの、たてがみ状のものなど多様で、ヘビに比べて不規則に並んでいる。

トカゲ類は種の数がもっとも多く、体型の多様性でも群を抜いている。ずんぐりしたもの、平べったいもの、細長いものなどさまざまだが、カナヘビとイグアナの中間程度のものがいわゆる「典型的」なトカゲと呼ばれている。四肢がまったくない、あるいは退化したトカゲもいれば、非常によく発達していて指先に「吸盤」を持つトカゲもいる。尾も変化に富んでいて、長く鞭のような尾をしたもの、短く太いもの、カメレオンのように物をつかむのに適した特殊な尾を持つものもいる。機能的には、トカゲ

↑ 妊娠中のミノールカメレオン*Chamaeleo minor*の雌。鮮やかな色彩は、群がる雄を撃退する役目を果たしている。体色が変化するのは、色素胞内部で色素が移動するため。

爬虫綱の分類法

目	総称	科	属	種
カメ目 Chelonia (Testudines, Testudinata)	陸棲ガメ類、水棲ガメ類	13	75	244
有鱗目 Squamata（トカゲ亜目 Lacertillia またはSauria）	トカゲ類	16	383	3750
有鱗目 Squamata（ミミズトカゲ亜目 Amphisbaenia）	ミミズトカゲ類	4	21	140
有鱗目 Squamata（ヘビ亜目 Serpentes またはOphidia）	ヘビ類	11	417	2390

表の数字は概算で、ときどき変更がある。爬虫綱にはこれ以外に、ムカシトカゲ目 Rynchocephalia とワニ目 Crocodylia があるが、本書では扱っていないので省略した。

爬虫類の飼育方法

↑　ミズニシキヘビ Liasis fuscus。ヘビの皮膚は餌や卵、胎内で孵化した子ヘビなどを収容できるように伸びる構造になっている。以前は、滑らかで規則正しく並ぶ鱗には浸透性がないと考えられていたが、今ではあることがわかっている。

類は種を問わず、この尾に脂肪を蓄えている。カメ類とヘビ類には体型の多様性がなく、同じような姿をしているが、大きさにはかなりの幅がある。ヘビ類は細長い体で、外耳、動く瞼、四肢がない。下顎は蝶番式になっていて、顎を下向きに大きく開くことができるため、かなり大きな獲物でも飲み込める。下顎の両側は靱帯だけでつながり、左右別々に動く仕組みになっていて、食べ物を喉の奥に「送り込む」。ヘビ類には、ほかの動物のように肋骨の前端を結んでいる胸骨がないため、柔軟性のある皮膚とその下の肋骨が餌の大きさによって自由に広がり、餌を苦もなく胃腸に送り込める。ヘビ類や大部分のトカゲ類は、長く伸ばした舌で集めた空気中の分子を口蓋部にあるヤコプソン器官に送って匂いを嗅ぎ分け、餌や交尾の相手を識別したり、獲物を追いかける。舌自体には相手を刺すといった攻撃力はない。

Q&A

●どんな爬虫類にも鱗がありますか？
あります。カメ類でさえ甲の表面が大きな鱗（鱗板）で覆われています。鱗とその下の上皮層は定期的に脱皮し、これが爬虫類の特色のひとつです。爬虫類の鱗は連続した皮で、厚いケラチン層（表皮の一部）が蝶番の働きをする弾力のある薄い層でつながっています。スキンクヤモリ Teratoscincus 類の鱗は、魚のように分離した構造になっています。

●爬虫類はすべてヤコプソン器官を持っていますか？
ヘビ類とトカゲ類だけです。舌をひらひらと動かす回数が多いほど、匂いを敏感に感じ取ることができます。

●陸棲ガメと半水棲ガメの甲羅の形が異なるのは、なぜでしょうか？
ほとんどの半水棲種の甲羅は、速く泳ぐため、あるいは泥の中に潜り込めるように、あまり高くない流線型になっています。逆に陸棲種の甲羅は、つぶされても壊れないよう、高く盛り上がっています。

●カメレオンはどのようにして体色を変えるのですか？
カメレオンやほかの数種の爬虫類は皮膚の下層に色素胞（色素の入った細胞）を持っています。そこの色素が神経やホルモンの働きで移動することで変色します。

住み処：ビバリウム

　ビバリウムを選ぶときは、飼育する動物の種類や大きさ、数、設置場所のスペースなども考慮すること。ガラス製の水槽が一般的だが、組立式を購入したり、自分でつくる方法もある。組立式ビバリウムの場合、通気性を工夫する余地はほとんどないが、自分で設計すれば、思い通りのサイズの通気パネルを使うことができる。網は、中の住人や餌用の昆虫が逃げられない大きさの網目で、かつ住人の爪や体重に耐えられるものを選ぶ。アルミニウム製の網はやわらかくて破れやすい。湿気のあるビバリウムには亜鉛の網は使わないこと。金属製の防ハエ網を流用しても良いし、コオロギを

↑ 既製のビバリウムにもいろいろな種類がある。値段の安いプラスチック製の水槽（上）は、蓋に通気性があり、内部に照明または保温装置がついているが、保温装置で蓋が溶けてしまうという欠点がある。シンプルな木製ビバリウム（下）は湿度が必要な住人には向かない。ガラス製（右）は湿度に関係なく使える。

餌にしないなら亜鉛メッキ網が良いだろう。グリーンハウス用のプラスチック製日除けも通気が良いが、耐久性に問題があり、大型のヘビ類やトカゲ類は穴を開けて逃げ出すおそれがある。蓋を網にするよりも、空気がビバリウム内を流れる設計のほうが通気性が良い。複数のビバリウムを横に並べて設置する場合は、背面または前面に通気パネルを配置すること。

　ビバリウムは住人が逃げ出せないようにつくること。多くの爬虫類、とりわけヘビ類は蓋を押し上げたり、隙間に体をねじ込むようにして脱走する可能性がある。ビバリウムは掃除や管理をしやすいものにするが、前面に扉があるタイプは、住人が体当たりして飛び出したり、体の小さいものや餌の昆虫が二枚のガラス扉の隙間から逃げたりする可能性がある。上蓋式のものは掃除しにくいが、脱走しにくいという利点がある。いずれにしても中に手を入れて、全部の面を上から下まで掃除できる開口部が必要に

ビバリウムの衛生管理

毎日、次の作業を行うこと：

- 糞を取り除く。
- 食べ残した餌や脱皮後のぬけがらを取り除く。
- ビバリウム内の消毒（下記参照）。
- 伝染病の感染源となる水を入れたボウルの殺菌消毒
- 新鮮な水に取り換える。

予防隔離中または病気の動物の世話は、日常管理作業を終えてから行うこと。

消毒について

ビバリウム専用の消毒剤もあるが、家庭用漂白剤の3％溶液、または家庭用アンモニアの5％溶液で十分。フェノール系の家庭消毒薬は使わないこと。掃除用具、特にケージの掃除に使う道具は、別のケージに使う前にかならず消毒する。消毒剤は最低でも20分放置してから洗い流す。多孔性の素材は水に浸して十分洗い流さなければならない。日光消毒も効果的だが、毎日というわけにはいかないだろう。消毒後、ケージその他の飼育装置に薬が残っていると、時間がたってから浸み出してきて動物に害を与えることになるので、十分に洗い流しておく。排泄物で汚れた床材などはできれば交換すること。

爬虫類の飼育方法

なる。前面の上部と下部には、強い日差しや照明光を遮る板を取り付けると良い。下部の板は蝶番で留め、開閉できるようにすると、床材の掃除が簡単にできるし、トカゲ類がガラスを引っ掻くこともない。たくさんの爬虫類を飼育するなら、ラックシステムrack systemや複合ユニットmultiple unitを使うと限られたスペースを有効に活用できる。ラックシステムは、1個1個が引き出せるケージが棚におさめられている。複合ユニットというのは、鳥かごによくあるような、大きなケージをいくつかに仕切ったものなので、それぞれに保温装置を使うと暖かくなりすぎてしまう。このため、部屋の間に断熱材を入れる、あるいは種類の違う熱源を使う（18～19ページ「保温と照明」参照）といった方法で対処する。気温は、収容する場所によって変わってくる。ラックシステムの場合は、ヘビ類の飼育やヘビの孵化にプラスチック製の「衣装箱」や「靴箱」などを利用するという手もある。ビバリウムは組立式を購入しても良いし、自分でつくることもできる。

手づくりのビバリウム

- 防眩ボード
- ガラス製の引き戸
- 通気性のある網
- 回転式留め金
- 引き戸用ロック
- 蝶番式の横板

↑ シンプルな手づくりビバリウム。自分でつくれば、サイズ、通気性、形、扉の位置に至るまで、目的に合わせて思い通りにつくることができる。

ガラス製ビバリウムは、底にひびが入らないように、少なくとも厚さ6mmのスタイロフォームのタイルまたは板の上に置く。床材や水を入れたあとは動かさないこと。ガラスが割れるおそれがある。

仕切りのあるビバリウム

種によっては、同じビバリウム内に2つの環境が必要になる。たとえば、ニシアフリカトカゲモドキ（72～73ページ参照）の場合、乾燥した部分と湿った部分を用意しなければならない。また、カメ類の中にも水場と陸場の両方が必要な種がある。単に2種類の床材を敷いてもかまわないし、取り換えやすいようトレーに入れて並べても良い。また、ビバリウムの床にガラス板を貼り付けて仕切る方法もある（水場を仕切る場合は水位より高い仕切板を使うこと）。仕切板の縁は、やすりをかけてからシリコンシーラーで貼り付ける。

- 日光浴用の薄い平らな石
- プラスチック製の植物
- 陸場へ登りやすい低い階段
- 砂利
- ガラス製仕切板

← 陸場の高さに合わせたガラス製の仕切板をシリコンシーラーで固定することによって、同じビバリウム内に2つの異なる環境をつくることもできる。こうすると、半水棲種に陸場と水場、陸棲種に2種類の床材を敷いた陸場を提供できる。

住み処―ビバリウム

↑ 屋外の池で暮らすニシキハコガメ Terrapena ornata。ハコガメにはかならずしも写真のような整った飼育場が必要なわけではない。水の入った浅いトレイでも十分飼育できる。

屋外での飼育

　昔から爬虫類の屋外飼育は人気があった。庭の一部をフェンスで囲ったり、石庭を煉瓦の壁で囲う、家畜の飼育場と同じように金網で囲って飼育する。ガラスなどに遮られない自然の太陽光は爬虫類に非常に有益だが、屋外で飼育するには、くれぐれも注意が必要だ。脱走できないように、外からの捕食者が入り込めないようにすること。周囲を囲む壁やフェンスは、住人も外からの捕食者も掘れないように、深く埋め込む。動物が登れないように、滑りやすい素材でつくった天蓋、あるいは壁の内側に沿ってプラスチック製の半円形の樋をつけると良い。上からの襲撃（タカ、ネコ、イヌなど）に備えて上部は網で覆っておく。住人が気温の低い場所に移動できるよう、直射日光を避ける日陰や薄暗い隠れ家なども用意する。また、日当たりが良すぎると、生き餌や植物はダメになってしまう。

　水棲または半水棲種のカメを屋外で飼育する人は多い。池に日光浴ができる場所や陸場をつくり、水質を維持する濾過システムを設置する。よじ登るのが得意なカメもいるので、飼育場にはある程度高いフェンスも必要になる。既製の濾過システム付きプラスチック製またはファイバーグラス製の池を購入する方法もある。ブチル（ガス不浸透性ゴム）製の水漏れ防止剤は、大型のカメが爪で引っ掻くと役に立たなくなるので使わないこと。

　屋外で飼育する種の選択は、気候によって決まってくる。一般的に、冬の寒さが厳しい地域や夏の気温が低い地域、雨の多いところなどは、屋内で飼うべきである。ただし、カミツキガメ類（124～125ページ参照）など、かなり丈夫な種は、水浸しになったり霜が降りたりしない場所さえ確保できれば、屋外で冬眠させることができる（冬眠については35～37ページ「繁殖」参照）。冬期には屋外飼育場にカバーをかけ、夏のあいだも排水には気を使うこと。

爬虫類の飼育方法

Q&A

●ビバリウムにはどんな素材が適していますか？

ビバリウムの素材は、飼育する動物が必要とする湿度によって異なります。ベニヤ板や樹脂合板は、湿気のある床材を敷くと腐ってしまうので、毎日軽く水を吹きかける程度の乾燥したビバリウムに向いています。ガラス、ファイバーガラス、プラスチックは湿気に強く、手入れしやすく、寄生虫やバクテリアの隠れ家になる心配もありません。接合部にはかならず水槽専用の接着剤を使ってください。台所や風呂場用の接着剤には防カビ剤が入っているのでより良いでしょう。

●ビバリウムにペンキを塗っても良いですか？

乾燥したビバリウムなら、毒性のないペンキを使うと良いでしょう。ヨット用のニスには、軟体動物駆除剤が含まれているので使わないこと。

●床材をガラス製やプラスチック製のトレイに入れると何か問題が起きますか？

水をかけたときに、トレイの裏側に湿気が溜まります。木製のビバリウムで湿った床材が必要な場合は、壁の下の部分と底に、プラスチック板を貼る、池の水漏れ防止用のブチルゴムを塗る、ガラス板を貼るといった方法で、湿気を防いでください。

●よくある安いプラスチック製ビバリウムは、なぜ使わないほうが良いのですか？

あまりにも小さく、傷がつきやすく、すぐに色あせてしまうからです。そのうえ、保温装置や照明器具を取り付けるのがむずかしく、温度差のある床材を提供することができません（18～19ページ「保温と照明」参照）。プラスチック製の蓋は、熱で溶けてしまいます。一時的に使うとか、小さな暖房用マットぐらいで、熱や照明がそれほど必要ない小型の夜行性種の飼育なら可能です。プラスチックの場合、ひび割れが生じると、餌の昆虫が這い上がって逃げてしまいます。ヘビに向くといわれている浅いタイプは、蓋がしっかり閉まらないので、下から押し上げて逃げ出してしまいます。孵化したての子ヘビや小さなヘビなら、蓋の通気用の隙間から逃げる可能性もあります。

●グリーンハウスは爬虫類の飼育に適していますか？

グリーンハウス内の気温は大きく変動し、暑い季節には蒸し焼き状態になります。部分的に日陰になる場所に建て、ガラスの一部を通気性の良い網に代えれば、住みやすい家になるでしょう。とはいえ、実際に動物を入れる前に、ある程度の期間にわたって最高気温と最低気温をチェックしてください。ハウスの中は冬場の弱い太陽でもかなり気温が上がり、冬眠中の爬虫類に最適な気温を上回ると死んでしまうので気をつけるようにしてください。また、ガラスは大切な紫外線を遮断します。

●可動式のワイヤーケージは爬虫類の飼育に適していますか？

アメリカの店頭でよく見かけるキャスター付きのワイヤーケージは、一般にイグアナの飼育に使われています。車付きなので日光浴できる場所に連れ出すことができますが、陰になる場所をつくっておく必要があります。

●爬虫類を屋外で飼育する場合、どのような点に気をつければ良いですか？

気温の調節と日陰をつくるということ以外に、せっかくの生き餌が逃げてしまわないように、給餌にも気をつけなくてはいけません。餌用のボウルを置くとか、手で直接餌を与えるといった工夫が必要です。また、万が一、動物が逃げ出した場合、見つけるのはほとんど不可能です。逃げ出した動物が慣れない土地で無事生き延びるのはむずかしいでしょう。生き延びたとしても、環境に害を与える可能性もあります（164～165ページ「オオヒキガエル *Bufo marinus*」参照）。国によっては、特にアメリカでは、たとえ無害な種であっても、爬虫類が脱走した場合、飼育者に法的責任が課されます。その動物が第三者を傷つけたりした場合は、さらに責任が重くなります。概して一般の人々は、爬虫類は危険でアマチュアの手に負えるような動物ではないと考えています。管理不行き届きで逃げられたとなると、人々は声高に法的規制を強めるよう要求するでしょう。だからこそ、屋外で飼育する場合は、絶対に逃げ出さない飼育場をつくらなくてはいけません。

●爬虫類を小さなケージで飼い、ときどき運動のために外に出すという方法はどうですか？

良い飼い方ではありません。爬虫類のビバリウムには、運動できる程度のスペースが必要です。大型種を家の中で放すと、ほかのペットや子供に襲いかかったりします。あちこちに糞をしたりすると、掃除も大変で衛生上の問題も生じます。また、うっかり開けてあったドアや窓から逃げ出すおそれもあります。

●小型のテラピン（半水棲ガメ）はボウルで飼育できますか？

かつて、カメ用ボウルで子供のアカミミガメを飼うのが流行りましたが、飼育にはあまりにも狭すぎると、かなりの批判を浴びました。孵化したてのカメ（入手を規制する国もある）には、甲羅の2倍の深さの泳ぎ回れる水場と日光浴用の石が必要です。また、屋内で飼育する場合は、日光浴用のレフ球とフルスペクトル（UVB）ライトも用意してください。そして、成長に合わせて水槽を大きくしていきます。

●種類の異なる爬虫類を何頭もいっしょに飼育することはできますか？

相性を考えた組み合わせなら可能ですが、いじめたり、共食いしたり、餌を取り合ったりしないように、同種だけで飼育するのがもっとも良いでしょう。

保温と照明

　爬虫類は適正な気温で飼育しないと病気にかかって、あげくは死んでしまうことになりかねない。一年中、ほぼ常温で飼育する種は一部の熱帯種に限られ、残りは夜間、気温が下がり、冬に低温期を迎える環境で暮らしている。ビバリウムの気温は室温の影響を受け、暑い季節には、冷房を使わないと適温を上回ることもある。また冬には、日中は暖かくても夜になると冷え込み、ビバリウムに夜間暖房が必要になる場合もある。局所暖房をするときは、室温全体を上げる暖房器具は使わず、窓からの日差しが入らないようにする。暑すぎるビバリウムは、住人の死を招くからだ。

　保温器具や照明をビバリウムの上（外側）に設置する人もいる。熱や光は、生き餌が逃げられない細かい網の覆いの外からでも届く。ビバリウムは暖かい場所と涼しい場所がつくれる程度の広さのものが理想的だ。温度差があれば、住人が2つの場所を行ったり来たりしながら体温を調節することができるが、小さなビバリウムだと、すぐに全体の温度が一様に上がり、逃げ場がなくなってしまう。ビバリウムの両端には温度計を設置し、気温を点検すること。

保温方法

　ビバリウムの保温方法は、それぞれの状況によって異なる。ビバリウムがいくつもある場合は、部屋全体を暖房したうえで、必要に応じて個別に補う。部屋全体の暖房は、ヘビ類の飼育でよく行われるが、トカゲ類やカメ類にはレフ球も必要になる。部屋全体を暖める場合、部屋の照明だけでビバリウムごとの照明設備はつけない人もいるが、昼行性種は光がないと動きが鈍くなるので、個別の照明が必要になる。

⬆ サーモスタットが内蔵されたビッグブランケット（養豚用保温器）は、上面から熱を発する。厚い床材の下に敷くと、熱がこもって壊れてしまう。

　一番簡単な保温器具は、サーモスタット付きの家庭用白熱灯である。これはかなり「原始的な」方法だが、ヘビ類やトカゲ類、とりわけ夜行性、薄明薄暮性のトカゲに向いている。理想的なのはスポットランプで、日光浴に必要な光と暖かさを提供できる。電球ホルダー、通気パネル、スライド式ガラス窓の付いたビバリウム用の金属蓋は手軽に入手でき、標準的な水槽に合うので便利だ。ほかにもさまざまな保温器具取り付け具がある。

　強力な熱源は、動物の体が触れないようにガード

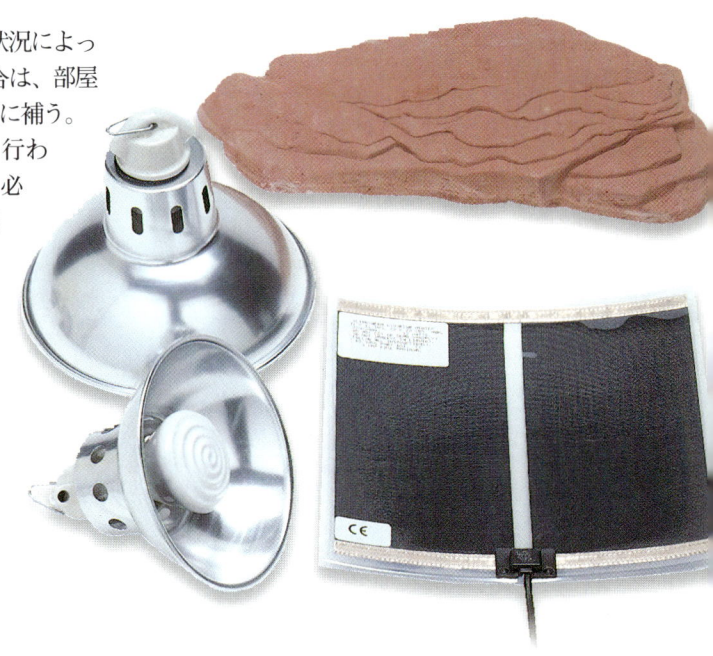

➡ 赤外線セラミックランプ（左）、ロックヒーター（上）、ヒーターマット（右）。いずれも「光を出さない」熱源なので、日中餌を食べる昼行性種には照明も必要になる。

爬虫類の飼育方法

保温器具の種類

セラミックヒーター
赤外線だけの無光性ヒーター。ワット数の高いものが多く、非常に熱くなる。大型ビバリウムや夜間の保温に適している。

ヒーターマット
赤外線だけの無光性ヒーター。夜間の保温および「腹部の暖房」に効果的。耐湿性があり、ワット数やサイズの種類も揃っている。爪で引っ掻かれる可能性がある。注意書きをよく読んで使うこと。ビバリウムに使われる素材は熱を通すため、ビバリウムの外側から暖めることもできる。

ヒータープレート
ヒーターマットと同様のもので、ビバリウムの上面にネジで取り付けるタイプが多い。赤外線だけの無光性。片面のみ発熱する。

ピッグブランケット（アメリカ）
ヒータープレートと同様のもので、床に置いて使用する。サイズ／ワット数の異なる4種がある。

チューブヒーター Tubular Heaters
管状のヒーターで、長さ／ワット数の異なるものが数種ある。使用中はかなり熱くなるので、大型ビバリウム（グリーンハウス型）に適している。

保温ケーブル　地面など、周囲の物に接触して熱を吸収する動物thigmothermsに適している。長さによってワット数が異なる。掘り出せないようにしっかりと設置すること。

レフ球　Basking lamps
デイタイプ、ナイトタイプがあり、ワット数の種類も豊富。

ヒートテープ　Heat Tapes
ワット数の低い保温器具。棚置き式rack systemのヘビの孵化子の飼育に使われることが多い。

ロックヒーター　岩を模したヒーター。初期の製品は燃え出す危険があったが、新しいモデルには加減抵抗器が付いている。付いていない場合は、別に取り付けるか、サーモスタットを併用すること。ときどき手で触って、熱さを点検するようにする。大型爬虫類には向かないが、夜行性種には適している。ワット数は低く、4ワット。

アクアリウム用保温器とサーモスタット
半水棲ガメ用の水槽で、レフ球だけでは水が暖まらない場合に必要。ビバリウムの水場の保温にも使える。漏電などの事故が起こらないように、十分対策を講じること。

してておかなければならない。ヘビ類は、電球、それも天井ではなく壁に設置した電球に体を巻きつける傾向がある。セラミックヒーター用のガードは市販されているが、ほかのタイプの熱源にはそれなりの工夫をしなければならない。ガラス水槽用に保温装置と照明をフードで覆った製品が数多く市販されている（主にアメリカ）。そのほとんどに、熱と光を最大限に高める反射板が付いている。購入する前に、過熱防止用サーモスタットを併用できるかどうか確認すること。

気温調節

単純なオンオフ式のサーモスタットから、日中と夜間の設定、警告、最高最低気温の読み出し、同期照明装置synchronized lighting、模擬光周期の設定装置といった機能を持つ装置まで、さまざまな種類の制御システムが市販されている。この種のシステムはコンピュータ制御も可能だ。最新のサーモスタットは非常に正確で、ビバリウムの外部に取り付け、内部に探針（プローブ）を入れて温度を測定する。最近では、オンの状態でサーモスタットが故障した場合に備え、故障時に電源を切る熱プロテクターも開発された。現在は、サーモスタット1台だけでも安全器として十分機能する。夜間の気温は動物への影響が大きいので、定期的にチェックしなければならない。

安いサーモスタットはそれほど正確とはいえないが、ビバリウム用に開発された探針式の最新デジタ

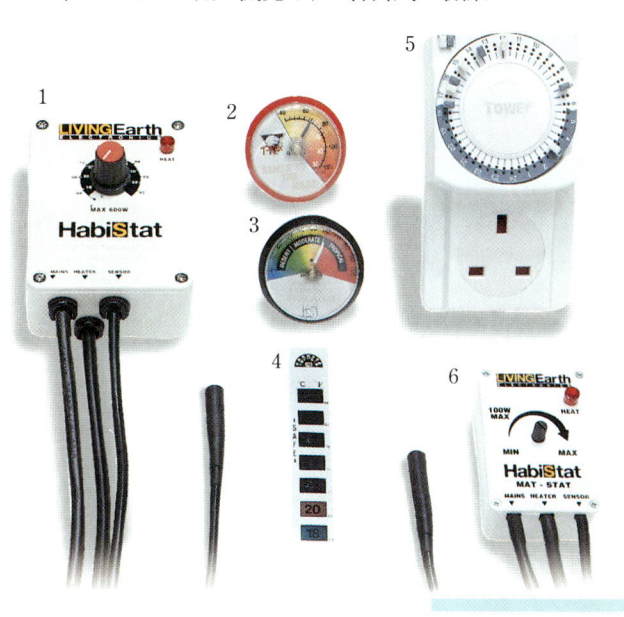

➡ 温度調節器。(1)レフ球用センサー付き減光サーモスタットdimming thermostat　(2)粘着剤付き温度計　(3)粘着剤付き湿度計　(4)粘着剤付き液晶デジタル温度計　(5)24時間タイマー　(6)無光性熱源用サーモスタット

保温と照明

ルモデルなら正確な調節が可能になる。これは爬虫類ショップに行けば、簡単に手に入る。最高温度／最低温度を示す温度計は、長期的な気温の変化を知るうえで非常に役立つ。

照明

野生の状態で爬虫類が日光浴をするのは、太陽光の中の紫外線（UV）を吸収するためである。どの程度の紫外線が必要なのかは、まだ解明されていないが、昼行性種にとって紫外線は不可欠となる。太陽光と同じ光を発するフルスペクトル蛍光灯（アメリカでは電球）が開発されたことによって、以前は飼育不可能とみなされていた種の飼育環境が大幅に改善された。紫外線はガラス越しだとカットされるので、網目越し、あるいはビバリウム内部に用意しなければならない。最近の研究で、一部の爬虫類は紫外線を見ることができることが判明した。

紫外線には3種類ある。UVA（長波長紫外線）は食欲を高め、活発な活動を促進し、交尾を誘発するといわれている。UVB（中波長紫外線）には、カルシウムの代謝を助けるビタミンD_3を合成する働きがある。専門家の中には、ビタミンD_3の栄養剤（一定量のカルシウムと燐を含む）が紫外線の代用になると主張する人もいるが、実験の結果、栄養剤だけで紫外線を当てないと、健康状態が悪化することが判明した。

屋外の自然光のもとで飼育するトカゲ類には、カルシウム以外の栄養剤は必要ない。なお、UVC（短波長紫外線）は、爬虫類に限らずすべての生物にとって非常に危険な光線である。

紫外線灯と表示された製品であっても、すべてがビタミンD_3の合成を促すわけではない。購入すると

留意点

- 大型ビバリウムには、強力な熱源を1つ設置するより弱い熱源を2つ設置したほうが良い。ただし、2つの熱源には温度差を設けること。
- 熱源は、火事にならない場所に設置すること。周囲に燃えやすいものはないか、ビバリウムの素材は熱に耐えられるか、十分注意する。
- 電球の笠はセラミックが安全。ほかに比べて耐久性もある。
- 保温器具はビバリウムの大きさに合ったものを使い、気温も考慮して選ぶこと。
- 保温器具にはかならずサーモスタットを付けること。一番ワット数の低いものでも、オーバーヒートする可能性がある。
- 理論的には、赤外線を使った熱源（マットやプレート）は、空気の温度には影響を与えず、光線が届く先の表面だけを暖める。しかし、表面が暖まると、自然に気温も上がることになる。マットやプレートに寝そべった動物には熱が蓄積されるので、「腹部の保温」用に使うならできるだけワット数の低いものを置くこと。
- よほど電気に詳しい人でない限り、新しい装置を設置するときは、しかるべき資格を持つ専門家に頼むこと。

きは、UVBの波長域、つまり260～315nmと表示されたものを買うこと。また、「フルスペクトル」とか「爬虫類向き」と表示した製品でも、必要な紫外線が足りない場合もある。現在製品化されているレフ球（日光浴用ランプ）には、「フルスペクトル」と表示されていても紫外線は含まれていない。できれば、蛍光灯なり電球なりの分光域をメーカーに問い合わせ、比較検討してみると良い。

蛍光灯にも、照射する紫外線量によっていくつかの種類があるので、飼育する種とその生息域によっ

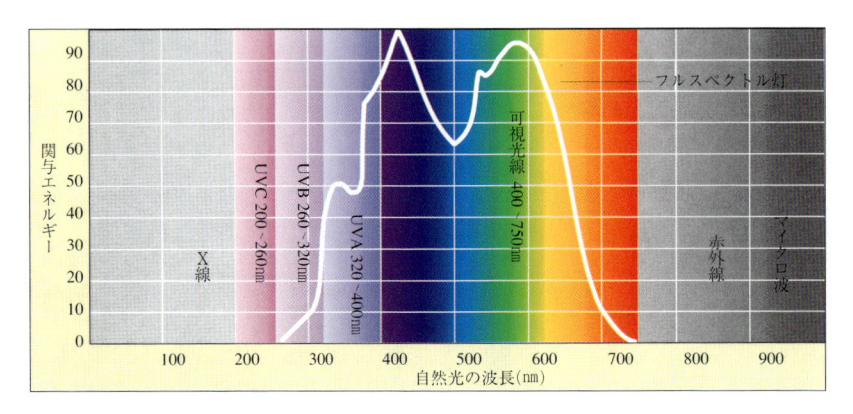

← 自然光の波長はナノメートル（nm）で表示される。紫外線とは、光のスペクトルの400nm～320nm（UVA長波長紫外線）と320nm～285nm（UVB中波長紫外線）の間の分光域を指す。UVCは生物にとって非常に危険。700nm以上は赤外線。フルスペクトル灯には、爬虫類の体に不可欠な可視光線および紫外線、つまりUVAとUVBが含まれている。

爬虫類の飼育方法

⬅⬇ フルスペクトルライトと一般的なタングステン電球を併用したビバリウム。赤と青の反射フレッドランプ（投光照明灯）（下）は、局部暖房に適しており、夜間の保温に役立つ。

て適切なものを選ぶこと。自信がない人は、同じ種の飼育に成功した人に問い合わせ、照明の方法、特に光周期について詳しく尋ねると良い。

　ワット数を間違えると悲惨な結果を招く。光周期はタイマーで調整することができる。蛍光灯は効率が落ちないうちに、6～12カ月ごとに交換すること。効果的な照射距離は30cmといわれているが、紫外線は反射させて使うこともできる。

安全面での注意

　強力な赤外線や紫外線の熱源（太陽灯など）は、火傷や白内障を招くおそれがあるので、かならずビバリウム用に設計された照明を使うこと。また、ビバリウムには、隠れ家や陰になる場所もつくっておく。紫外線源を長時間見つめたりしないように、パネル（14～15ページ「住み処」参照）や防眩ボードを付けるなどの対策を講じること。

　蛍光灯を取り付けるときは、取扱説明書をよく読むこと。バトン式 batten-type（上から吊り下げる）装置は湿気に敏感なので、導線に耐湿キャップの付いた水槽用蛍光灯制御装置 fluorescent control units を使うと良い。蛍光灯はサーモスタットで制御できないため、熱源 heat source が切れたり薄暗くなっても、一定の熱を発し続ける。

　最後にもうひとつ注意しておくと、電気関連の器具には水を吹きかけないこと。特にまだ熱いときは、絶対に水をかけないように注意する。

Q&A

● 電球に使うサーモスタットは、どんなタイプが良いですか？

オンオフ切り換え型の電球は、明るくなったり暗くなったりするので、不自然で住人にストレスがかかることになります。減光型サーモスタットの場合では、一定の温度に達すると電球が薄暗くなります。オンオフ切り換え型サーモスタットの中には、電球用には設計されていないものもあるので、注意してください。

● どんな爬虫類にも紫外線が必要ですか？

不可欠なのは昼行性種だけです。齧歯類を餌にするヘビ類や夜行性または薄明薄暮性のトカゲ類は、紫外線がなくても健康には影響しないようです。ただし、トカゲの場合、ビタミンD_3が欠乏するので、栄養剤で補ってください。紫外線蛍光灯をつけると、夜行性種の中にも、日中、短い時間ながら外に出て、日光浴をするものもいます。おそらく何らかのメリットがあるのでしょう。

● 蛍光灯のほかにも照明が必要ですか？

普通の電球は可視および赤外線を発し、日光浴で体を温める爬虫類に熱を提供し、体温を上げる役目を果たします。主にUVA（UVBはほんの少量）を発するブラックライトを使う人が多いようですが、可視光線はほとんど発しないので、かならず「ホワイト」ライトと併用してください。ブラックライトを使うと、餌の色が変わるせいか、あまり餌を食べなくなる種もいます。

● 照明はどんな位置に設置すれば良いですか？

スポットランプとフルスペクトル（UVB）ライトは、住人が両方の恩恵を受けられるよう、日光浴に適した場所の上部に取り付けてください。

ビバリウムをつくる

　趣味の良いレイアウトのビバリウムは非常に見栄えがするが、実用面での考慮も忘れてはならない。メンテナンスの時間を考えて、新聞紙の床材、隠れ家になる箱、日光浴用の丸太や石といった、手間のかからない最低限の調度品だけのビバリウムを選ぶ人もいる。これなら掃除も簡単で、卵も探しやすく、病気になった動物や死んだ動物をすぐに取り出すことができる。ある種の爬虫類（特にヘビ類）は、このような簡単なビバリウムでも元気に育ち、繁殖に成功することさえある。しかし、殺風景なビバリウムでは必要な飼育条件を満たせない種もいるし、もう少し手をかけたビバリウムのほうが、住人も"快適な人生"を送ることができる。科学的に解明するのはむずかしいが、特にトカゲ類の場合、調度品が多く、見た目に煩雑な住まいのほうが心理的に安定するといわれている。つまり、いろいろな物が目に入ることによって、限られた空間に閉じこめられているということを「感じ」なくてすむのである。さまざまな調度品があれば、少なくとも運動する機会と隠れ家を提供することができる。飼育する側からみても、美しい景観を醸し出す自然素材を使ったレイアウトが好ましい。

自然素材と人工素材

　自然素材（植物、枝、土、砂、コケ）を使ったビバリウムは見栄えが良いが、衛生面で多くの問題が生じる。市販されている自然素材には、このほかにもさまざまな形のコルクバーク、流木、葡萄の根、表面を磨いた木などがある。

　人工素材はどこかそぐわない感じが否めないが、自然素材に比べて簡単に掃除できる。木の枝（樹脂質ではないタイプnon-resinous type）、土、コケの中には、害虫が含まれている可能性がある。こうした害虫は爬虫類の餌になる場合もあるが、増殖して手に負えなくなる危険も含んでいる。枝や丸太の皮をはぎ、十分こすり洗いしてから使う方法もあるが、これでは外観の美しさが損なわれ、ツルツルして動物も登りにくくなる。土と砂は熱で消毒できる。コケは丸ごと洗うこともできるが、栄養分が落ち、死滅してしまうことも多い。岩組みは使っているうちに汚れるので、頻繁に洗わなければならない。トゥファ（装飾石）など多孔性のものは、特に掃除がしにくい。きれいに掃除するよりも処分して、別の素材に交換したほうが良い。

ビバリウムの植物

　ビバリウムの自然な装飾として植物は人気があり、昔からある種の動物の飼育によく使われてきた。植物を植える場合、その植物がビバリウムに慣れ、必要なら場所を動かすなどして、完全に落ち着いてから動物を収容すること。成長してビバリウムの高さが足りなくなるといけないので、どの程度まで成長するか、あらかじめ調べてから選ぶ。植木鉢は倒れないように、周囲を石で固定する。床材が浅く、植木鉢が見えるようなら、曲がったコルクバークで覆い隠すと良い。生きた植物があると、草食性種なら食べてしまう、体の大きな種なら倒してしまう、土を掘る種なら根を掘り起こしてしまうといった問題も生じる。植物に水をやると、ビバリウム全体の湿度が上がるため、砂漠棲種には生きた植物

➡ペットショップや園芸用品店で購入できる床材。

爬虫類の飼育方法

床材

素材	長所	欠点
新聞紙	値段が安く、吸湿性があり、埃がたたない。簡単に交換できる。検疫用ケージ向き。	見栄えが悪く、濡れると皺が寄る。住人が潜って出られなくなる可能性があるので、地中棲種には不向き。生き餌が下に隠れてしまう。爬虫類はもみくしゃにする傾向がある。
カーペット (洗濯できるもの) 人工芝 アストロターフ	ある程度の吸湿性があり、必要な大きさに切り分けられる。洗濯できるので清潔。	景観が不自然。地中棲種には不向き。局所的な掃除ができず、すぐに汚れてしまう。糸がほつれていると、動物にからまり、窒息の可能性もある。
水槽用の砂利* (粒の大きさによって何種類もある)	自然な景観になり、洗えば再利用できる。砂利以外の場所に産卵を促すことができる。水はけが良い。	重く、交換が大変。吸収性がない。再利用する場合は、完全に消毒し、洗い流さなければならない。
砂* (種類豊富、鳥飼育用や砂場用の砂など、埃のたたない砂dust-freeも購入できる)	自然な景観になり、局所的に掃除できる。乾燥域に生息する地中棲向き。	種類によっては埃っぽくなる。量が多いと交換に手間取る。再利用不可。湿ると固まる。建築用砂や角の尖った砂利混じりの砂は絶対使わないこと。
ローム土 落ち葉* ミズゴケを細かく刻んだもの 鉢植え用土	自然な景観になり、保湿性がある。多少湿気が必要な地中棲種向き。植物を植えるビバリウムに適している。	消毒して昆虫を全滅させておかなければならない。濡らしすぎると固く詰まってしまう。
ピート	自然な景観になり、重量が軽い(乾燥状態で)。保湿性が高い。	濡れると酸を出し、固くなり、乾くと埃っぽい。実用的とはいえない。
バークチップ* ** (種類豊富)	見た目が良く、香りが良い。	木っ端や昆虫の混じっている可能性がある。吸湿性があるとはいえない。局所的な掃除はむずかしく、地中棲種には不向き。
堅木チップ* **	見た目に美しく、多少吸湿性がある。局所的に掃除できる。	縁の尖った木っ端の混じっている可能性がある。地中棲種には不向き。大量に使うと、交換に手間取る。
ペレット状 アルファルファ** (主にイグアナ用)	誤って飲み込んでも無害といわれている。かなり吸収力があり、乾いた状態なら局所的に掃除できる。	大量に使うには高価すぎる。濡れるとボロボロに砕け、埃っぽくなる。
埃のたたないdust-free おがくず** (主にヘビ用)	見た目に美しく、香りが良い。吸湿性があり、局所的に掃除できる。	多少埃っぽくなる。
顆粒状のとうもろこしの穂軸**	見た目が良く、局所的に掃除できる。	動物が飲み込む可能性がある。地中棲種には不向き。

* 飲み込むと消化管が詰まる可能性がある。　　** 湿気を帯びると固まる。

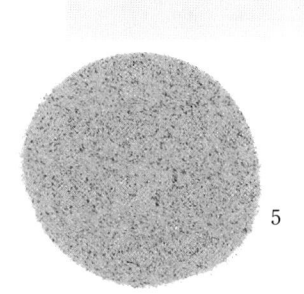

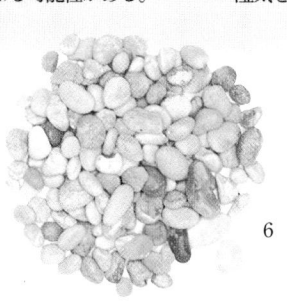

1　ミズゴケ
2　バークチップ
3　鉢用コンポスト (配合土)
4　顆粒状のトウモロコシの穂軸
5　砂
6　砂利 (大粒)
7　砂利 (小粒)

ビバリウムをつくる

↑ 植物を植えたビバリウムで暮らすグリーンアノール *Anolis carolinensis*。ボウルの水より、葉に溜まった水を好む動物もいるので、植物はビバリウムの装飾になるだけでなく、実用的な役割も果たす。

ではなくプラスチック製の植物が適している。

室内用の植物には、いずれかの段階で殺虫剤が使われている可能性が高い。このため、ビバリウムに入れる前に、水を十分吹きかけて洗い流し、表面の土を入れ換えるようにすること。ビバリウムの住人が照明を必要としなくても、植物には光が必要になる。光が足りないと徒長したり枯れてしまう。一部の植物だけが茂ってほかの植物を覆いつくしたり、日光を独占する場合もある。生育の悪い植物は取り出すこと。床材に直接植え込むと、ぎっしりと根が張ってしまうので、鉢植えのまま使ったほうが良い。

いろいろな点を十分に考慮し、飼育者のセンスを生かしたビバリウムは、見た目にもすばらしいものになる。しかし、せっかくのビバリウムも病気や寄生虫を抱えた住人が入ってきたのでは台無しになってしまう。システム全体を消毒したり取り換えたりする羽目にならないよう、動物はできるだけ検疫をしてから収容すること。

環境づくり

爬虫類の生息域は、乾燥した砂漠から熱帯雨林まで、種によってさまざまである。ビバリウムを整えるときは、最低限の殺風景なタイプは別として、飼育生物が必要とする条件を研究し、それに合わせた環境をつくらなければならない。

基本的に、気温、湿度、素材の適性、レイアウト、高さ（樹上棲種の場合）を考慮する。おそらく、ヘビ類やカメ類に比べて、トカゲ類のほうが調度品の選択幅が広い。樹上棲のヘビなら木や草などがあるビバリウムでもかまわないが、陸棲ガメには凝ったところであまり意味はないと思われる。

乾燥したビバリウム

乾燥域で暮らしていた爬虫類は、粗い砂の床材に岩や小さな切り株、丸太などを置いた乾燥した環境に適応する。日中の気温は高く、飲み水用の小さなボウル以外の水分はいらない（温帯域に近い場所に

➡ 乾燥した環境で暮らすクビワトカゲ*Crotaphytus collaris*。ビバリウムの装飾は必要最低限に抑えているが、それなりに味わいがある（写真はペットショップのビバリウムなので、収容数が多すぎる）。

爬虫類の飼育方法

生息するトカゲ類には、これと同様の環境で、最高気温を若干低くし、大きめの水ボウルを置いて、湿度が低くても育つ植物を1つか2つ植えたビバリウムが適している）。飲み水用のボウルは、床材を掘ってもひっくり返らないように、平らな石の上に置く。ただし、繁殖期には一部分、床材が湿った場所が必要になる。また、乾燥域に暮らす種の中には、皮膚の水分をまもるためにかすかに湿った砂の中に潜る習性を持つものもいる。ビバリウムの中でこのような環境をつくろうとすると、どうしても湿度が上がってしまうが、湿った（濡らすのではなく）床材を入れた箱を埋め込むという方法もある。箱にはひとつ入り口を付け、頻繁にビバリウムの湿度をチェックしなければならない。

乾燥した森林地帯と同様の住み家が必要なヘビ類には、砂の床材ではなくローム土や落ち葉の床材を使うと良い。

湿度の低いビバリウム

地中棲（地中に潜る習性がある）種やわずかな湿気しか必要としない一部の樹上棲種には、ローム土、落ち葉、刻んだミズゴケといった保湿性のある、固まらない性質の粗い素材が適している。このようなビバリウムには、装飾的な意味でも生きた植物が役立つ。湿度を低く保たないと熱帯雨林になってしまうので、適度な換気も欠かせない。常時湿った状態

Q&A...

●生きた植物には、どんな利点がありますか？

生きた植物は、日陰や覆いになり、よじ登るときの足場にもなって、湿気が必要な爬虫類には湿気を提供してくれます。また、収容数や動物の大きさが適切であれば、土に吸収された排泄物が植物の肥料となって、バランスのとれた恒久的なビバリウムをつくることもできます。

●人工植物には、どんな利点がありますか？

人工植物は無味乾燥なビバリウムに明るい彩りを添え、日陰を提供するという利点があります。汚れたら洗うこともできますし、生きた植物が適さないビバリウムにも使えます。小さな束を壁に留めたり、コルクや木に穴を空けて小枝をシリコンで固定し、床材に埋め込むと良いでしょう。乾燥したビバリウムには、ドライフラワー（染色していないもの）などが彩りになります。松ぼっくりやヒョウタンといった自然な装飾物も効果的です。

●枝や岩組が倒れないようにするには、どうしたら良いですか？

木の枝はしっかり固定してください。できれば、ビバリウムの側面にネジなどを使って留めると良いでしょう。ガラス製のビバリウムの場合は、安定する形に切りつめます。岩組は崩れないようにシリコンシーラーで固定すると良いでしょう。隠れ家用の穴や割れ目は十分確保することを忘れないようにしましょう。岩はかならず底までしっかりと埋め込みます。床材の上に単に置いただけでは、自重で沈んだり、崩れたりして、住人を巻き込む危険性があるので、十分な組み方が要求されます。

ビバリウムをつくる

は避け、夕方まではほとんど乾いた状態というのが理想的だ。湿度のバランスを確保するには何度か実験してみるしかない。地中棲種の湿度の好みを知るには、ビバリウムの床を仕切り（14〜15ページ「住み処」参照）、湿り気の異なる床材を入れて、どちらを好むか確かめるという方法もある。

湿度の高い熱帯雨林型ビバリウム

湿度の高い環境は、熱帯雨林や多湿温帯域で暮らす種に適している。保湿性のある床材に毎日水を吹きかけ、水浸しにならないよう通気性にも注意する。熱帯雨林種の多くは、実際の生息域よりも低い湿度で飼育することができる。湿気のある環境なら、たいていの室内植物は繁茂する。

池や滝は湿度の維持に貢献するだけではなく、景観も良くなる。池といっても、使い捨てトレーからガラスのパネルで仕切った本格的な水場までさまざまである。水深の深い水場には、水槽用の箱型フィルターや底面濾過装置などなんらかの濾過システムが必要になる。濾過装置があっても、換水は頻繁に行ったほうが良い。ポンプは操作しやすい場所に設置し、蓋はきっちり合うものを使うこと。

床材にコケを使った場合、定期的に取り換えなければならない。特に部分的に固まったりしたら、すぐに取り換えること。比較的長く使える床材としては、まず豆粒大の大粒の砂利（厚さ2.5cm）を、次に水槽用の活性炭（厚さ2.5cm）を、さらに鉢植え用土を必要な厚みだけ入れて、その上に水槽用の中粒砂利（厚さ2.5cm）を敷いてから、表面をコケで覆う。鉢植え植物を入れる場合は、表層の中粒砂利とコケを敷く前に土にしっかり埋め込んでおくこと。その後しばらく様子をみて、場所を移動する必要がなく、その場で元気に育つようなら表層部を敷く。表層の砂利が土に沈まないようにするには、土の上に水槽用のプラスチック製砂利ネットを敷くと良い。このシステムは、収容数さえ過多にならなければ、いつまでも機能する。局所的に掃除すれば、より長持ちするが、基本的に糞は水で流され、砂利の間を通って土に達し、土に含まれる微生物の働きで硝酸に変わる。

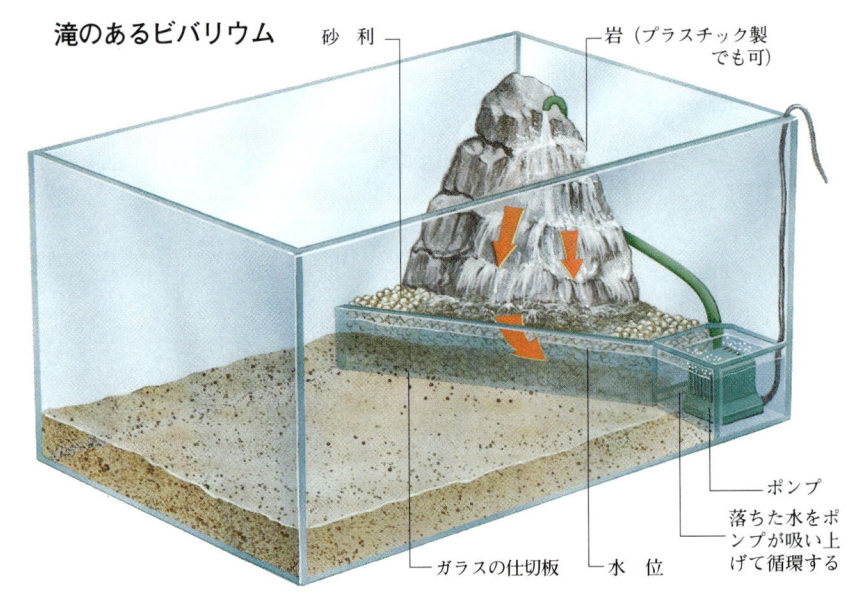

↑ ヨーロッパヌマガメ *Emys orbicularis* のような半水棲のカメには、完全に体を乾かせる、水に浸っていない岩が必要。

← 滝はコルクバーク、流木、あるいは石を積み上げてつくる。ホースは滝の天辺に固定する。

滝のあるビバリウム
砂利／岩（プラスチック製でも可）／ポンプ　落ちた水をポンプが吸い上げて循環する／水位／ガラスの仕切板

爬虫類の飼育方法

陸棲ガメのビバリウム

　陸棲ガメの室内飼育にはかなりのスペースが必要になる。乾燥域に生息する種には砂の床材、森林に生息する種にはローム土と落ち葉、刻んだ細かいバークを混ぜ合わせた床材を用意する。手の込んだレイアウトは避けるが、見た目にあまりにも殺風景であれば、床材でなだらかなスロープをつくる程度ならかまわない。

　生きた植物は届かない場所に置かないと食べられてしまうことになる。代わりにプラスチック製の植物を使えば、森林種には日除けの役割も果たしてくれる。

　このほか、隠れ家になる箱、レフ球、蛍光灯（UV灯）を必要とする。ごつごつした固い石だと腹甲が傷つくおそれがあるが、爪とぎ用にいくつか平らな石や板を置くと良い。這いあがるための岩が大きすぎると、歩き回る際の障害になり、登って落ちたりするとけがの可能性もある。

　半水棲ガメ用の、半水棲または水棲ビバリウムについては、16～17ページ「住み処」参照。水場は泳ぎ回ることができて、水質が劣化しない程度の広さにする。水場には、カメが必要に応じてよじ登り、体を乾かすことができる乾いた岩を置くこと。

留意点

- 収容する動物の種類、大きさ、数によって、床材の種類やレイアウト、掃除の回数や交換時期が決まってくる。
- 収容数が多すぎると、システムに負担がかかり、衛生面での問題が生じる。
- 湿度条件によっては、使えない素材がある。
- 地中棲種には、掘れるような床材が必要になる。床材を掘ることで、ほかの装飾物が倒れるなどの被害も生じる。
- 大型で体重の重い動物は、繊細な飾りつけをしてもすぐに壊してしまうので、頑丈なレイアウトを考える。
- 樹上棲種には、木の枝や植物が必要になる。
- 草食性種のビバリウムには、植物を植えないほうが良い。
- 最寄りの店で扱っている素材が選択範囲となるが現在は自然素材や人工素材を豊富に扱う店が増えている。

↓ サバクナメラ *Elaphe subocularis* には乾燥した環境が必要。湿気をよばないように十分乾燥させた自然な素材を使えば、見た目にも美しいビバリウムになる。

餌と給餌

　市販の専用餌のおかげで、爬虫類の飼育はずっと簡単になった。市販の餌には、生きた昆虫類から冷凍飼料、ペレット状飼料、缶詰タイプまで多種類揃っていて、ペットショップや通信販売で購入できる。必要な餌が確保できるかどうか、動物を飼育する前に確認しておく。爬虫類は餌の条件によって、いくつかに分類できる。ヘビ類の多くは、ピンクマウスからウサギに至るまで、体の大きさによってさまざまな種類の哺乳類を食べる。また、鳥やトカゲ、他種のヘビ、昆虫、ミミズ、ナメクジ、カエル、魚などを好むヘビもいる。また、少数だが、鳥の卵、カタツムリ、サラマンダーといった1種類の特定の餌しか食べない種もいる。特定の餌しか受けつけない種は、ほかの餌に慣れる見込みはないので、その餌が確実に入手できなければ飼育しないこと。トカゲ類の多くは、生きた昆虫やさまざまな無脊椎動物を餌にしている。一部の大型種はマウス、ラットなどの哺乳類や魚を食べるし、草食性や雑食性の種もいる。陸棲ガメには草食から肉食までさまざまで、中には程度の差こそあれ両方のタイプの餌を食べる種もいる。爬虫類の多くは適応力が強いが、馴染みのない餌を与えるとさまざまな問題を引き起こす。ヘビ類は、アフリカタマゴヘビを除いて、いずれも生きた動物を食べる。生き餌が面倒で二の足を踏む人もいるが、ほとんどのヘビは死んだ動物（解凍したもの）でも食べるようになる。特に、餌をピンセッ

爬虫類の飼育方法

↑ マツカサトカゲ *Tiliqua rugosa* はいろいろな種類の餌を食べる。ほかの雑食性の種と同様、動物性タンパク質をとりすぎると肥満の原因になり、寿命が短くなる。

← 鳥の卵を飲み込んだばかりのアフリカタマゴヘビ *Dasypeltis scabra*。卵の殻は押しつぶして割り、ペレット状に丸めて吐き出す。

トで挟んで揺らしながら与えると良い。死んだ餌なら扱いやすく、安全だ。生きた哺乳類をビバリウムに入れっ放しにしておくと、逆にヘビを攻撃することもある。

　飼育環境での餌、特にトカゲ類やカメ類では栄養不足になりやすい。飼育に使う餌の多くはカルシウム分が少なく、燐が多いため、カルシウム不足やカルシウムと燐のアンバランスといった骨の代謝障害（metabolic bone diseases－MBD）に陥る。また、ビタミンやミネラルなどが不足する傾向もある。爬虫類の場合、カルシウムと燐の理想的な比率（Ca:P）は、1.5:1から2:1のあいだといわれている。特に若い個体や繁殖期の雌にはカルシウム分の比率が高い（2:1）餌が必要で、そのためにカルシウム剤を与えるケースも多い。また、爬虫類用の総合ビタミン剤も市販されているが、液状のものにはカルシウムは含まれていない。合わせてコウイカの骨（粉末状または小さく砕いたもの）や炭酸カルシウムの粉末を与えると良い。哺乳類用のビタミン剤は使わないこと。幼体や妊娠中の雌を対象としたカルシウム分の多い餌、あるいは水棲ガメ用にビタミンA、

C、Eが豊富な餌といった具合に、目的別に成分の異なる製品もある。

野生の昆虫類

　昔は生き餌を手に入れるために、生け垣を探したり庭の昆虫を捕まえたりしたが、最近は殺虫剤による汚染を心配しなければならないし、池の生き物を水棲種に与えると寄生虫が移る危険もある。汚染の心配がないなら、野生の昆虫を与えてもかまわないが、ミツバチ、スズメバチ、ホソクビゴミムシなどの有害な昆虫は避け、名前がわからない虫は絶対に与えないこと。蛾や蝶の毛の生えていない幼虫、クモ、コオロギ、バッタ、ガガンボ、緑色のアブラムシなどは餌になる。ナメクジやカタツムリ、ミミズ *Lumbricus terrestris* は消化管の中をきれいにするために、清潔なコケの中で2、3日飼い、カルシウム分を補ったレタスなどの野菜を与える。ナメクジやミミズは、種類によって受けつけない場合もある。シマミミズは与えないこと。

草食種の餌

　草食性のトカゲでも、与えれば牛肉や鶏肉、齧歯類、昆虫、ペットフードなどを食べるようになる。草食であっても、若い個体なら少量の動物性タンパク質が有益だが、年齢の高いものは、タンパク質のとりすぎで腎臓障害などを引き起こすおそれがある。グリーンイグアナのような完全な草食性の動物の場合、タンパク質、できれば植物性タンパク質の割合は若いもので最大15％、年老いたもので5％に留める。

　草食種（トカゲや水棲ガメ類）の餌用植物は、殺虫剤の心配のないものだけを集めること。餌にはタンポポ、ハルノノゲシ、クローバー、オオバコ、ナスタチューム、バラの花などが適している。餌の種類が豊富であれば、広範な栄養素を摂取できるので、いろいろな植物を小さく刻んで混ぜて与える。エンドウ豆やインゲン豆などの植物性タンパク質は新鮮なままでも冷凍物でもかまわない。発芽したレンズマメ、ヒヨコマメ、アズキ、緑豆、アルファルファなども適している。

　こうした植物性タンパク源となる餌は、アルファルファを除いて、カルシウム分が少なくビタミンが豊富なので、カルシウムが多く含まれた植物やカル

餌と給餌

シウム剤といっしょに与える。アルファルファ、ウォータークレス、ブロッコリーの房部、ニンジンには、豊富なカルシウムが含まれている。ただし、その割合は生育状態によって異なり、ニンジンの場合、若いものよりある程度成長したもののほうがカルシウム含有率が高い。カルシウムと燐のバランスがとれている植物には、イエローメロン、レーズン、オレンジ、ナツメなどがある。ルバーブを除き、家庭で食べる野菜類や果物類は、足りない栄養素を補う働きがあるので、小さく刻んで餌にすることができる。

ある種の餌を繰り返し拒否する場合もある。わざわざ避けて残すようなら、丸一日餌を与えず、再度試してみる。すべての植物性の餌が爬虫類に適しているわけではなく、なかにはカルシウムと結合し、カルシウムの働きを抑制するフィチン酸や蓚酸を含んでいる植物もある。ウィートブラン（ミルワームの餌に使われる）、ホウレンソウ、フダンソウ、ビートの根、オート麦などは、何種類かの餌に少量混ぜる程度にする。ホウレンソウにはかなりのタンニンが含まれているが、タンニンはタンパク質と結合し、消化酵素に作用して、ビタミンB_{12}と鉄分の摂取能力を弱める。

大量のタンニンを摂取すると肝臓障害のおそれがあるので、ホウレンソウは与えないほうが良い。蓚酸塩（ルバーブの葉やホウレンソウに含まれる蓚酸から生じる）は非常に危険で、量が多いと痙攣を引き起こし、少量でも骨の形成不良や腎臓結石などの原因となる。

大豆やピーナッツ、キャベツ、カリフラワー、ケールなどのアブラナ科の植物は甲状腺腫誘発物質（ヨードが少ない）なので、餌全体に占める割合を抑えること。多めに与える場合はケルプの錠剤を砕いたものを週に2mg与える。

爬虫類の飼育方法

← イナゴを食べるトッケイヤモリ*Gekko gecko*。この種に限らず、薄明薄暮性や夜行性の場合、栄養剤をまぶした餌は夜遅い時間に与える。食べるまでに時間があると、せっかくの栄養分が落ちてしまうからだ。

市販されている昆虫類

クロコオロギ*Grillus bimaculatus*
イエコオロギ*Acheta domesticus*
黒や茶色のものや鳴かないものなど、さまざまな種類があり、サイズも豊富。昆虫を常食とする種の主食に向いている。保管温度は26〜28℃。

エジプトツチイナゴ*Schistocerea gregaria*
トビバッタ*Locusta migratoria*
サイズも豊富で主食に適している。コオロギより価格が高い。食べ残しを放置しておくと、植物をかじるおそれがある。保管温度は26℃。

ハチノスツヅリガの幼虫*Galleria melonella*
喜んで食べるが、脂肪分が多いので間隔をおいて与えること。量が多いと消化しきれない場合もある。小型のトカゲ類は成虫を好む。保管温度は12〜15℃。

Tebos *Chilecomadia moorei*
オレンジ色のやわらかい蛾の幼虫。与え方はハチミツガの幼虫参照。保管温度は8〜10℃。

ミールワーム*Tenebrio molitor*
外皮が堅いため、腸の具合が悪くなるともいわれている。ときどき与えるようにすると、餌に変化がつくが、与えすぎると肥満を招く。成虫を食べる種はほとんどいない。保管温度は9℃。

ガイマイゴミムシダマシ*Alphitobius diaperinus*
小さな甲虫の幼虫。ミールワーム参照。ミールワームより好む場合もある。保管温度は10〜15℃。

キングまたはスーパージャイアント「ミールワーム」*Zoophobas morio*
実際にはミールワームではないが、与え方はミールワーム参照。トカゲの大型種に適している。小さい動物には噛みつくおそれがある。保管温度は15〜20℃。

ショウジョウバエ*Drosophila*属
「翅のないもの」や翅があっても飛ばないものなど、何種類もある。カメレオンの幼体など、小型種の初期の餌に適しているが、すぐにもう少し食べがいのある餌が必要になる。市販されているのは培養キットなので、自分で繁殖させなければならない。保管温度は26℃。

餌の貯蔵と準備

定期的に餌を供給するには、それなりの貯蔵設備が必要になる。生き餌を扱う業者に尋ねれば、貯蔵方法などを教えてくれるが、ここでは一般的なやり方を説明しておく。コオロギは逃げ出せない容器に入れ、寒ければ暖房も必要になる。また、湿度が高いと死んでしまうので、通気性にも注意すること。コオロギにはあらかじめ餌と水を与えておく（33ページQ&A「ガットローディング」ー生き餌の消化管に栄養のある餌を詰め込んでおくことー参照）。ミールワーム、キングミールワーム、ガイマイゴミムシダマシ、ハチノスツヅリガの幼虫、Teboは、適切な気温（左の表参照）に調整した通気性のある容器に入れて、蛹化を防ぐ。イナゴ類は通気性のある容器に入れ、餌と水を与える。生き餌は、動物への感染をできるだけ防ぐために清潔な環境で貯蔵しておかなければならない。昆虫を入れる容器や齧歯類繁殖用のケージは定期的に掃除すること。冷凍飼料は人間の食べ物と同様に扱い、野菜は清潔なまな板で刻む。古くなったり、腐った果物や野菜はもちろん、大きすぎる餌も与えないこと。草食性のトカゲ類にはボウルに入れて与える。水棲ガメには浅いボウルを用意する。草食性の動物は餌をボウルから引っぱり出して食べることが多いので、餌に床材がくっつかないように平らな石の上に置く。屋外で飼育する場合は、ボウルを床材にしっかり埋め込む（地表棲）、あるいは何カ所か高さの異なる場所に設置する（樹上棲種）。

生き餌

ミールワーム（×160％）
ハチノスツヅリガの幼虫（×160％）
若いイナゴ（×160％）
キングミールワーム（×120％）
ショウジョウバエ（×400％）

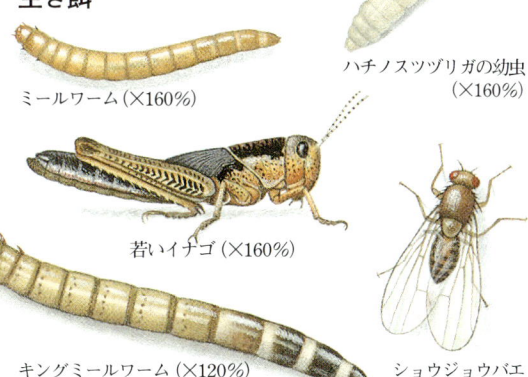

↑ 生き餌は動物に合った大きさのものを選ぶ。食べ残さない程度に与え、残った場合はケージから出しておく。

餌と給餌

配合飼料

便利な小型水棲ガメ用ペレット状餌は、個体によって受けつけない場合もあるが、以前から普及していて便利である。最近では、イグアナ用のペレット状餌や缶詰、テグー、オオトカゲ、陸ガメ用の缶詰なども市販されている。また、ヘビ、ヤモリ、スキンク用「ソーセージ」も登場している。

配合飼料は手間がかからず、保存も簡単にできるが、長期的に与えた場合の影響についてはまだ結論が出ていない。人間の食材となる養殖イグアナ用に開発された飼料に関する初期調査では、タンパク質が多すぎることがわかっている。一方、配合飼料メーカー側は、科学的な成分分析にもとづいていると主張しているが、いずれにしても高価で、特に輸入品の値段は高い。また、常食にしていた餌の匂いがしないと受けつけない場合もある（たとえばヘビ用「ソーセージ」など）。便利だからといってキャットフードやドッグフードを過剰に与えてはならない。特に草食種にとっては、ビタミンAとDおよび脂肪、動物性タンパク質が多すぎるので注意すること。ビタミンを摂取しすぎるとカルシウム吸収過多を引き起こし体のやわらかい組織が鉱物化するおそれがあるが、カルシウム過多については、ビタミンD_3の大量摂取、あるいは紫外線の大量照射を伴わなければまず問題はない。また、ビタミンAが不足すると眼病を招き、特に若いカメにはこの傾向が強い。逆に多すぎると深刻な皮膚病を招く可能性がある。

食欲不振になったとき

養殖個体には給餌に関連する問題はほとんどみられない。餌をなかなか食べない場合は、いろいろな種類を与えてみる。齧歯類を食べようとしないヘビには、野生で餌にしているものの匂いをつけて与えると食べることが多い。これには病気のない冷凍トカゲやトカゲの卵、ヒヨコなどが利用できる。

餌を食べようとしないヘビには、強制給餌が必要になるが、この方法は、食べない原因が病気ではないことを確認したうえで、経験を積んだ飼育者だけが行うこと。まず、ヘビの顎を静かにこじ開け、口の中に餌を入れる。餌が自然に下がっていかないようなら、もっと奥の嚥下運動が始まるところまで押し込む。孵化したばかりのヘビが餌を食べない場合は、ピンクマウスをミンチ状に押し出す「ピンキーポンプ」を使って、口の中に強制的に餌を送り込む。これもベテランの飼育者が行うこと。大きなポンプを使えば、若干大型のヘビにも与えることができる。ポンプは使用前に水もしくは外科用ゼリーで湿らせておく。強制給餌というと荒療治に聞こえるが、命を救うためにはやむを得ないことである。

飲み水

野生では、一部の爬虫類は、たまに滴を舐める程度でほとんど水を飲まない。飼育環境でも、水はボウルから飲まず、葉や壁に吹きかけた水を舐めるだけの種もいる（水を勢いよく吹きかけると死んでしまうこともあるので、やさしく吹きかけること）。草食種は、餌に水が含まれているため、野生ではほとんど水を飲まない。しかし、乾燥域に暮らす陸棲ガメやトカゲ類は、地中の湿気が足りないぶん、水が必要になるので、水を入れたボウルを置いておく。水道水は24時間放置して塩素を抜いてから使うこと。飲料水用のボトルウォーターを与える人もいる。

← ペレット状飼料：イグアナ用の果物、野菜の配合飼料（左）、水棲種用の水に浮くスティック状飼料（右）。この種の配合飼料を受けつけない場合は、生き餌やなまの野菜類などを与える。

爬虫類の飼育方法

↑ 食事中のケヅメリクガメ *Geochelone sulcata*。このように大型の草食種には、種類豊富な大量の野菜が必要。カルシウムをたっぷり摂取しないと、甲羅の成長が妨げられる。

Q&A

●冷凍飼料は電子レンジで解凍しても大丈夫ですか？

電子レンジではなく、自然解凍にしてください。餌として与える前に完全に解凍し、残っても再冷凍はしないこと。冷凍の魚類は、ビタミンB類を分解する酵素、チアミナーゼを破壊するために、解凍後30℃で数分間放置してください。魚やピンクマウス、ラットなどは、ぬるま湯に漬けて解凍するという方法もあります。

●爬虫類にはどの程度の量の栄養剤が必要なのですか？

正確な数値はわかっていませんが、製品の使用説明書を参考にしてください。ビタミンやミネラルの必要量は、若い個体や妊娠中の雌に比べて、年齢の高い個体のほうが少なく、過剰投与は悪影響を与えるため、指示された量を守りましょう。

●ビタミン剤やカルシウム剤はどのようにして与えたら良いですか？

容器やビニール袋に昆虫と栄養剤を入れ、かき回してまぶしてください（コオロギは少し冷やすと扱いやすくなります）。野菜や果物の場合は、栄養剤を上から撒くか、混ぜてください。トカゲ類や陸棲半水棲のカメ類の多くは、コウイカの甲（カトルボーン）の小片を食べます。蜂蜜や果物に混ぜた栄養剤を舐めるトカゲもいます。病気の動物には、液体状の総合栄養剤をスポイトや注射器で送り込んでください。

●「ガットローディング」とはどういう意味ですか？

餌として与える前に、生き餌に栄養物を与え、昆虫の消化管の中に栄養を詰め込むという意味です。「ガットローディング」した生き餌を与えれば、総合ビタミン剤の量を減らすことができます。コオロギやミールワーム、ガイマイゴミムシダマシには、魚用のフレーク状餌や粉ミルク、粉末状総合ビタミン剤や砕いたコウイカの甲をまぶした鱒用またはネズミ用ペレット状餌を与えます。水分はリンゴやニンジンで与え、ジャガイモは使わないでください。イナゴ類には、干したアルファルファやウォータークレスを与えます。ガットローディング専用の餌も市販されています。

●食べ残した餌をほかの動物に与えても良いですか？

処分してください。処分するのが一番安全です。

●食べ残したコオロギ（生きているもの）をそのまま放置すると危険ですか？

昆虫は住人にけがをさせたり、卵をかじったりするので、ビバリウム内に生きた昆虫がたくさんいる状態は避けたいものです。住人の数が少なければ、餌はピンセットで与えるようにします。コオロギを冷やし、ピンセットで後肢をもぎとってから、ボウルに入れて与える人もいますが、このやり方は残酷だと非難する声も多いようです。

繁　殖

　爬虫類の繁殖には、卵で産むもの（卵生種）と幼生で産むもの（卵胎生）の2つの方法がある。卵胎生の場合、幼体は雌の体内の卵膜の中で卵黄から栄養をもらって成長する（厳密にいうと、卵胎生種の一部は真の胎生で、卵膜なしに母体から直接栄養をもらって成長する）。ヘビ類やトカゲ類には卵生、卵胎生の二型がみられるが、カメ類はすべて卵で生まれる。卵は種によって異なり、卵殻の硬い卵と、水分を吸収し孵化するまで徐々に大きくなる、軟らかい「羊膜」卵がある。

雌雄の判別

　爬虫類の性別判定は、特に初心者にはむずかしいだろう。雄と雌の明確な身体的相違がどの種にもあるわけではない。身体的相違が顕著なことを性的二型性と呼び、体色が異なる場合は「性的二色」性という表現をする。性的二型性はトカゲ類では一般的だが、カメ類はまれで、ヘビ類になるとほとんどみられない。若いトカゲは雌の体色に似ていることが多く、成熟するまでは外見での判別はむずかしいだろう。同種の複数の個体を比べることができれば、ある程度外見で判断できる。また、行動を観察しないと特定できない種もいれば、最終的に体の検査が必要な種もいる。

ポッピングpoppingとプロービングprobing

　この2つの方法は、ヘビ類と一部のトカゲ類の雌雄判別に使われている。「ポッピング」というのは、総排出腔の後ろを親指で軽く押さえる方法で、雄ならばヘミペニスが露出する。成体になると「ポップ（飛び出し）」しにくくなるので、ポッピング法は幼体の識別に適している。
　「プロービング」というのは、プローブ（さぐり針）を使う方法で、この器具に潤滑剤を施し、総排出腔から尾の先端方向に向かって挿入し、静かに回転させながら行き止まりになるところまで差し込む。雄の場合、ヘミペニスの内側が空洞になっているため、雌に比べてプローブが奥まで入る。深さはヘビの尾部の鱗の数で測定できる。種別にこの数を示してある文献もある。プロービングは、潤滑剤を塗ったステンレス製のセックスプローブで行う。セックスプローブには、何種類か直径の異なるものがあり、動物の大きさに合わせて選択できる。
　一般に潤滑剤として使われるのは、グリセリンや外科用ゼリーだが、これが殺精子薬として作用する

外見による雌雄の判別方法

ヘビ類
雌雄の差は顕著には現れない。雄の尾のほうが長く根元の部分に厚みがある（ヘミペニスのため）場合が多い。雄のほうが、ほっそりしている。ボアやニシキヘビは、雄のほうが総排出腔のケヅメが長い。

カメ類
陸棲ガメの場合は、雌雄の大きさは種によって異なる。水棲種は、雄のほうが体が小さく、腹甲が凹んでいる場合が多い。尾は雄のほうが長く、根元の厚みもある。雄の総排出腔は、雌より背甲から遠い位置にある。水棲種（特にアカミミガメ）の雄は、前肢に長い爪を持っている。

トカゲ類
一般に雄は体が大きく、がっしりしていて、頭部も大きく尾も厚い。雌の体は丸みを帯びている。雄はヘミペニスのふくらみで識別できる場合が多い。また、雌よりも雄のほうが体色が鮮やかで、特に繁殖期や危険を察知したときなどは派手な色合いに変わる。雌雄の体色が異なる種もいる。
雄には、角状、トサカ状、兜状の突起や鼻孔の突起物、咽喉垂、足根部の突起tarsal spurなどがみられる。雌に同様の突起があったとしても、退化しているか痕跡程度にすぎない。前肛鱗、後肛鱗が大きく、前肛孔と大腿孔があるのは雄で、雌にはみられない（これはすべての種に共通する特色ではない）。

➡　性的二型が顕著に現れているミカゲハリトカゲScelo-porus orcutti。雌の帯模様のほうがくっきりとしているが、色は雄のほうが美しい。

爬虫類の飼育方法

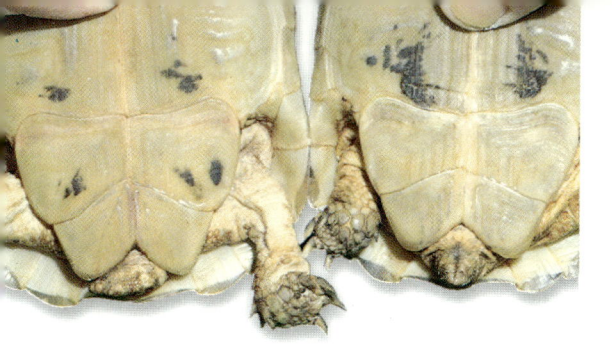

↑ ギリシャリクガメ*Testudo graeca*の雄と雌。裏返しにして比べてみると、雌のほう（写真左）が尾が短い。雄（写真右）の尾が長く厚いのは、交尾の際に雌の尾の下に曲げ入れるため。

可能性もあるため、交尾が近い時期には使わないこと。安全性からいえば、生理食塩水を勧めたい。

注意：ポッピングやプロービングは、自切を促すことになるので、自切習性のあるトカゲには用いないこと。この2つの方法は、取り返しのつかないダメージを与える可能性もあり、慎重に慎重を重ねて行ってほしい。実際にやってみる前に経験者に相談したほうが良い。

繁殖周期

温帯域に生息する爬虫類には一定の繁殖期がみられ、春になって気温が上がり、日が長くなると交尾が誘発される。熱帯種の場合は、時期を選ばず繁殖期が訪れる、あるいは乾期の後に訪れる雨期が引き金となる。

成熟した個体であれば、ほとんどの種が毎年繁殖するが、輸入された爬虫類は野生での繁殖パターンを踏襲するため、気候の異なる地域に適応するまで、数年かかることもある。

冬　眠

冬眠（またはブルメーションbrumation－春化処理－、ウィンタークーリングWinter cooling－冬化－とも呼ばれる）は、温帯種の繁殖には欠かせない要素となる。冬眠に適した気温に調整するのはむずかしいが、この種の情報が普及しているのは、成功例が少なくない証拠である。

暖かい亜熱帯域に暮らす種の場合、短期間、気温

繁 殖

↑ 交尾中のグリーンアノール Anolis carolinensis。雌の首を押さえこみ、動けなくする方法は、トカゲ類の多くや一部のヘビ類にみられる。

の低めの時期を設ける必要がある。赤道域の種は、一年中気温の変動がない環境に慣れているので、冬眠期はいらない。寒い地域の種の場合は、飼育環境での冬眠期間は野生より短くすること。

　冬眠させる個体は完全に健康な状態でなければならない。多くの種は、低温期に生き延びるための脂肪を蓄えたうえで、冬が近づくにつれ餌の摂取量が自然に減っていく。そこで、冬眠を前に消化管の中を空にするために、通常の気温と光周期のままで餌を2～3週間控える。その後、2週間かけて、徐々に気温を下げ、光周期を短くしていく。

　気温を下げた時点で、動物を通気性の良い、コケを入れたプラスチック製容器に移す。この容器は、ネズミやアリが入り込めないものにすること。種によっては、コケをわずかに湿らせておく（濡れた状態ではなく）場合もある。容器は室内、ガレージ、納屋や倉庫など、低い気温を維持できる場所に置く。気温が下がりすぎないよう、必要に応じて室内用の

サーモスタット付き暖房器具を使う。冬眠中は最高気温の調整が非常にむずかしく、冷蔵庫や冷凍食品用キャビネット、あるいは冷房などを活用する人もいる。

冬眠中の動物は少しでも気温が上がると目が覚めてしまうので、日光を完全に遮断すること。ただ一部の陸棲ガメのように、自分から土に潜って冬眠する場合は、光が当たっても問題はない。

冬眠中の動物は毎週観察すること。冬眠から覚めたら、冬眠に至るまでのプロセスを逆に辿り、2週間かけて気温と光周期を通常レベルに戻し、給餌を再開する。

繁殖行動を促す方法

ビバリウムの中では、照明と気温をコントロールすることによって繁殖期を促すことができる。暖かい地域や熱帯域の爬虫類には、雄雌をいったん離してから改めていっしょにする、水を大量に吹きかける、レインチェンバーに移して模擬雨を降らせる（熱帯雨林種）といったきっかけが必要になる。

このような方法は両生類にも共通しているが（154〜155ページ両生類の飼育方法「繁殖」参照）、洪水にならないよう効率的な排水を心がけること。種によっては、雄が複数いることによって交尾が誘発されることもあるが、雄同士の戦いでけがをする可能性もある。

雄雌を同じビバリウムで飼育している場合は、条件さえ整えば、交尾が行われる。別々に飼育している場合は、時期を見計らっていっしょにする。冬眠する種は春がその時期であり、しない種は春に限らず交尾が行われる。

交尾の準備が整うと、落ち着かない（雄雌ともに）、食欲が落ちる（主に雄）、体色が鮮やかになる（一部のトカゲ類の雄）といった兆候が現れる。交尾に先立って、雄が頭を振る、押し上げる、頭で突く、なでるといった求愛行動がみられる。

多くの種は、交尾の際に雄が雌の首を押さえつけて、一方のヘミペニスを雌の総排出腔に挿入する。普通はこのときに、雌の首になんらかの傷がつくが、雌の受け入れ準備が整っていない場合は、ひどいけがにならないうちに雄が体を離す。雌が雄を受け入れられる状態でいる期間は短く、おそらく数日程度なので、この機会を逃すと繁殖には成功しない。

Q&A

●冬眠とウィンタークーリングはどこが違いますか？
本物の冬眠に入ると、動物の体温が非常に低くなり、新陳代謝が「かろうじて行われている」程度になります。この場合は光を遮断するのが得策です。ウィンタークーリングの場合は、気温を極端に下げるわけではないので、単に動きが鈍る程度で、光周期も維持します。冬眠と区別するために、この状態を「ブルメーション（春化処理）」と呼ぶこともあります。

●冬場の飼育条件は省略しても良いですか？
冬眠する種や寒い季節がある地域からきた動物には、できるだけ冬らしい環境をつくってあげてください。ビバリウムでも生息域と同じ環境を与えるべきです。

●単独で飼育していて繁殖させたいとき、ほかの人の飼っている異性の個体を借りても良いのでしょうか？
飼育スペースの問題で、ほかの人と雄雌1頭ずつ飼うケースはよくあります。とりあえず、まず1頭から飼い始める人もたくさんいます。1頭だけ飼うときは、雌だと無精卵を産み、問題が生じる場合もあるので、雄にしたほうが良いでしょう。

●孵化にはどれくらいかかりますか？
孵化するまでの期間は、種や気温によって変わります。同じときに産んだ卵でも、最初の孵化から最後の孵化まではかなりの時間差があります。孵化を早めようとして気温を上げたりすると、奇形の原因になり、胚が死んでしまうこともあります。

●爬虫類の卵は裏返しにしてはいけないといわれていますが、本当ですか？
一般的に卵はかなり丈夫にできていますが、孵化させるために別の場所に移す場合は、産んだときと同じ向きに置かないと、孵化しないでしょう。移す前に、上に鉛筆で印をつける人もいます。

●卵には湿気が必要ですか？
湿気が必要なのは羊膜卵だけです。卵殻が硬い卵は、乾燥した粗い砂の上でも孵化します。

●孵化中の卵で、ダメになったものはどうすれば良いですか？
卵は2、3日おきに観察し、カビが生えたり腐ったりしたものは取り除いてください。ただし、隣の卵とくっついている場合は、無理にはがさないでそのままにしておきます。少し色あせたようにみえる卵があっても、特に問題はないでしょう。

●繁殖記録をつけたほうが良いですか？
親が特定できる記録をつけておけば近親交配を防げます。また、冬眠期の気温、期間、交尾した日付、孵化温度、孵化子や新生児の大きさなども記録しておきます。この種の記録は非常に貴重な資料になります。

繁殖

　ヘビ類は、雌の麝香腺の分泌臭があるケージに雄を入れる。トカゲ類の場合、野生では雄が自分のテリトリーに侵入してきた雌と交尾する傾向があるため、雄のケージに雌を入れる。

　交尾の回数が多いと、それなりに受精卵や幼体の数が増える可能性が高いので、雌が交尾を拒絶するまでペアをいっしょにしておくか、数日間にわたっていっしょにすると良い。妊娠した雌は、しばらくは食欲が増すが、出産が近づくと減退する。

　また、日光浴をする時間も長くなる。これはカルシウムの新陳代謝を促すため、あるいは胚の成長を促進するためと思われる。

卵の孵化方法

　卵生種には、産卵に適した場所、つまり石などの障害物がない、また、湿った（水浸しではなく）床材を敷いた場所が必要になる。産卵する際の広さは動物に合わせ、プライバシーを確保するために植物や丸太などで覆うと良い。

　ヘビ類には、湿ったバーミキュライトを入れた箱が適しているが、床材を掘ってまき散らすトカゲ類には向かない。

　ヤモリ類は、卵を枝やビバリウムの壁に産みつけたり、人目につきにくい粗い床材や鉢の土に産む。

　トカゲ類は、卵を埋めた後、掘った形跡がほとんど残らないほど、きれいに土を馴らす。妊娠した雌がどこに卵を産んだか、しっかりと観察しておくこと。雌の体の皮膚がたるんでいたら卵を産んだ証拠といえる。

　なんらかの理由で、産卵に適した場所が見つからないと、体内に保持するか、いい加減な場所に産んでしまうことになる。後者の場合は、乾燥しないよう、すぐに別の場所に移さなければならない。

　ビバリウム内では孵化条件を整えるのがむずかしいため、普通は別の場所に移して孵化させる。孵化専用の容器も市販されているが、予備のビバリウムを流用する方法もある。

　孵化に必要な温度は種によってかなり差があり、卵を暖かい部屋に置くだけで十分な場合もある。卵の温度は慎重に管理すること。

　ある種の爬虫類は、孵化中の温度で性別が決まる。温度性決定（Temperature-regulated sex determination－TSD）は、特定の性を望む飼育者には

繁殖の問題点

交尾に至らない場合
- 誘発条件が不十分。
- 年齢が若すぎる、または高すぎる。
- 健康状態が悪い。
- 太りすぎ、または栄養失調。
- 時期が間違っている。
- 気温、湿度、光周期が適切でない。
- 前回産卵時の卵を胎内に保持している（雌）。

卵や幼生を産まない場合
- 個体が未成熟。
- 冬眠期の気温が適切でない。
- 精子が毒素（消毒薬や殺虫剤）の影響を受けている。
- ヘミペニスの外傷（雄）。
- 産卵回数が多すぎる（雌）。
- ケージが小さすぎて、完全な交尾が行われていない。
- 同種でも生息域の異なる体色変異型同士だと、相性が悪いこともある。

爬虫類の飼育方法

← 孵化中のエバグレーズネズミヘビ Elaphe obsoleta rossalleni。殻を噛み切った後、吻端の卵歯が抜け落ちる仕組みになっている。ネズミヘビの亜種の子ヘビはどれも似ているが、成長するにつれて親に似てくる。

でいっしょに孵化させること。

卵群は、一番上の卵が一部顔を出す程度に全体を埋めこみ、この段階で容器全体の重さを測定しておく。その後定期的に重さを計り、重量が減っていたら、そのぶんぬるま湯を加えること。

幼体の飼育方法

孵化子に卵黄嚢がついているあいだは、孵化箱に入れたままにしておき、卵黄が吸収され、体から離れた時点で、孵化子を箱から出す。胎生の幼体は、生まれたらすぐに母親から離さないと、けがをしたり食べられたりする。

卵生にしろ胎生にしろ、生まれた幼体は、餌を簡単に探せる小さなケージに収容する。このとき、お互いに威嚇したり争ったりしないよう、1頭ずつ収容する。

集団で育てる場合は、餌を食べない個体や成長の早い個体は別の容器に移して育てる。

餌を受けつけるようになったからといって、元の集団に帰すと吐きもどすようになることもある。最高気温は成体より少し低めに調節し、乾燥に気をつけ、湿度が必要な種には特に気を配ること。

与える餌は、喉に詰まらないように小さく刻む。トカゲやカメの幼体の中には、孵化第1日目から餌を食べ始めるものもいるが、幼体は数日間食べなくても、蓄えた栄養分で生きることができる。

子ヘビは、少なくとも1回、脱皮するまでは餌を食べない。第1回目の脱皮は、通例孵化、または誕生から約7日後に生じる。

場合によっては、2、3カ月餌を食べず、このあいだに何度も脱皮することがある。糞をするようなら、蓄えた栄養分を使っている証拠なので、あわてて強制給餌（32〜33ページ「餌と給餌」参照）しないこと。最初の数週間は、好きな餌の匂いがする食べ物しか受けつけない子ヘビもいる。同じ餌しか食べない個体には注意すること。

また、幼体も共食いすることがあるので、ヘビの幼体は通気性の良い小さな容器で個別に飼育する人が多い。

一般に、卵は一定した気温で孵化するが、夜間の気温を下げることによって孵化に成功する、あるいは、大きめの幼体が生まれることが多い。

卵は細心の注意を払って移動させ、いくつか通気用の小さな孔を空けたプラスチック製の箱に入れる。箱には、湿ったバーミキュライトを卵の大きさに合わせて厚さ5〜15cmほど入れておくこと。ほかの素材を使う人もいるが、バーミキュライトは無菌状態で吸湿性があるので適している。

水分とバーミキュライトの割合は議論が分かれるところだが、一般的には重量比率で1：1といわれている。しかし、特にトカゲ類の卵には、水分が少なめの0.8：1ぐらいが望ましい。水分が多すぎると卵が破裂し、少なすぎると乾燥してしまう。卵は窪みをつけたバーミキュライトに、地表から3分の1ほど出るように静かに置く。

ヤモリ類には、2つずつペアで卵を産み落とす種がいるが、この場合はペアで孵化させる。

また、ヘビは卵群を産み落とすが、別々にしない

病気と治療方法

　動物が病気にかかったら、獣医師による専門的な診断と治療が必要になる（イギリスでは、以下に述べるいくつかの基本的な治療方法は別として、資格を持たない人が他者の爬虫類を治療するのは違法）。またすべての獣医師が爬虫類に詳しいわけではないので、あらかじめ専門の獣医師を見つけておくこと。

　取得年月日、気温幅、光周期、給餌状況、交尾や出産の日付けなどの基本的な記録があれば、診断が下しやすくなる。

飼い主に可能な治療

　飼育者が入手できる薬は、最寄りの薬局で購入できるポビドンヨードpovidone iodine、過酸化水素、眼病用軟膏、洗眼液といった治療薬に限られる。爬虫類用の抗生物質は処方箋がないと購入できない（使い残しの人間用の抗生物質は、危険なので使えない）。抗生物質はある種のビタミン、特にビタミンKを減少させるので、総合栄養剤とともに処方されるだろう。ネコやイヌ用の薬は使わないこと。

　小さな傷なら、ポビドンヨードや過酸化水素溶液で適宜手当てし、治療後も入念に点検する。噛み傷や骨折は、喧嘩や交尾によって生じる場合もあるが、カルシウム不足による骨折もある。熱源に触れて火傷を負う場合もあれば、カメの甲羅は、高い所から落ちたりイヌに襲われて、ひび割れることがある。このようなけがや傷は、獣医師の診察を必要とする。

外部寄生虫

　爬虫類には、マダニやダニなどの吸血性寄生虫がよくみられる。業者は外部寄生虫を駆除しているが、少しでも残っていると購入後、急激に増殖する。寄生虫は病気の媒体となり、数が多いと衰弱や拒食、脱皮、皮膚炎などを招き、場合によっては死に至ることもある。通例、抗生物質の連続投与（1クール）が望ましい。爬虫類に寄生するダニの種類は250種を超える。ヘビ類に多いのは小さな黒いダニで、皮膚の上を動いていたり、鱗の間に隠れていたり、目の周囲や顎の下の咽喉垂に群がっているのが見え

↑　赤いダニが寄生したヤスリユビマガリヤモリ Cyrtopodion scaber。1匹でも見つけたら、たくさんいると思って良い。適切な処置を施すこと。

る。ボウルの水の中でとぐろを巻くと、水中でも確認できる。トカゲ類に寄生するダニは赤やオレンジ色で、ヘビのダニよりも小さい。トカゲの体には、爪先や皮膚の皺の中、耳の開口部、腋窩、脚の付け根など、隠れる場所がたくさんある。鱗の間に小さなかさぶた状のものや白い乾いた斑点ができていたら、ダニがいる証拠だ。ダニのいる個体を治療するときは、落ちたダニがビバリウムに戻らないように、シート、または飲み水用のボウルの上で行う。毎日、30分間ぬるま湯で温浴させると、ある程度駆除できるが、頭部に寄生したダニはとれない（注意：定期的に長時間石鹸水に浸すと皮膚の炎症を招く）。単独や群がったダニは、粘着テープ、または子犬や子猫用の殺虫スプレーを吹きつけた綿棒で取り除くことができる。目の回りのダニは、薄めた洗眼液で落ちる場合もある。ダニを殺す薬品の中には、使い方を誤ると爬虫類にも危険が及ぶものがあるので、以下の治療法は細心の注意を払って行うこと。

爬虫類の飼育方法

(1) 子犬や子猫用の殺虫スプレーを軽く吹きかけた布で動物の体を拭く。1分間放置した後、ぬるま湯をかけながら洗い流す。目、鼻孔、口は避けること。
(2) ジクロルボス蠅取り用プラスチック片dichlorvos vapour stripも使われているが、これには副作用もある。揮発した薬がビバリウム内に行き渡って虫を殺すタイプで、広さに応じて切り取って使う。目安は6mm片で$0.28m^3$。直接触れないように、小さな穴を空けた蓋付き容器に入れ、通常の通気状態のケージに、週3回、1日3時間置く。連続使用は3週間までにする。

マダニはダニより大きく、たっぷり血を吸うと動物の体から離れる。マダニの子供は見つけるのがむずかしく、鱗の奥深くに潜りこんでいる。輸入個体にいるが、店頭に出す前に業者が駆除する場合が多い。マダニも病気の媒体となる。ピンセットでつまんで、ゆっくりはがすのが良い（外科用アルコールを軽く塗りつける、ひねって取るなどの方法もある）。取り除いた後、患部にポビドンヨード、過酸化水素溶液、抗生物質の軟膏などを塗っておく。

内部寄生虫

爬虫類の体内には、かならずといってよいほど、アメーバや鞭毛虫などの単細胞の原生動物が寄生している。いないほうが不思議なくらいだが、なかには危険な寄生虫もいて、特にストレスがたまったときなどに悪影響を及ぼす。この種の寄生虫の有無を判断するもっとも一般的な方法は検便だ。ビバリウムの衛生管理を徹底し、入手した個体はかならず検疫してからビバリウムに収容すると予防できる。爬虫類は生息域に特有な病原性原生動物への抵抗力を持っているものの、ほかの個体に移す危険があるので、生息域の異なる動物を共同飼育する是非に関しては議論の余地がある。下痢、嘔吐、血便、粘液便など、さまざまな症状が現れ、ひどくなると、衰弱、削痩、やがて死に至る。寄生虫の種類を特定するには、糞の分析が不可欠で、治療が遅れると命取りになることもある。獣医師にかかればメトロニダゾールを処方してくれる。抗生物質で治療すると、腸管の中の必要な微生物まで一掃されるので、治療後は生きたヨーグルト菌やprobioticを与えると良い。

寄生性原生動物によるクリプトスポリディア症は、糞で感染する。胴体が堅く腫れあがるのが主な症状だが、この症状が現れたらかなり進んでいると考えてよい。初期症状としては、拒食、動きが鈍くなる、嘔吐、気管支炎、体重の減少などがあげられる。専門家の診察が必要で、通常は検便を行う。この寄生虫は大規模動物園以外ではほとんど見られな

Q&A

●病気になると、まずどんな症状が現れますか？
動きが鈍くなって餌を拒否するようになったら、怪しいと考え、病気を疑ってください。種によっては瞼を閉じる場合もあります。食欲不振の原因をしっかりと検討し、気温幅が不適切、環境に順応していない、ほかの動物にいじめられている、餌に慣れない、餌が大きすぎる、給餌時間が間違っている、脱水状態、妊娠中（雌）、繁殖期、といった原因がないならば、病気と判断します。

●ジクロルボス蠅取り用プラスチック片は安全なんですか？
安全かどうかは使い方によります。使っているあいだは、水を外に出し、元に戻すときは、ヘビが水の入ったボウルの上にとぐろを巻かないように小さなボウルに変えます。床材は少なくとも2日ごとに取り換え、ビバリウム内をきれいに掃除してください。一連の処置が終了したら、残っているダニの卵を全滅させるために、ビバリウムと中の設備全体を消毒して洗い流します。子供やペットが近づかないようにすること。部屋に大きなプラスチック片を掛け、複数のケージを一度に処理するという方法は避けてください。揮発した成分がどのケージにも均等に行き渡るわけではなく、一部のケージに大量に残存する可能性があるからです。プラスチック片が大きすぎると、住人に悪影響を及ぼし、死んでしまうこともあります。

●寄生虫の有無はどのようにチェックするのですか？
糞を調べて、卵や幼虫、小さな虫などがいないか点検してください。サナダムシの卵はキュウリの種に似ています。吸虫は小さな平たいヒルのような虫で、口、総排出腔、糞の中にいます。血便が出たら、鉤虫の可能性がありますが、裸眼では確認できません。肺線虫は肺炎に似た症状が現れます。検痰すれば、卵と幼虫を確認できます。

●体内に卵が残っているかどうか（卵塞dystoria）、判断する方法はありますか？
大量に残っていると、雌の脇腹が膨れ、動けずに床でじっとしているのでわかりますが、数が少ないと、見分けるのはむずかしいでしょう。手で触れられるのに慣れていれば、静かに押すと卵が現れます。しかし、この方法は、甲羅のあるカメ類や手で触ると体を膨ませるトカゲ類には向きません。

病気と治療方法

↑ 脱皮中のレッドコーンスネーク Elaphe guttata guttata。成長期の幼体は、成体よりも脱皮の回数が多い。また、交尾や産卵前にも脱皮する。

いが、衛生管理には注意する。接合子嚢（卵）は熱で殺すことができる。感染した動物は、通常、安楽死をすすめられる（ただし、専門家の意見を聞かずに飼い主が手を下すのは、違法になる場合もある）。

爬虫類の寄生虫は数百種にのぼる。大半は腸内に住みつくが、特に幼生段階で組織の内部に侵入するものもあり、これが原因で、二次的なバクテリア感染症が生じる場合もある。寄生虫は宿主と栄養分を取り合うため、とりわけストレスがかかっている動物は衰弱する。寄生虫の数が多いと、腸管、気管支その他の器官が閉塞することがあり、種類によっては組織や器官を内部から破壊する。小さな寄生虫は血液にも感染する。野生の爬虫類にはかならず寄生虫がいるので、大事に至らないようにする。吸虫やサナダムシなど、間接的なライフサイクルを持つ種は中間宿主が必要で、爬虫類がこの中間宿主を食べると、自分の体内に寄生虫が侵入してくる。とはいえ、飼育環境では中間宿主がいないため、この経路で寄生虫が入り込む可能性は低い。これ以外の寄生虫は直接的なライフサイクルで、餌や水を通じて体内に入る。野生で捕獲された生き餌は、こうした寄生虫などの住み処になっている可能性があるが、数日間冷凍すれば退治できる。鉤虫、肺線虫などの幼生は、宿主となる動物の皮膚に穴を開けて侵入する。フェンベンダゾールで退治できる種もいるが、まったく効果がない種もいる。

脱　皮

健康な爬虫類は、なんの問題もなく脱皮する。ヘビの脱皮は数日かかり、皮膚は一枚の抜け殻となって落ちる。トカゲは1片ずつ脱皮し、ヘビよりも時間がかからない。乾燥しすぎると脱皮が不完全になる場合が多く、そのときは死んだ皮膚をやわらかくするために、水を軽く吹きかける、あるいは濡らしたコケやペーパータオルを敷いた通気性の良い箱に動物を数時間入れてやる。ヘビの場合は、体に湿っ

爬虫類の飼育方法

た布を巻き、そこから体を滑らせて抜け出させるという行為を数回繰り返すと効果的だ。脱皮殻の一部がくっついたまま残っていると、感染症を招くおそれがある。トカゲ類の場合は特に足や耳の開口部、ヘビの場合は瞼や尾先に注意すること。脱皮中のヘビは、水皿の上にとぐろを巻く傾向があるので、水がこぼれない大きな皿を用意する。ヘビ類は、トカゲ類とは異なり、一般に脱皮中は餌を食べない。

生殖器関連の病気

卵塞Dystocia（卵塞egg retentionまたは卵づまりegg binding）は、ヘビ類やトカゲ類にも起こりうるが、カメ類に多くみられる。体内に残る卵は、ひとつの場合もあれば卵群の場合もある。残った卵は、やがて雌の体内で腐食または破裂し、致命的な事態を招く。卵塞は獣医師の治療が必要で、おそらく収縮を促すオキシトシンが処方される。原因が閉塞にあると、帝王切開をしなければならない。しかし、この処置は小型爬虫類には不可能な場合もあるので、獣医師には吸引法について尋ねたほうが良い。ただし、吸引はかなり経験のある専門医でないと行えない。すでに卵を持っている雌が交尾すると、卵が体内で破裂する。水棲ガメの雄はとりわけ攻撃的な交尾を行うので、妊娠中の雌に近づかないようにする。卵が破裂すると卵管が損傷し、そこから感染するおそれがあるので、早急に獣医師に治療してもらうこと。飼育者や同居人が手荒く接したために、トカゲやヘビの体内の卵がダメージを受ける場合もある。

また、ヘミペニス（雄）や卵管（雌）が脱出することもある。この場合は、脱出した部分が乾燥して傷つかないうちに、速やかに専門的な治療を受ける必要があるが、応急処置として、脱出した器官に外科用ゼリーを塗り、患部を湿った包帯でくるんでから獣医師を訪ねること。

卵塞dystoriaの原因

- 大きな卵が奇形または癒合している。
- 飲み込んだ床材が詰まり、腸閉塞を起こしている。
- 適当な産卵場所が見つからず、産卵が遅れている。
- 巣の材料に障害物があり、雌が掘ることをあきらめた。
- 飼育者やほかの動物が邪魔した。
- 卵の数が異常に多い。
- 卵管がねじれている。
- 雌の年齢が高い、あるいは病気にかかっている。
- 肥満。特にヘビに多い。
- 生殖管の感染症。

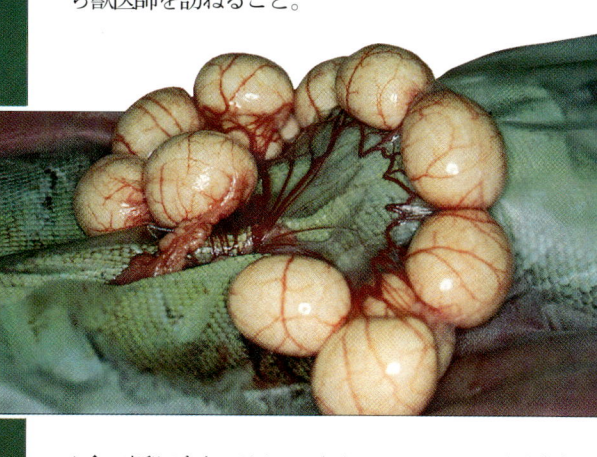

←↑ 産卵できないグリーンイグアナIguana iguanaから卵を取り除く手術（上）。レントゲン写真（左）には、体内に残っている卵が写っている。卵の有無を確認するにはこの方法が一番確実。おかしいと感じたら獣医師に相談する。

病気と治療方法

一般的なバクテリア感染症

膿瘍

症状：体内および体表の膿瘍。頭部や四肢によくみられる。最初は小さな腫れが生じ、チーズ状のもので覆われる。
コメント：原因は皮膚の損傷、ネズミやマダニの噛み傷、栄養不良、多湿など。膿瘍には2種類あり、治療方法が異なるため、獣医師の指示に従うこと。

マウスロット（感染性口内炎）

症状：口腔内に点々と出血があり、そこからチーズ状の物質が生じ、やがて顎や口腔が腐り始め、頭部が腫れる。
コメント：ヘビ類に多くみられ、吻をものにこすりつけた時の擦過傷やひび割れが原因になる。

➡ 呼吸器系の病気で獣医師の治療を受けるミドリニシキヘビ *Morelia viridis*。原因はいくつか考えられるので、専門的な診察が必要になる。

疱疹（スケールロット Scale Rot、皮膚の壊死）

症状：主に腹部などに小さな水疱ができ、潰瘍や炎症になる。
コメント：高湿や汚染が原因。居住環境を改善し、抗生物質による治療を始めること。

呼吸器系の病気

症状：爬虫類は咳ができないので、鼻孔や口、目から出る泡状粘液で感染する。水棲種は水中でのバランス感覚を失う。
コメント：低温で湿度の高いビバリウムで発生することが多い。ビタミンA不足や肺線虫が原因でも、同様の症状が現れる。

サルモネラ症

症状：急性腸炎、敗血症（潰瘍が生じる）、肺炎。糞が深緑色になり、血や粘液が混じる。
コメント：爬虫類の場合、症状が現れなくてもサルモネラ菌を移したり排出することがある。

シェルロット Shell Rot（潰瘍性の甲の病気）

症状：甲羅が腐食または潰瘍に侵される。
コメント：患部の大きさは、1ミリから数センチ。陸棲ガメより水棲ガメに多くみられる。獣医師はポビドンヨードまたは過マンガン酸カリウム溶液で治療する。症状が著しい場合は、治療後エポキシ樹脂とファイバーグラス製絆創膏で手当てする。

➡ 壊死性皮膚炎にかかったグリーンイグアナ *Iguana iguana*。応急処置として、まず弱い殺菌用石鹸で洗う。

バクテリア感染症

かなり経験を積んだ飼育者でも診断が非常にむずかしいので、専門医の手に委ねると良い。原因が異なっても、胃腸障害、食欲不振、無気力といった同じような症状が現れる。慢性的なものは、一般にどこにでもいるバクテリアが原因で起きるが、なかには病原性や条件が揃ったときに発病するバクテリアもいる。バクテリアは不潔な環境ならどこでも繁殖するので、徹底した衛生管理を絶対に怠らないこと（14ページ「ビバリウム」参照）。体表が感染した場合、患部が小さければポビドンヨードや過酸化水素溶液で対処できるが、たいていは抗生物質による治療が必要になる。病気にかかった動物はかならず隔離し、抗生物質を投与している場合は特に、適性温度域の上限で飼育すること。

菌類による感染症

水棲、半水棲のカメ類は、菌感染によって綿状の物質が四肢に発生することがある。一般に、菌は小さな傷口や掻き傷から侵入する。湿気が多く、水が汚いと繁殖しやすい。カメ類の場合、軽症だと、2、3日、乾いた場所で日光浴させると完治するが、それでも治らないときは、獣医師の治療が必要になる。居住環境を改善し、特に水質には注意すること。

栄養不足

餌に関連するもっとも一般的な病気は、骨の代謝異常（Metabolic Bone Disease—MBD）で、これにはクル病をはじめ、いくつか骨の病気が含まれる。MBDは草食種によくみられ、特に陸棲ガメや、トカゲ類の中でもグリーンイグアナ*Iguana iguana*に多い。完全食となる哺乳類を餌にするヘビ類には、めったにみられない。この病気にかかった動物は、よく餌を食べ、とりわけ後肢のあたりが丸々と太って見えるので、おかしいと気づいたときには、かなり症状が進んでいることが多い。もっとも一般的な原因は、カルシウム不足と燐の過剰摂取だ。短絡的にビタミン剤を余分に与えるといった処置をとると、危険な事態を招くおそれがある。たとえばビタミンDは、十分なカルシウムといっしょに摂取しないと種々の問題を引き起こし、病気を誘発する。治療が遅れると、変形や死を招く。MBDではないかと感じたら、すぐに獣医師に相談すること。

飼育者自身の衛生管理

爬虫類も、ほかの動物と同じように人間に感染する可能性がある病原体を持っているが、実際に感染するケースは非常に少ない。アメリカにおけるサルモネラ菌大発生の原因は、飼育している爬虫類にあると特定されたが、人間は爬虫類に限らず、ほかのペット動物から感染する危険にもさらされている。病気を予防するには、ケージの衛生管理に加えて、徹底した自分自身の衛生管理が必要になる。掃除をしたり、爬虫類を触ったあとは、かならず抗菌性の石鹸で手を洗うこと。ケージを掃除するときは、使い捨て手袋をはめ、埃を吸い込む危険があればマスクをかける。掻き傷や噛み傷をつけられたら、すぐに消毒し、子供が触ったらかならず手を洗わせる。どんな場合でも、口は絶対にくっつけないこと。

↓ 骨の代謝異常によって脚が腫れたグリーンイグアナ*Iguana iguana*。症状が進んでいなければ、治療方法はいくつかある。なによりも「正しい食生活」による予防を心がけること。

骨の代謝異常を示す兆候

- 四肢の痙攣。
- 四肢の腫れ。
- 骨折（主に四肢）。
- 後肢の麻痺。
- 下顎がやわらかくなり変形する。
- 歩行困難。
- 異常な歩き方。
- 背骨の変形。
- 下唇がひきつり常時「歯をむき出した」状態になる。
- 甲羅がやわらかくなったり変形したりする（カメ類）。

爬虫類カタログ

　爬虫類の飼育というと、まず思いつくのが、議論をかもしがちなニシキヘビやグリーンイグアナといった大きくて逞しいものたちだろう。しかし、自宅での飼育スペースが限られていたり、あれこれ問題になるのを避けたいのであれば、ほかにいくらでも種類はいる。外来種はたしかに魅力的ではあるが、法律での規制や野生の数の減少などから、いまはありふれた種でも、近い将来、希少になるのは目に見えている。

　爬虫類の大多数がペット市場では手に入らないし、また、そうあってはいけないものなので、本章では現在入手可能な種類、言いかえれば、養殖している種、飼育管理方法の文献資料が比較的確立された種を選んで取り上げている。多くは初心者でも飼育できるが、なかには経験者向きのものもある。また、オオトカゲや、ニシキヘビでも最大級のもの、毒ヘビ、ワニなどは、飼育が非常にむずかしいため、割愛した。こういった種類は、上級者にしかすすめられない。

　用語について：本書では半水棲のカメchelonianをturtleとして表記した。従来から、特にイギリスではterrapinとして知られている種類である。
　（英語のcrestについて：日本語の資料では「たてがみ」や「とさか」となっていますが、形状の説明的な箇所以外、ここでは「クレスト」としています。訳者）

アガマ	48	カナヘビ	94
アゴヒゲトカゲ	52	スキンク	98
ウォータードラゴン	54	テグー	104
アンギストカゲ	56	ボア	106
カメレオン	58	ニシキヘビ	112
プレートトカゲ	66	ナミヘビ	116
ヤモリ	68	カミツキガメ	124
ヒルヤモリ	80	ヌマガメ	126
グリーンイグアナ	82	アメリカハコガメ	130
樹上棲のイグアナ	84	リクガメ	132
砂漠棲のイグアナ	88	ニオイガメ	137

➡ カロリナハコガメ *Terrapene carolina*。130ページ参照。

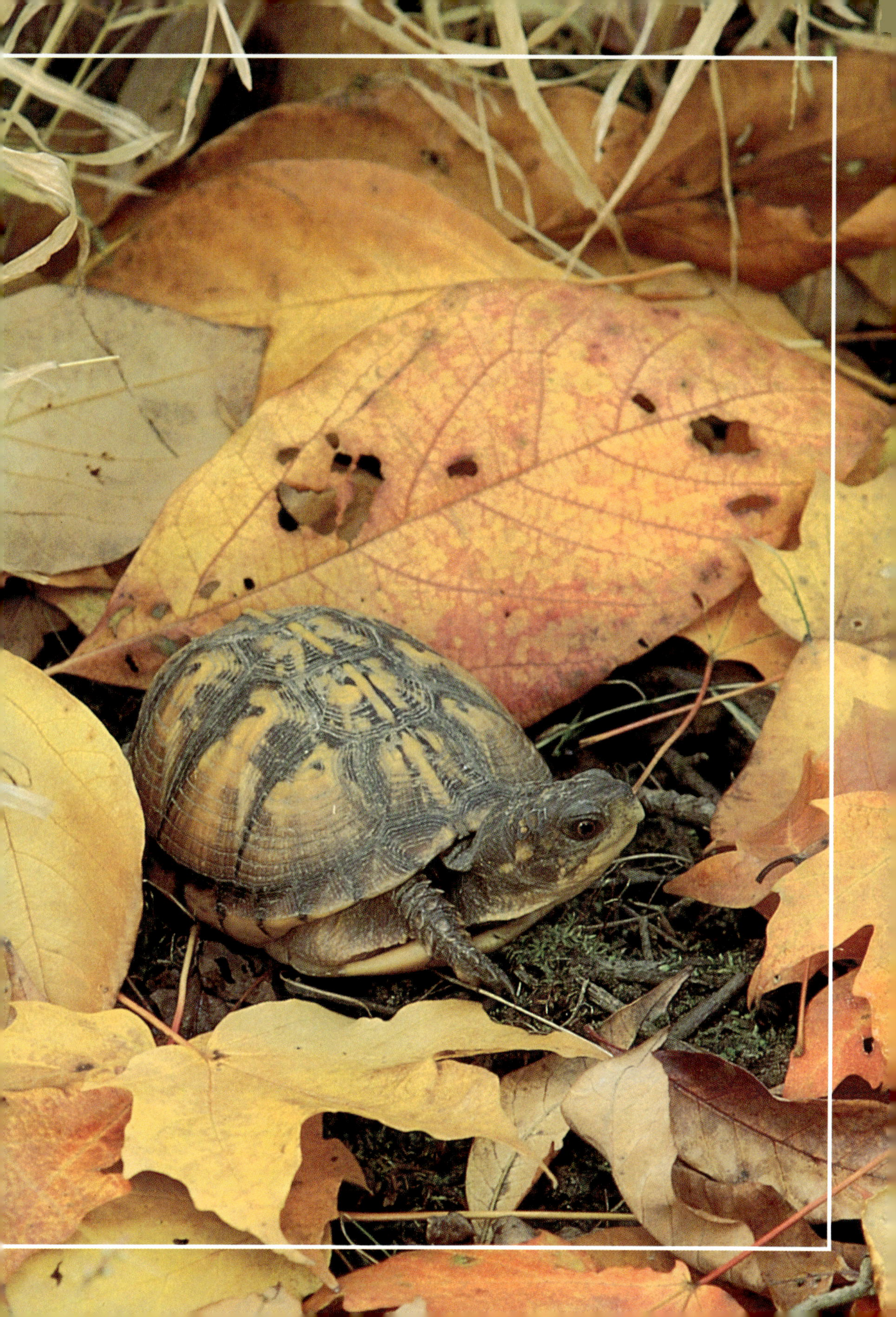

Agamids
アガマ

アガマ科　FAMILY: AGAMIDAE

　南アジアからオーストラリア、アフリカにまたがって生息し、30〜40の属、300余の種からなる。雄の体色は目をみはるほど美しく、なかには雌も繁殖期になると体色が変化する種類もある。
　生息域は多様で、ウォータードラゴン（54〜55ページ参照）のように熱帯雨林に棲むものもいるが、ここでは、気温が高く乾燥した地域の種類のみを取りあげる。
　種を問わず昼行性で、一部、岩場や木に棲むものを除き、主として陸棲である。
　また、大半が卵生だが、ごく少数のアジアの種は胎生である。尾を失って再生する、いわゆる自切は、アガマ科にはみられない。

アガマ
（Agamas）

　アガマ*Agama*属。60もの種類があり、東ヨーロッパ、アジア、アフリカと広く分布している。一部は*Laudakia*属に分類されることもある。
　基本的には地表棲だが、キノボリアガマ*Agama atricollis*など数種は半樹上棲で、ほかの種も木に登ることはある。
　非常に活発なので、飼育にはたっぷりのスペースを用意してやる必要がある。亜種も多くは岩の多い地域や山岳地帯で、森林のはずれの乾燥した地域を好む。
　輸入される機会は多いが、一般的な飼育環境では長生きしない。
　なかでも順応性があるのは、キノボリアガマやハルドンアガマ*Agama stellio*などだろう。小さいものでも全長25cm以上になり、ハルドンアガマなどは一般に33〜36cm、キノボリアガマに至っては38〜41cmになり、これがもっとも大型である。
　キノボリアガマの雌はオリーブ色に黒点（肩の部分）、雄は青い背に咽喉は明るい青、頭は緑青、背に沿って太い黄緑の帯、肩の黒点といった体色だが、これは繁殖期になっても変わらない。雄にはさ

↑　キノボリアガマ*Agama atricollis*の雄は、生息地ではかなり目立つ。野生の成体は飼育環境では神経質で、慣れるまでに時間がかかる。輸入されたばかりの個体にはふつう寄生虫がいるので、すぐに処置してやること。

らに10～12の前肛孔が2、3列ある。ハルドンアガマは黒に近い灰色で、明るい黄色からオレンジまでの斑点がある。

やはり雄には2列の前肛孔、腹部の大きな鱗に中央線があり、いくぶん頭も大きい。キノボリアガマやハルドンアガマは飼育環境にも適応できることがわかっている。

繁殖期はウィンタークーリングを終えて通常の気温に戻ってから数週間が一般的で、産卵用の箱を準備してやり、湿った砂を深さ45cmほど入れておく。雌が妊娠していれば、傾斜路などを設けて、箱に入れるようにする。

どちらの種も、交尾のあと、約30～45日でやわらかい殻の卵を産む。夜間の気温を5℃まで下げておくと、孵化期間を2～4週間まで長引かせることができ、結果として、大きくてより逞しい子が生まれるようだ。

アガマの子の性質はさまざまで、ハルドンアガマはすぐに慣れるが、キノボリアガマの子は脅えると口を開いて噛みつくことがある。とはいえ、飼育者が多少辛抱強く接すれば、手から餌をとるようになる。

Q&A...

● アガマはグループで飼育することができますか？
キノボリアガマ、ハルドンアガマ、ガマトカゲでいえば、雄が攻撃的になるので、つがいかトリオで飼うのが良いでしょう。階層をつくって共同生活する種もありますが、その場合は非常に大きなビバリウムが必要になります。

● アガマはすべて虫食性ですか？
甘い果物や植物を食べる種もあるので、一度試してみると良いでしょう。たまにピンクマウスを食べますが、食事のごく一部として与えるようにしたほうが良いでしょう。

● 孵化子にはどんな環境をつくってやれば良いのでしょうか？
孵化したら、子は60×30×45cmのビバリウムに移して、成体と同様の環境にしてやります。気温は2℃ほど低くして、フルスペクトル（UVB）の照明が不可欠です。ビタミンをまぶした、小さな生餌ならすぐ食べるようになります。ハルドンアガマの子はとりわけ食欲旺盛です。

● アガマに噛まれると有毒なのですか？
野生の状態では、一般に毒があると信じられていますが、飼育種はそのかぎりにありません。安心してください。

■飼育の条件■
キノボリアガマ、ハルドンアガマ、ガマトカゲ

ビバリウムのサイズ	2頭または3頭あたりの最低サイズ。
キノボリアガマ	90×45×76cm。
ハルドンアガマ	90×45×45cm。
ガマトカゲ	90×30×30cm。
床材	埃のたたない砂。
ガマトカゲ	深さ8～10cm。
その他の種	深さ5cm。
居住環境	しっかり固定した岩や切り株。コルクバークの穴。岩には毎朝軽く水をスプレーする。ガマトカゲ以外は、どの種にも小さな水皿を置く。キノボリアガマには、よじ登れる丈夫な木の枝を置き、いくぶん湿気を多めにする。
気温	高パーセンテージのフルスペクトル（UVB）ライトにレフ球。
ガマトカゲ	低温部は30～35℃、ホットスポットは40℃。夜間は15℃。光周期：12時間。
その他の種	低温部は28～30℃、ホットスポットは37～38℃。夜間は20～23℃。光周期：14時間。
ウィンタークーリング	
キノボリアガマ	10～12℃で8週間。光周期：通常の昼光時間。
ハルドンアガマ	15～18℃で8週間。光周期：通常の昼光時間。
ガマトカゲ	9℃で12週間。光周期：通常の昼光時間。
食餌	生餌（30～31ページ「餌と給餌」参照）に、栄養剤をまぶす。
孵化	湿ったバーミキュライト。
キノボリアガマ	年3～4回、1回につき卵7～12個。孵化期間は、30℃で90日。
ハルドンアガマ	年2回、1回につき卵7～12個。孵化期間は、30℃で70～80日。
ガマトカゲ	年4～5回、1回につき卵2～6個。孵化期間は、日中28～30℃、夜間21℃で50～70日。

アガマ

↑ クチヒゲガマトカゲ*Phrynocephalus mystaceus*は口をひらいて威嚇する。大きさからいっても、噛まれると痛いものの、めったに噛むことはない。

ガマトカゲ
(Toad-Headed Agamids)

ホシニラミガマトカゲ*Phrynocephalus helioscopus*とクチヒゲガマトカゲ*P.mystaceus*。小、中サイズのアジア産の種で、Sungazing Agamids、Bearded Toad-heads、Sungazing Lizardともいわれる。ホシニラミガマトカゲは中央アジアから北部イラン、アフガニスタンにかけて、砂漠地帯や岩の多いステップ地域に生息している。ホシニラミガマトカゲは小型で、成体でも8cm以下だが、クチヒゲガマトカゲは体長25cmにはなる。ホシニラミガマトカゲはツノトカゲ（*Phrynosoma*。92〜93ページ参照）を小さくしたような外見を持ち、ずんぐりした幅広の頭に、胴は非常に短く、尾も薄く短い。雌雄とも体は灰色で、両肩に暗い色の紋様に明るいブルーの点がある。クチヒゲガマトカゲは砂色がかった茶で、やはりずんぐりしているが、脅えると口の両側にあるトゲのついた皮膚を広げ、口を実際よりも大きくみせる。いずれの種持つがいかトリオで飼育するが、大きさがかなり異なるので、2種を混在させて飼育しないこと。どちらもクモが大好物である。雄のガマトカゲは尾の付け根が広く、下にふくらみがあるのですぐに見分けがつく。ホシニラミガマトカゲ、クチヒゲガマトカゲとも卵生で、産卵用に湿った砂を入れた箱を用意する。ホシニラミガマトカゲは砂の深さ8cm、クチヒゲガマトカゲは15cm。適切な産卵場所がないと、卵塞を引き起こす（42〜43ページ「病気と治療方法」参照）。湿気がこもらないよう、ビバリウムの通気は良くしておくこと。幼体はかならず成体の適温より3〜4℃低くしておかないと、体が乾燥してしまう（脱水症状）。

サバクトゲオアガマ
(Dabb Lizard)

学名*Uromastyx acanthinurus*。Mastigure LizardもしくはAfrican Spiny-tailed Agamidとも

■飼育の条件■
サバクトゲオアガマ

ビバリウムのサイズ　最低184×60×60cmで2頭または3頭。

床材　埃のたたない砂で、最低深さ12.5cm。

気温　低温部は25℃、ホットスポットは45〜50℃。夜間は20℃。光周期：14時間。高パーセンテージのフルスペクトル（UVB）ライトにレフ球。

ウィンタークーリング　日中は20℃、夜間は15℃で8週間。光周期：8時間。

食餌　草食性で、変化に富ませる（30〜31ページ「餌と給餌」参照）。野菜、食用草花、新芽のマメ、果物を刻んで少しずつ混ぜ合わせる。昆虫は全食事量の10％以下にすること。ビタミンをまぶした餌を週に2回、カルシウム補給を週に3度行う。動物性脂肪や蛋白質は避ける。

孵化　年1回、1回につき卵20個。孵化期間は、30〜33℃で85〜95日。湿度80〜85％で湿ったバーミキュライト。

Q&A

●ガマトカゲやサバクトゲオアガマのビバリウムに植物を入れても良いですか？

いいえ、乾燥した環境が基本なので、湿度をあげる植物は好ましくありません。サバクトゲオアガマの場合は掘り起こしたり、食べてしまうことがあります。

●ガマトカゲは戸外で飼育しても良いのでしょうか？

夏は暑く乾燥して、夜間は気温が下がり、冬季は十分に寒い環境ならばかまいませんが、夏の湿度の高い地域では避けてください。

●トゲオアガマは人に慣れますか？

幼体はすぐに慣れますが、野生で捕獲したものは抵抗して、トゲのある尾でけがをすることがあります。しかし、成体でもいずれは慣れてくるはずです。

●サバクトゲオアガマに市販されているイグアナの餌を与えても良いでしょうか？

補助食料としては使えますが、10％以下にしてください。ドライフードを用いるなら、浸して水分を補給します。

●サバクトゲオアガマは種子を食べますか？

キビや殻を取り除いたヒマワリの種、さやを取り除いたエンドウ、レンズマメは食べるようです。エンドウやレンズマメは浸して水分を補給してから与えないと、体内で膨張してしまいます。

●ウィンタークーリングの期間でもサバクトゲオアガマには餌と水を与えたほうが良いのでしょうか？

クーリングは段階を追って行うべきで（35〜37ページ「繁殖」の冬眠の記述を参照）、それに伴い食欲も徐々に減少してきます。1日に1度は軽く頭にスプレーしますが、床材が湿らないよう気をつけてください。

呼ばれ、アフリカ北東部や中東に生息している。最大体長は45cm。乾燥地帯や砂漠、岩の多い地域に棲む。体はどっしりして、トゲのある鱗が渦巻状になった短い尾を持つ。体色はさまざまで、寒冷期には暗灰色から褐色、温暖期には赤、黄色、緑などの色が背面に現れ、残りの部分は黒色になる。野生種は土中にトンネルを掘って、日中は暑さを、夜間は寒さをしのぐ。乾燥にも順応でき、適度な水分を餌から吸収する。気温が低いと消化が抑えられ、光がないと行動が鈍くなる。また、蛋白質や脂肪分のとりすぎは肥満の原因になり、腎臓や肝臓障害を招く。成体は雄のほうが大きく、大腿孔が目立ち、蝋質の分泌物が櫛状に突出していることが多い。繁殖期の雄はヘミペニスが顕著になり、色が鮮やかになってくる。一方、雌も派手になり、雄との区別がつきにくくなる。雄同士でも共同生活は可能だが、温暖で明るい環境下、とりわけ自然の太陽光を受ける戸外では、繁殖期に攻撃的になることがある。グループ飼育でもっとも良い組み合わせは、雄1頭に雌2、3頭で、ウィンタークーリングのあとに交尾する。

↓　サバクトゲオアガマ*Uromastyx acanthinurus*の幼体。肥満になりやすいので、生きたコオロギを追いかけるのは、良い運動になる。

アゴヒゲトカゲ
Bearded Dragon

アガマ科　FAMILY: AGAMIDAE
SPECIES: *POGONA VITTICEPS*

↑ 赤い色のフトアゴヒゲ*Pogona vitticeps*。雄はとても縄張り意識が強いので、狭いスペースでほかの雄に威嚇されると、餌を食べないことがある。

　フトアゴヒゲ*Pogona vitticeps*の成体は体長57〜58cmになり、8種あるアゴヒゲトカゲ*Pogona*属の中でも最大級のひとつ。「アゴヒゲ」というのは、じつは咽喉の下にある袋で、威嚇のために膨らますことができる。オーストラリア本土の東部地域に生息するものは、Inland Dragonとしても知られる。昼行性で、長時間日光浴をしたり、切り株や丸太に登って過ごす。体色は黄褐色から茶、グレイ、緑とさまざまで、「パステル」や砂色もあれば、金色、オレンジ、赤といったものまである。

　この種は人工で人為淘汰され、とりわけアメリカでは、体色がいっそう多彩になった。*P.vitticeps*と小型のランキンアゴヒゲ*P.brevis*との雑種 'vitti-kins' も誕生している。

　成体の雄の頭は雌より大きく、幅広で、求愛行動や威嚇の際に漆黒の咽喉を相手に見せつける。雄にはさらに大きな大腿孔と前肛孔がある。このほかにも成体の特徴として総排出腔があげられ、孔を覆っている皮膚をそっと引っ張ってみると、雄のほうが雌よりも横あるいは縦に大きい。

　生まれたての子の場合は、「ポッピング」法で雌雄を判別することができるが (34〜35ページ「繁殖」参照)、幼体になると見分けにくい。

階層とボス

　アゴヒゲトカゲは、孵化するとすぐに階層をつくり始める。体が大きく、どっしりした個体がかならず最初に餌を食べるので、少数で飼育したほうが、喧嘩の可能性が減る。その後、成体になるとボスが出現し、縄張りをつくってほかの雄を寄せつけず、

Q&A

●アゴヒゲトカゲは人になつきますか？

外見とはうらはらに、すぐに慣れます。ふつう孵化子から育てるためですが、いずれは人の手から餌を食べるようになるでしょう。一見、背中が尖って痛そうでも、じつはとてもやわらかいのです。

●飼育は初心者にも向いていますか？

はい、向いています。性質だけでなく、飼育環境や餌の条件が厳しくないうえ、大きすぎず（大型ビバリウムが必要ない）、小さすぎず（部屋の中で放しても、行方がわかる）、大きさも理想的です。

●給餌の回数はどの程度でしょうか？

成体で1週間に4、5回、幼体は毎日です。孵化したて、特に複数で飼育している場合は、1日に2、3回、余分な「口数」分を増して与えましょう。そのほうが、小さくて弱い個体でも口にできますし、強い仲間にいじめられずにすみます。4週間たったら、1日に1度に減らし、それを6〜8カ月になるまで続けます。その後は成体と同様です。

●餌は牛肉やピンクマウスでも良いのでしょうか？

幼体でも生の肉を食べます。高蛋白の餌は成長を促進し、体つきもしっかりしてくるでしょう。ですが、与えすぎると肥満になり、ひいては深刻な事態を引き起こすことになります。ピンクマウスなら、変化に富んだ餌にときおり混ぜて与えてもかまいませんが、牛肉は避けてください。カルシウムが少なく、逆に燐が多いためです（28〜29ページ「餌と給餌」参照）。

●成熟するのはいつごろでしょうか？

年齢というよりも、体の大きさ次第です。餌をよく食べれば、6〜8カ月で成体の大きさになります。痩せた個体なら12〜14カ月でしょう。

↑ フトアゴヒゲ*Pogona vitticeps*の幼体。昆虫だけで育てると、いずれ植物を拒否するようになり、必要な栄養分を摂取できなくなる。

雌との交尾も優先される。アゴヒゲトカゲの繁殖を促進するには、寒冷期（北半球では12月初旬から）が必要だが、ペアで飼育している場合、飼育者の気づかないうちに交尾することもあるので、寒冷期には雌雄を別々にしておくほうが良い。さらに、寒冷期がすぎた雌には、たっぷりの餌を与えてやることが重要である。雌は通常の環境に復帰してから約3週間後に元のケージに戻し、産卵用の湿った砂を用意してやる。交尾後、45〜60日で、雌は地面を掘って卵を産みつける。同じ方法で飼育できる種には、ヒガシアゴヒゲ*P.barbata*、ナラーボーアゴヒゲ*P.nullarbor*、ローソンアゴヒゲ*P.henrylawsoni*があり、この3種もアゴヒゲトカゲと呼ばれる。

■飼育の条件■

ビバリウムのサイズ　150×60×45cm。

床材　埃のたたない砂。

居住環境　隠れ家としてブドウの木やコルクバーク、スポットライトが直接あたる場所に日光浴用の岩を置く。小さな水皿も必要。

気温　低温部は28℃、ホットスポットは40〜43℃。夜間は21〜24℃。光周期：14時間。フルスペクトル（UVB）ライトにレフ球。

ウィンタークーリング　7〜8週間。低温部は17〜18℃、ホットスポットは24〜26℃。夜間は15℃。光周期：10時間。

食餌　昆虫（コオロギ、バッタ、ハチミツガの幼虫、ミールワーム）、野菜に果物（刻んだリンゴ、オレンジ、コショウ、ブロッコリ、アンディーブ、つぶしたカボチャ、ニンジン、ズッキーニ、クレソン、チンゲンサイ、タンポポ、キンレンカの葉と花）。小さく切って、よく混ぜ合わせ、ビタミンやカルシウムなどの栄養剤をまぶす。コウイカの甲を砕いて置いておく。水は毎日取り換えること。

孵化　湿度10%、気温30℃、湿ったバーミキュライトで60〜75日（38〜39ページ「繁殖」参照）。すべての卵が24時間で孵化することもあれば、6〜8日かかることもある。孵化したての子は体長10〜11cm。動きまわるようになったら（数時間後）、成体と同じ環境の保育専用のビバリウムに移す。少数で飼育すること。

ウォーター
ドラゴン

Water Dragon

アガマ科　FAMILY: AGAMIDAE
ウォータードラゴン　SPECIES: *PHYSIGNATHUS COCINCINUS*

　グリーンウォータードラゴン*Physignathus cocincinus*は熱帯産のトカゲで、中国の一部、東南アジア全域に生息し、インドシナウォータードラゴンとも呼ばれる。全長約90cmで、イグアナの代わりとして人気がある。
　イグアナはこの倍のサイズになることもあり、かなりの飼育スペースが必要になる。
　ウォータードラゴンの体色は鮮やかな緑で、尾に暗色のリングがあり、幼体は肩が青みがかっていて、ライトグリーンの斜線模様がついている。表面の鱗が非常にきめ細やかなため、一見したところでは、なめらかな体表に見える。
　下顎と咽喉の鱗は比較的大きく、色は他所より明るいが、成体の雄でこの部分がピンク色になるものもある。孵化したての子やまだ若い個体を飼育すれば、人にもすぐ慣れるが、野生で捕獲したものは、ビバリウムでの限られた暮らしに順応することは滅多になく、ガラス面にぶつかって鼻を傷めることが多い。ウォータードラゴンは樹上棲かつ半水棲なので、よじ登る枝や、水浴び、飲み水用の水場が必要になる。水を容器に入れておいても、おそらく見向きもしないだろう。
　この種のビバリウムの湿気では、ごくふつうの鉢植えの草花でも育ちはするが、たとえば壁際などに置いて、動物の通り道は避けるようにする。同様に、水場にほかの生物がいると、傷つけたり殺したりしてしまう。魚などは、食べられてしまう。

➡　グリーンウォータードラゴン*Physignathus cocincinus*は基本的に虫食、肉食性だが、やわらかい果物を食べることもあり、貴重な栄養分を補えることができる。

求愛行動

ウォータードラゴンは2、3年で成熟する。ウィンタークーリング中は、成体の雄は雌と離しておいたほうが良い。

ビバリウムの気温を通常に戻した時点で、若干湿度を上げてから雄と雌をいっしょにする。

雄は雌をビバリウム中追いかけまわし、頭を揺するが、雌の受入態勢が整うと、雄は雌の体に乗って、雌の首筋を嚙む。

妊娠期間は2、3カ月で、このあいだ、雌の食欲は減退する。

産卵用に箱を用意して（45×45×30cm）、そこに床材を入れるか、あるいは床材をそのままビバリウムの隅に置いておく。

雌は30cmほどの深さの巣を1つまたは複数掘り、産卵後は穴に入って、地面を踏みつける。飼育者は卵が産まれたかどうか注意深く観察し、取り出して孵化させる。

孵化する卵は3倍ほどの大きさになり、自然に色があせてくることもある。生まれたての子は、鼻から肛門までが3.5～5cm、鼻から尾の先端までが15cm。小型のビバリウムに移して、成体と同じ環境をつくってやる。

孵化したての子や幼体には、毎日欠かさず昆虫を与えるが、餌はあまり大きくないほうが良い。

グリーンウォータードラゴン P.cocincinus と同じ方法で飼育できる種には、ニューギニアとオーストラリアの一部に棲息する、ブラウンウォータードラゴン P.lesueurii、ホオスジドラゴン Lophognathus temporalis などがいる。

Q&A

● 野生で捕獲した個体に特有の問題はありますか？

野生個体を購入するときは、吻と口をよく観察してください。捕獲されたストレスから、自分からケージにぶつかることがよくあり、吻や口にけがをしていることもあります。

● グループで飼育することはできますか？

ビバリウムのサイズが大きければ可能です。空間の余裕があって、日光浴の場所が各個体に確保されていれば、雄同士が攻撃しあうこともあまりありません。とはいえ、一般的には雄1頭に雌1、2頭で飼うのがちょうど良いでしょう。

● 雌を飼育しているのですが、求愛中の雄のように頭を揺することがあります。これはどういうことなのですか？

自らの立場を主張する意味なので、雌もほかの雌に対して頭を揺することがあります。これの反応としては、従属する側の雌が相手をなだめるために前足を揺らします。

● 性別はどのようにして見分けることができるのですか？

成体の雄は雌よりも大きく、体色も鮮やかですし、頭も大きく、クレストや大腿孔（大腿部の下にある小さな丸い孔の列）も際立っているので見分けることができるでしょう。

● うちのウォータードラゴンは水場に糞をしますが、異常なことなのですか？ 水を汚染することになりませんか？

これは、ウォータードラゴンの典型的な行動です。とはいっても、水場から水を飲むのですから、水は頻繁に換えてきれいにしておきましょう。逆に、床には糞をしないので、床材を定期的に換える必要はありません。

■飼育の条件■

ビバリウムのサイズ 最低120×75×90cmに2頭。

床材 鉢植え用土、落ち葉、ミズゴケを深さ10cm。

居住環境 登るための枝、飲み水と日光浴のための水場。

気温 低温部は30℃、ホットスポットは35℃。夜間は25℃。光周期：14時間。フルスペクトル（UVB）ライトにレフ球。

湿度 75～80%。毎日スプレーする。

ウィンタークーリング 8週間。通常より3℃低くする。光周期：11時間。

食餌 大型のミミズ、大型のカタツムリ、キングミールワーム、たまに解凍したラットの子、孵化したてのヒヨコ。やわらかい果物を食べるものもいる。食べすぎて肥満することがないよう、成体には週に3、4回しか与えないこと。

産卵 年1～2回、1回につき卵8～12個。孵化期間は、濡らしたミズゴケで覆い、湿ったバーミキュライト、30℃で75～90日。湿度はコケを湿らせて、つねに100%に近い状態を保つこと。

Southern Alligator Lizard & European Slow Worm
アンギストカゲ

アンギストカゲ科　FAMILY:ANGUIDAE

　アンギストカゲ科には約60〜70種があり、温帯地方および南アメリカや北アメリカ、東南アジアの亜熱帯地方に生息する。足が4本あるものもいるが、ほかはまったくないか、退化している。

オカアリゲータトカゲ
（Southern Alligator Lizard）

　学名 *Gerrhonotus multicarinatus*。昼行性で、アメリカ合衆国の西海岸に生息し、容易に飼育できる。野生ではオークの林の中で、開けた土地があり、隠れ場の多い場所に棲む。高温には抵抗力がない。体長は40cmほどになり、皮膚に横皺がある。尾は長く、ものに捕まる力があるにはあるが、全体として繊細で、力は強くない。体色は褐色からグレイとさまざまで、黄色い体に白点が散らばる暗色の帯模様といったものまである。腹部には黒い線もしくは破線があって、眼は薄い黄色。野生の個体を手にすると、身悶えして糞を塗りたくり、ヘミペニスを出す。交尾は通常春で、雌は巣を掘って、卵を守る。孵化後9〜10カ月ほどたつと、雄にヘミペニスのふくらみが見えるので、区別がつく。幼体は成体よりも身を隠したがるので、隠れる場所はかならず用意しておく。喧嘩が起こらないかぎり、グループで飼育することも可能である。

スローワーム
（European Slow Worm）

　学名 *Anguis fragilis*。足のないトカゲで、ヨーロッパ全域に生息し、ウラルや南西アジア、北西アフリカにまで分布している。全体に薄明薄暮性で、特

■飼育の条件■
オカアリゲータトカゲ、スローワーム

ビバリウムのサイズ

オカアリゲータトカゲ　最低90×45×60cmにつがいかトリオ。

スローワーム　最低60×30×30cmにペア。

床材

オカアリゲータトカゲ　ローム土と腐植土を乾燥した場所と適度に湿った場所に分けて、深さ5cmに敷く（14〜15ページ「住み処」、72ページ「ニシアフリカトカゲモドキ」参照）。

スローワーム　やわらかい砂か泥炭質の土に細かく砕いた落ち葉を混ぜ、上にコケを乗せる。

居住環境

オカアリゲータトカゲ　隠れ場所と丈夫な枝。植物を入れても良い。小さな水皿。

スローワーム　隠れるために薄く平らな石、屋根ふき用スレート、コルクバークなど。

気温

オカアリゲータトカゲ　低温部は22℃、ホットスポットは30℃。夜間は15℃。光周期：12時間。

スローワーム　低温部は15℃、ホットスポットは27℃。夜間は13〜18℃。光周期：12〜14時間。

ウィンタークーリング

オカアリゲータトカゲ　9〜10℃で8〜12週間。

スローワーム　5℃で12週間。

食餌

オカアリゲータトカゲ　栄養剤をまぶした昆虫、コウイカの甲を砕いたもの。2週間に1度、解凍したマウス。

スローワーム　ナメクジ、ミミズ、ガガンボの幼虫、クモ、小さなカタツムリ。

孵化

オカアリゲータトカゲ　卵生。年1回、1回につき卵12〜20個。湿ったバーミキュライト、27〜29℃で40〜50日。

スローワーム　卵胎生。妊娠期間は約4カ月。子の数は5〜12。

爬虫類カタログ

↑ スローワームAnguis fragilisは大型の足のないトカゲで、性格は穏やか。すぐ人にも慣れ、餌もピンセットから食べる。

Q&A

●わが家のオカアリゲータトカゲが雄か雌か、どうしたら見分けることができますか？

雄のほうが頭が横広で、尾の付け根にふくらみがあります。数個体を見比べてみると良いでしょう。また、喧嘩をするようだったら、たぶん雄です。飼育経験者なら、「ポッピング」という方法でヘミペニスを確認します（34～35ページ「繁殖」参照）。

●オカアリゲータトカゲの卵は母親といっしょにしておいても良いですか？

ビバリウムよりも厳密な環境調整ができるので、人工孵化したほうが良いでしょう。飼育者が卵を取りあげるとき、母親が噛みつくことがあります。

●オカアリゲータトカゲの幼体は、初めて迎える寒冷期には気温を下げたほうが良いのでしょうか？

いいえ、成長を促すために通常の気温にしてください。

●うちのスローワームの尾がなくなってしまいました。また、はえてきますか？

はい。fagilis（壊れやすい）という名前は、攻撃されたときに簡単に尾を捨てることからきています。アンギストカゲ科のほかの種も同様の特徴を持っています。野生で捕獲した個体には、もともとの長さより短いものの、再生された尾を持つものが多いようです。

●スローワームは屋外でも飼えますか？

適切な床材と、十分な隠れ場所、冬眠場所（霜がおりず、水が入ってこない）があれば屋外でも飼育できます。

に晩春には日光浴している姿がしばしばみられる。また、平坦で日光のよく当たった石の下を掘るのが好きで、自然界では、生け垣や開けた森林地帯、雑木林、鉄道の築堤、ときには庭にも棲んでいる。全長は40～45cmほどになり、飼育しても50年は生きるが、野生で捕獲したものの年齢を推定することはできない。

鱗が小さいので、肌は一見とてもなめらかに見える。成体の雄は、背部と脇腹がどれも同じ色で（褐色か銅色）、腹部はグレイで暗色の斑点、なかには青い斑点を持つ雄もいる。雌のほうが、体重は重いが頭は小さく、ときには中央背部に縞があって、脇腹が暗色のこともある。腹部は一般に黒。卵胎生で、北半球では4月、5月、6月に交尾する。繁殖期になると雄は喧嘩をするので、別々に飼育したほうが良い。

気候にもよるが、子は8月から10月にかけて、薄膜に包まれて生まれ、それを破って外に出てくる。生まれた直後の体長は6～10cm。背は薄い金色、銀色、または薄黄色だが、腹部は黒い。子は成体と離して飼育し、口にあうような小さな餌をたっぷり与えてやる。

Chameleons
カメレオン

カメレオン科　FAMILY: CHAMAELEONIDAE

　かつて人工の環境では飼育できないといわれていたカメレオンが、いまでは爬虫類のペットの中でも、一番の人気を誇っている。だが、残念なことに「衝動買い」ばかりで、なかなか長生きできる個体は少ない。上手に飼育するには、あまりかまわず、ストレスをなくしてやることが、とにかく第一歩となる。時期がくれば、人の手やピンセットからでも餌をとるようになるし、飼育者の腕に登ったりもしてくれる。野生で捕獲され、輸入されたばかりの個体は、たいてい体調が悪く、寄生虫がいたり、狭い空間でのストレスや脱水症状を抱えている。養殖された個体のほうが、特に初心者には、ペットとして飼いやすい。種を問わず、いずれもみごとなほど樹の上で過ごすことができる。尾は把握力があり、足でしっかりと捕まっては、目をくるくる回転させて、舌を伸ばす。木に止まっている個体を無理に引きはがすと非常なストレスがかかり、爪や尾が巻きついている場合は、そこに傷を負うことさえある。脅えると手足を離して床に落ちることもあるので、飼育者は手を出すときにはくれぐれも気をつけるようにする。また、もともと動きは遅いのに、捕まれるのを嫌うと、ダッシュしたり、小さく跳びはねることもある。たいていのカメレオンは、周囲にある水分を舐めるようにして摂取するので、毎日かならずスプレーしてやる。ビバリウムの排水設備が整っていれば、水のドリップ器具を使うこともできるが、落ちた水が糞や死んだ昆虫で汚染される可能性があるので、あまりすすめられない。皿から餌や水をとるようになる個体も、ごくまれにはいる。

すばらしい体色の変化

　カメレオンは本来の生息地では保護色をとるが、体色の変化の基本は、周囲の環境ではなく、気温と精神状態によって引き起こされる。一部の種では変化が激しく、さらに雌より雄のほうが目立つものもいる。ただし、妊娠中の雌は、雄が雌を求めて近づいてくると一気に体色を変化させる。ブッシュカメレオン*Bradypodion thamnobates*などでも、養殖された個体の場合、雄は野生種よりも色彩的に劣ることがある。動物にとっては、かなりのストレスになるので、飼育者はけっして体色の変化を挑発しないこと。たいていのカメレオンは単独で暮らすため、飼育は別個に行い、繁殖以外では仲間の顔を見せないようにする。雄はとりわけ狭い環境の中では攻撃的になる。脅威を感じる対象は、純粋に視覚的

➡ 尾と後肢で枝にしがみついている、恰幅の良いパンサーカメレオン*Chamaeleo pardalis*。くれぐれも枝からひきはがしたりしないように。

爬虫類カタログ

↑ パンサーカメレオン*Chamaeleo pardalis*は薄い色の側線が特徴。写真のブルーの雄はノシベ産で、脅えたのか、交尾の準備か、体色が強調されたせいで、側線がほとんど白に見える。グリーンの雄の場合は、側線は薄青に変わる。

なもので、別の個体の姿を見ると食欲が減退したり、威嚇のために体色を変化させる。繁殖期でなければ、雄と雌も分けて飼育すること。雌は交尾が成功していない場合、無精卵を抱えることがあり、これは致命的な結果を招く。繁殖させるつもりがないなら、雌のカメレオンは飼育しないこと。1頭だけ飼育したいときは雄にする。

子育て

性成熟は一般に6カ月だが、多くのトカゲと同じく、年齢よりも体の大きさで決定される。幼体は早い時期に両親から隔離し、若干低い気温で別々に飼育する。グループで飼育したいなら、かなりのスペースを用意すること。通気性の良い小型容器の中に、登れる場所や茎葉を置くが、床材は必要ない。容器はつねに清潔にしておくこと。照明は反射板の付いたフルスペクトル（UVB）ライトを上部からぶらさげてやる。子には大型のショウジョウバエ、緑色のアブラムシ、栄養剤をまぶした孵化したてのコオロギを与えると良い。

パンサーカメレオン
（Panther Chameleon）

学名*Chamaeleo pardalis*。生息地はマダガスカ

Q&A

●戸外で飼育しているカメレオンでも餌をやらなくてはいけませんか？

外にいるからといって昆虫類が十分ということにはなりません。ふつうは餌を追加する必要があり、そのためには餌場をたくさん用意しておきます（28ページ「餌と給餌」参照）。

●卵はすべて同じ時期に孵化するのですか？

数日で全部が孵化するケースもありますが、パンサーカメレオンは同じ環境下でも4〜12週間の差ができます。なかなか孵化しないようにみえても、卵が健康そうであれば、けっして捨てたりしないようにしましょう。

●雌のパンサーカメレオンの交尾回数はどれくらいでしょうか？

ふつうは産卵から11〜17日たつと再び雄を受け入れますが、種によっては、わずか9日後ということもあります。このような雌は妊娠期間（産卵から孵化まで）も19〜21日と短いようです。体色がピンクになるのが、いちばんの目安でしょう。

カメレオン

ルで、*Furcifer pardalis*として分類されることもある。本来の生息域の大半が破壊されたが、順応性に富むようで、プランテーションや人の住む部落に移動してきている。飼育環境での養殖も非常に成功率が高く、アメリカ、イギリス、ヨーロッパで広く入手できる。種としては比較的大型で、雄は体長51～61cm、雌は33cmになる。基本の体色は緑色にオレンジ・ブラウンの紋様だが、多彩な赤い紋様がついた青色など、地域によってさまざまに異なっている。が、いずれにも薄い色の側線がある。また、雄には一見してわかるヘミペニスのふくらみがある（幼体でも6週間ほどたつとはっきりしてくる）。脅えたとき、あるいは雌を追う雄は体色を大幅に変化させ、ときには青白い側線だけ残して、完全なオレンジ色になることもある。雌は一般に茶色で、薄い色の側線は点がつながったものだが、やはり繁殖期になると体色が変化する。雄を受け入れる態勢になった雌は、ピンク一色になるので、この時点で雄の住み処に移してやる。最初のうちは威嚇する色に変わり（暗褐色にサーモン色の側線）、咽喉垂を広げ、体を平たくして口を大きく開け、雄を脅すが、まちがいなく交尾態勢にあれば、雄が近づくと体色がピンクに変わって尾を上げ、雄を迎える姿勢をとる。交尾の準備ができていない雌の場合は、通常の体色のまま、そわそわと動き回り、枝の上で体を寝かせたり、床に降りたりと、しきりに逃げ出したがる。このような状態になったら、喧嘩を始めないように、雌はほかの場所に移してやる。卵がすべて受精するには、交尾は4、5回行ったほうが良い。雌は5～7日間は雄を受けられられる。とはいえ、前回の交尾で残っている精子で受精することもある。産卵の準備として、湿った鉢植え用土と砂を混ぜ合わせたものを、盛土にするかプラスチックの箱に入れて、雌のケージに置いておく。33cmの雌で、少なくとも体と同程度の深さに掘り起こせるようにしてやる。実際の産卵より前に「試し」掘りをし、卵に適した場所でなければ、抱卵したままのこともある。

➡ 3本のツノが特徴的な雄のジャクソンカメレオン*Chamaeleo jacksonii*。2つの眼をそれぞれ別個に回転できるので、全方向をとらえることができる。

■飼育の条件■
パンサーカメレオン、ジャクソンカメレオン、ヤマカメレオン、エリオットカメレオン

ビバリウムのサイズ ボックス型ケージかガラスの水槽。

エリオットカメレオン 最低60×45×60cm。

その他の種 成体の雄には最低92×60×92cm、雌はこれより若干小さめ。

床材 鉢植え用土に密集したコケをのせる。パンサーカメレオンには新聞紙でも可能。

居住環境 日光浴用およびビバリウムのどこにでも行けるように、枯枝で通り道をつくってやる。枝はあまり太いと足で握ることができない。ベンジャミナのような観葉木を植えて表面を覆い、湿度を保つ。枝葉の密集したもの、葉の大きな植物は避ける。

気温 フルスペクトル（UVB）ライトにレフ球。

パンサーカメレオン 低温部は27℃、ホットスポットは32℃。夜間は18℃。光周期：13～14時間。

ジャクソンカメレオン 低温部は24℃、ホットスポットは28℃。夜間は10℃以上。光周期：12～14時間。

エリオットカメレオン 低温部は22.5～26.5℃、ホットスポットは29.5℃。夜間は15℃。山岳地の種には最低5～6℃。光周期：14時間。

ヤマカメレオン 低温部は21℃、ホットスポットは25℃。夜間は10℃以上。光周期：12～14時間。

湿度 飲み水用に最低1日1回スプレーする。山岳地の種にはもっと頻繁に与える。

パンサーカメレオン 50～60%。

ジャクソン／エリオットカメレオン 70～90%。

ヤマカメレオン 85%。床材はつねに湿っていること。ただし、側面は目の細かい網にして通気を良くする。

ウィンタークーリング パンサーカメレオン以外はかならずしも必要ない。パンサーの場合は、昼間は若干涼しくし、夜間は15℃で6～8週間。光周期：11時間。

食餌 生きた昆虫か無脊椎動物に栄養剤をまぶす。なかには選り好みをする個体もある。パンサーカメレオンはすぐにボウルから食べるようになる。

爬虫類カタログ

ジャクソンカメレオン
(Jackson's Chameleon)

　学名*Chamaeleo jacksonii*。Three-horned Chameleonとも呼ばれ、生息地はケニアとタンザニア。ケニアは1981年に輸出を禁止したが、亜種である*C.j.xantholophus*はアメリカでいまも広く入手できる。

　というのも、1970年代に、ハワイ（オアフとマウイ）にこの亜種が持ち込まれ、現在も生息しているからだ。また、ハワイの個体の子孫がヨーロッパにも入ってきてもいる。

　一方、タンザニアの亜種*C.j.merumontana*はペ

➡　生まれたてのジャクソンカメレオン*Chamaeleo jacksonii*。複数で飼育する場合は、喧嘩を避けるために縦方向よりも横に広いスペースを用意する。

カメレオン

ット市場でめったに見かけなくなり、*C.j.jacksonii* は法的に輸出禁止となった。

卵生で、ツノが3本あるジョンストンカメレオン *C.johnstoni* が、胎生のジャクソンカメレオンと混同されていることもあるが、体色も違えば、異なる点が非常に多い。ジャクソンカメレオンは屋外で飼育するととてもよく育つ。

ジャクソンカメレオンは中型で、雄の平均体長はツノを除いて25.4cm、雄は尾の付け根に厚みがある。雌の *C.j.xantholophus* にはツノがないか、あってもほとんど退化しているが、ほかの2種には、ツノが1つだけある。雄のツノは武器になるので、雄同士はいっしょに飼育しないこと。

また、繁殖期以外は雌とも別々にしておく。交尾の準備ができている雌は、体全体が緑灰色になる。そうでない場合は、対照的なパターンになって、シュという音をあげたり、体を揺する、あるいは噛みつくなどの行動をとるので、雄のケージから出すよ

■繁殖の条件■

パンサーカメレオン　卵生。

産卵数　年4回、1回につき卵25～30個。

孵化　透明のプラスチック製孵化容器で常時27℃にして180～390日。容器には通気穴をいくつか開け、湿ったバーミキュライトを5cm。飼育家の中には、18℃で28～56日ほどすごしたあと、昼は25℃、夜は21℃にするのが良いという意見もある。

ジャクソンカメレオン　胎生。

妊娠期間　5～10カ月。膜がすぐに乾燥するので、誕生直前にビバリウム全体に軽く水をスプレーしておく。

子数　嚢に包まれた子が最大50頭。

エリオットカメレオン　胎生

妊娠期間　3～4カ月。

子数　嚢に包まれた子が最大14頭。嚢の中の液体が衝撃を吸収してくれる。

ヤマカメレオン　卵生。

産卵数　年4回、1回につき卵8個

孵化　昼は25～26.6℃、夜間は15℃にして98日。昼24℃、夜15℃にして112～119日で孵化させる飼育家もいる。いずれにせよ、パンサーカメレオンと同じ孵化容器が必要。

↑　エリオットカメレオン *Chamaeleo ellioti* の雄（左）と雌（右）。何より日光浴が好きなので、日陰があるかぎり、屋外で飼育できる。

うにする。孵化子で優勢のものは、弱い個体を高い場所からいじめるようになるため、ケージは高さよりも横幅のあるものにすること。

エリオットカメレオン
（Elliot's Chameleon）

学名 *Chamaeleo ellioti*。東アフリカ全域の高所に広く分布し、環境条件さえ整えば、野外で飼育する。分類はいまだに明確でなく、*C.bitaeniatus* や *C.rudis* と混同されがちである。

エリオットカメレオンは背のクレスト（たてがみ）が特徴で、トゲの長さが一様である一方、後者2種は長さが不揃いになっている。3種とも成体の雄は15～17cmになるが、ときにはこれより大きくなる個体もある。

雌と比較すると、雄のオリオットカメレオンのほ

うがスリムで、尾の付け根が分厚く、色も鮮やかなライトグリーン。顔に黄橙色の筋があり、脇腹にも同様の筋がある。

雌のほうが丸くぽっちゃりしていて、褐色から淡黄褐色の体色に暗い色の模様があり、背にそって黒い三角形の紋様がついていることが多い。が、雄にも雌にも体色は数パターンある。雌雄はいっしょにしても仲良く暮らすが、個別に飼育する期間をつくったほうが、交尾を誘発しやすい。

また、妊娠中の雌は単独飼育のほうが良い。日光浴の時間は長く、フルスペクトル（UVB）ライトに向けて体をひねり、腹部をさらけ出す。止まり木は、照明から2cm以上離しておくのが望ましい。

ヤマカメレオン
（Mountain Chameleon）

学名 Chamaeleo montium。ホカケカメレオンとも呼ばれ、カメルーンの標高500～1200mの高地に生息する。カメルーン産のほかの山岳種、C.pfefferi、ヨツヅノカメレオン C.quadricornis、C.wiedershami とも近い関係にある。雄の外観は特徴的で、2本のツノ、背にクレスト、尾にもクレストがある。体長は25cmほどになるが、雌は一般に小さめで、ツノの代わりに円錐形の鱗が2つあり、背のクレストはない。雄は威嚇もしくは求愛するときに、頭頂部に白い斑点など、コントラストの強い

Q&A

●屋外飼育時のケージの網の目はどれくらいが良いでしょうか？

餌になる蝿が中に入ることができ、かつネズミなどの害獣を寄せつけないためには6mmは必要です。ただし、環境によってはこれで十分ではありません。この程度の網目なら子は外に出てしまいますし、妊娠中の雌の出産が近づいたら、もっと狭い場所に移します。

●ジャクソンカメレオンはピンクマウスを食べますか？

中型から大型なら食べますが、それでもせいぜい1週間に1度程度しか与えません。

●エリオットカメレオンは共同生活できますか？

ビバリウムが大きくなくて、植物もたくさんないのなら、雄は別々に飼育します。つねに威嚇の態勢で攻撃的でいるのは、個体にも非常にストレスがかかります。

●エリオットカメレオンの幼体の性別は見分けられますか？

はい。3週間ほどたった雄なら、明るい自然光のもとで成体と同じ色になります。この方法がもっとも簡単で間違いが少ないようです。

↑ ヤマカメレオン Chamaeleo montium の雌。雄の持っているツノや背中のクレスト、尾が、雌にはない。

カメレオン

↑ ロゼッタカメレオン *Brookesia perarmata* は森の地面の葉の中にまぎれこむ。基本的には地表棲だが、夜は木にも登る。

色になる。雄も雌も側面に大きな鱗があり、これも同様の際立った色彩効果を出している。

ヤマカメレオンは単独飼育のほうが良く、相手が同性であれ異性であれ、雌雄ともに同居には向かない。発情していない雌や妊娠中の雌は、雄がいるだけで不機嫌になり、隅に引き込もったり、食欲不振になることもある。そのため、雌は交尾のときだけ雄のケージに入れ、その後は引き離しておく。

精子の貯蔵はどのカメルーン種にも共通にみられるが、個々の種についての詳細なデータはいまのところない。雌に貯蔵精子がない場合は、産卵後に交尾させたほうが良い。ヤマカメレオン以外の種の雌は、貯蔵精子があればふつう1回目の産卵後、雄を寄せつけなくなる。

子でも2週間たつと、雄の背にクレストとツノができはじめ、かなり正確に雌雄の判別ができる。性成熟は生後7〜12カ月。

ヒメカメレオン
（Leaf Chameleon）

ヒメカメレオン *Brookesia* およびカレハカメレオン *Rhampholeon* 属はヒメカメレオン亜科とされる。樹上棲のナミカメレオン *Chamaeleon* 属などとは対照的に、すべて地表棲。*Brookesia* はマダガスカルに生息し、*Rhampholeon* はカメルーンから東アフリカにかけてみられる。

体は小さめで、地味な色あいのうえ、あまり行動的でもないので、もっと大きく派手な種類に人気を奪われがちだが、長所は小さなビバリウムで飼育できる点にある。また、森林の地面に棲むことから、ビバリウムの光景をより自然で魅力的なものに仕上

げることができる。

　ヒメカメレオンの体長は3.3cmから10cm、カレハカメレオンは3.3cmから8cm。両種ともに森の中の地面に適応して褐色で、体色を変えてもいくぶん茶色が明るみを増す程度でしかないが、ヒメカメレオンの中には、興奮すると明色になるものもいる。どの種類にも尾があるものの、把握力は弱く、小さな突起と疣が共通の特徴である。

　野生のシュトゥンプフヒメカメレオン$B. stumpfii$とティールヒメカメレオン$B. thieli$は、暑く乾燥した時期になると不活発（夏眠）になり、寒い季節は落ち葉を掘り起こして冬眠する。こういった環境をビバリウムで再現するには経験が必要なので、初心者は試みないこと。カレハカメレオンの雄は、尾のほぼ全体が厚く、嘴突起も大きい。またヒメカメレオンの雄にはヘミペニスの小さなふくらみがある。繁殖期の雄と雌の体色は異なり、雄は一面の褐色から、暗色の斑点を伴う明るめの色に変わり、ほかの色が混じることもある。カレハカメレオンの雄もクレストに赤色が混じる。この亜種はいずれも卵生だが、野生では小さな卵を土中に埋めたりせず、コオロギに嚙まれる危険もあるほどの、落ち葉にかろうじて隠す程度でしかない。

　幼体にはトビムシ、ショウジョウバエ、アリマキなどの小さな餌を与える。ほかのカメレオンの種と同じく、幼体は離して別個に飼育すること。

■飼育の条件■
ヒメカメレオン

ビバリウムのサイズ　最低60×30×30cm。

床材　ローム土に落ち葉。

居住環境　夜間に登れるよう、細い枝を低い場所に置く。日除けと隠れ場所として小さめの植物を置く。

気温　極端に寒くないかぎり日光浴はしないが、過熱を避けるために気温の変化は重要。低パーセンテージのフルスペクトル（UVB）ライトに小型のレフ球を用意する。光周期：12～14時間。

カレハカメレオン　低温部は21～25℃、夜間は14～15℃。光周期：13～14時間。

ヒメカメレオン　昼間は$B. stumpfii$と$B. thieli$が27℃、マユダカヒメカメレオン$B. superciliaris$が25℃。夜間はいずれも20℃。

湿度　定期的にスプレーして85～90%。空気が淀まないよう通気を良くする。

ウィンタークーリング
6週間で13～14℃。光周期：8～11時間。

食餌　トビムシなど小型の昆虫。養殖餌にはビタミンをまぶすこと。アナナスの葉液を飲む種や、小さく刻んだコウイカの甲を食べる種もいる。

産卵　年3～4回、1回につき卵2～4個。孵化期間は、湿ったバーミキュライト、常時23℃で35～55日。

Q&A

●ヤマカメレオンは屋外で飼育できますか？

慎重にやれば飼育できます。ただ、気温の寒暖の差が激しくないように注意し、寒い時期は初霜が降りる前に室内に入れてやります。どんよりして湿度の高い日が続いたときは、適度な暖をとることができ、照明のある場所に移しておかないと、冬眠状態のようになってしまいます。

●ヤマカメレオンが穴を掘るのはなぜですか？

暑すぎると（25℃以上）、雄は床材を掘りはじめます。雌雄ともに日光浴の時間は短く、ヒートランプには片側しか当たりませんが、フルスペクトルの照明なら、1日の大半をそこですごしてくれます。

●雄のヒメカメレオンは複数で飼育できますか？

できません。大きなビバリウムでも雄1頭に雌1、2頭にしましょう。

●ヒメカメレオンは手にとろうとすると「ブンブン鳴く」というのは本当ですか？

「ブンブン鳴く」のは数種で観察されています。なかでもティールヒメカメレオン$B. thieli$は、歓迎せざる求婚者に接近されると鳴きます。が、たいていは、不快になると体が硬直し、ケステンカレハカメレオン$Rhampholeon kerstenii$の場合は体が震えます。

●ヒメカメレオンの寿命はどれくらいですか？

一般には2年以内です。幼体は4～5カ月で成熟します。

●ビバリウムにスプレーする頻度はどのぐらいが良いのでしょうか？

カメルーン産のカメレオン（ヤマカメレオンとヒメカメレオン）は、湿度を保つために毎日2、3回スプレーしてください。または、床材に水分を加えましょう。種類を問わず、毎日、飲み水は欠かせません。スプレーした水分は舐める前に蒸発しやすいので、個体が受け入れてくれれば、スポイトで飲ませます。

Giant Plated and Flat Lizards
ヨロイトカゲ

ヨロイトカゲ科　FAMILY: CORDYLIDAE

　これらの魅力的なトカゲはアフリカ南部に生息し、プレートトカゲは単独行動が多く、ヒラタトカゲは岩場で大きな群れをなしている。ヒラタトカゲの優勢な雄は、通常、数頭の雌からなる「ハーレム」を形成し、侵入者や競争相手を追い払う。

イワヤマプレートトカゲ（Giant Plated Lizard）

　学名*Gerrhosaurus validus*。体長70cmにも達するので、十分なビバリウムがなければ飼育しないこと。市場に出ている個体は、ほとんどが野生で捕獲されたモザンビークの個体だと考えて良い。広い飼育スペースが必要なためか、養殖個体は珍しい。

　ほかのプレートトカゲと同様に、このイワヤマプレートトカゲの背面にも、規則正しく列状に並んだ大きな鱗があり、その下に伸縮性がない骨の板（骨鱗）がある。

↑　イワヤマプレートトカゲ*Gerrhosaurus validus*は木登りが苦手で、岩の割れ目などに隠れ、体を膨らませて捕食者から身をまもる。他種のヨロイトカゲは砂に穴を掘って隠れる。

■飼育の条件■
イワヤマプレートトカゲとナミヒラタトカゲ

ビバリウムのサイズ

イワヤマプレートトカゲ　最低122×60×45cmにペア1組。大きめが望ましい。

ナミヒラタトカゲ　75×30×15cmに成体のペア1組、または3頭。

床　材　乾いた砂。厚さ5cm。

居住環境　岩を配置した半乾燥型。光の当たる場所に日光浴用の岩を、気温の低い場所に隠れ家用の岩を置く。装飾として人工植物。大型トカゲには、頑丈な調度品を選ぶ。小さな水皿を置き、毎日軽く水を吹きかける。

気　温　フルスペクトル（UVB）ライトとレフ球が必要。

イワヤマプレートトカゲ　低温部で28℃、ホットスポットで最高35℃、夜間は20℃。光周期：14時間。

ナミヒラタトカゲ　低温部で29℃、ホットスポットで32〜38℃、夜間は18℃。光周期：14時間。

ウィンタークーリング　通常の昼光時間。

イワヤマプレートトカゲ　18〜20℃で6週間。

ナミヒラタトカゲ　12〜13℃で6週間。

食　餌

イワヤマプレートトカゲ　雑食性でなんでも食べる。昆虫類、マウス、シロアリ、植物類、特に果物を好む。ビタミン剤とカルシウム剤を与える。養殖個体なら、爬虫類用の缶詰も食べる。

ナミヒラタトカゲ　ほとんどの昆虫類と無脊椎動物。タンポポやナスタチュームなどの食用花、甘い果物や野菜も試してみる。カルシウムを補給するためにコウイカの甲の小片を与える。

産卵と孵化　湿ったバーミキュライトに産卵する。

イワヤマプレートトカゲ　年1回、1回につき卵6個。孵化期間は湿度90％、気温30℃で75〜83日。

ナミヒラタトカゲ　年1、2回、1回につき卵2個。孵化期間は、25.5〜26.5℃で75〜90日。

体はどっしりしていて、脇腹の皮膚は折りたたまれ、体を膨らませたり、動きやすくする役目を果たす。体色は基本的に焦げ茶色だが、小さな明るい色の斑点があり、縦縞のように見える。この種は雌雄の識別がむずかしい。大腿孔は雌雄ともにあるが、繁殖期の雄は顎、咽頭、頬の部分がピンクから紫がかった色に変わる。雄、特に繁殖期の雄は、単独で飼育する。真剣に繁殖に取り組むべき種ともいえ、大型のビバリウム、種類の豊富な餌、適切な保温と照明、ウィンタークーリングを行えば成功する。生息地と同じような雨を降らせると繁殖を促すことができる。本種の繁殖には、まだ研究の余地がある。

同様の方法で飼育できる種に、オニプレートトカゲ*G. major*（大腿孔が発達しているほうが雄なので識別しやすい。養殖個体はほとんどいない）、キノドプレートトカゲ*G. flavigularis*、スジプレートトカゲ*G. nigrolineatus*などがいる。最後の2種は、オニプレートトカゲに比べて体が小さくほっそりしていて、体色が鮮やか。入手は簡単。

⬇ 岩のあいだで暮らすナミヒラタトカゲ*Platysaurus intermedius*。岩は隠れ家にも日光浴にも便利。

ナミヒラタトカゲ
（Flat Lizard）

学名*Platysaurus intermedius*。ビバリウムへの適応力に優れ、飼育方法によっては14年以上生きる可能性がある。雄は体長18～28cm、テリトリー意識が強く、特に繁殖期に強まる。輸入直後はちょっとした物音に驚き隠れたりするが、すぐに落ち着く。

雄の体色は種によって異なるが、いずれもコントラストが強いので簡単に識別できる。尾は一般にオレンジ色から黄色。咽頭の下側と腹部の色が鮮やかで、頭部の色は異なる。この色は繁殖期になると一段と鮮やかになる。雌と幼体の体色は黒で、背中に沿って3本の明るい色の縦条があり、なかには明るい色の斑点を持つものもいる。産卵を促すには、床材に湿った場所が必要になる（38～39ページ「繁殖」参照）。ローム土や腐植土を少量混ぜてもよい。野生では、卵は岩の割れ目などに産みつけられる。産卵は通常、11月から12月にかけて行われるが、北半球に運ばれてきた雌は6月から7月にかけて産卵する。輸入したばかりの雌は妊娠している可能性もあるので、産卵が終了し、十分餌を食べるようになるまでは気温を下げないこと。

数頭の雌が同じ場所に産卵するケースも多い。幼体は成体よりも若干低い温度で育てる。同様の方法で飼育する種には、ヒラタトカゲ属最大でもっとも体色の鮮やかなミカドヒラタトカゲ*P. imperator*、ワレンヨロイトカゲ*Cordylus warreni*やジョーンズヨロイトカゲ*C. jonesii*など数種のヨロイトカゲ*Cordylus*属がいる。

Q&A

●イワヤマプレートトカゲは人間が触れても大丈夫ですか？
大型のトカゲは強力な歯で噛みつきますが、人にはすぐに慣れます。特に若い個体は慣れやすい。

●イワヤマプレートトカゲの飼育はむずかしいですか？
むずかしくありません。必要なスペースを確保し、購入時の健康状態が良ければ、比較的簡単に飼育できます。

●ナミヒラタトカゲの雄は単独飼育が良いですか？
小さなビバリウムでは、単独飼育にします。しかし、隠れ家になる岩の割れ目がたくさんある大型ビバリウムで、雄2頭に雌4頭なら、問題なく飼育できます。

Geckos
ヤモリ

ヤモリ科　FAMILY: GEKKONIDAE

　トカゲ類の中でも最大の科のひとつ、ヤモリ科に属する種の数は700を超える。体長は2.5cmのものから60cm以上に達するものまで、種によってさまざまで、熱帯域から温帯域にかけての海抜0mから4000mまでの地域に生息している。熱帯雨林や砂漠に暮らす種もいれば、家の中に棲むものもいて、いずれも昆虫を捕まえる能力に長けている。

　ヤモリの皮膚は非常に敏感で、体はきめの異なる小さな鱗で覆われ、年に数回脱皮する。栄養分が貯蔵される尾は、捕食者を惑わすために速やかに切り離すことができる。この行為は自切と呼ばれ、すべてのヤモリに可能というわけではなく、種によって差があり、ひときわ自切能力に長けた種もいる。新しい尾は、自切後、数週間以内に再生されるが、前とまったく同じものではない。ヤモリは尾をつまんでぶら下げたりすると自切するので注意すること。

　また、多くは指先に「吸盤」を持っていて、表面がツルツルした物でも平気で垂直に這い登る。「吸盤」を持たない種でも、登りやすいように小さな爪を持つ。みずかきのある種も2種あり（後肢だけの種と四肢に持つ種）、砂の上でカンジキとして働く。

　ヤモリは基本的に夜行性または薄明薄暮性で、微妙な色合いの体色や縦長の瞳孔はそのためである。適性環境温度（室温）は20～30℃。ビバリウムの中で涼しい場所と暑い場所を行き来しながら適度な体温を維持する。フルスペクトルの照明が必要な種はほとんどないが、レフ球をつけると、ときどき日光浴もする。ヤモリ類はいずれも視力が良く、聴力も発達しているので、互いにさまざまな音を出してコミュニケーションをとることができる。耳孔は顎の後方上部にあり、目で確認できる。

隠れる習性と攻撃性

　ヤモリは隠れたがる習性があるので、隠れ家をたくさん用意しておく。狭い場所に体を押し込むようにしていると、安心するようだ。何かに登ったり、滑空したりする種には、運動できる十分なスペースが必要なので、横幅よりも高さのあるビバリウムを用意すること。地表を這い回る種には、背の低い横長のビバリウムが適している。大型ビバリウムだと気温差を維持しやすく（18～19ページ「保温と照明」参照）、複数飼育でも争う心配がない。が、雄の成体は複数で飼わないこと。同居させる場合は、雄1頭に対して1頭または複数の雌が理想的だ。繁殖期を除いて、ペアはお互いにほとんど関心を示さない。雌雄の識別はかならずしも簡単ではないが、雄のほうが頭部の幅が広い種もいる。また、多くの

↓　ソメワケササクレヤモリ*Paraoedura pictus*は、動きにくそうな体のわりに動きが俊敏だ。

Q&A

●孵化子の性別は、卵の発達段階での気温と関係がありますか？

ソメワケササクレヤモリの場合、28℃なら雌、32℃なら雄が生まれるという研究報告書が、少なくともひとつはあります。ヤモリ類を含めて爬虫類のほかの種についても、同様の「温度性決定」(TSD、38～39ページ「繁殖」参照）があるといわれていますが、一層の研究が待たれるところです。

●ソメワケササクレヤモリの雌に明らかな産卵過多傾向がみられる場合、どうしたら良いでしょうか？

ビタミンD_3とカルシウム溶液を経口投与して、獣医師に相談してください。気温を操作することによって、生殖能力を抑えることもできます（36～37ページ、「繁殖」参照）。

●ハリユビヤモリの場合でも、コルクバークの隠れ家を置く場所を考えなければなりませんか？

その通りです。たとえ砂漠に生息する種でも、隠れ家は暑くなりすぎないように、涼しい場所に置きます。

↑ ハリユビヤモリ *Stenodactylus petrii*。夜行性に特有な縦に細長い瞳孔を持つ。瞳孔は夜になると広がり、闇の中で餌の昆虫を捕まえることができる。ヤモリ類は聴力にも長けている。

雄には雌にはみられない、きわだった大腿孔または前肛孔がある。尾の付け根にある体腔にはヘミペニスが納められているため、雄の尾のほうがかなり太い。条件が整わないと、ヤモリの繁殖はむずかしい。雄は鳴く、頭部と尾を振る、最終的に雌に近づいて匂いを嗅ぎ、舌で舐めるといった求愛行動をする。雌が雄を受け入れた場合、雄は雌の背中にまたがり、一方のヘミペニスを雌の総排出腔に挿入する。ヤモリ類のほとんどは卵生で、通例、交尾後2～4週間で産卵する。卵は孵化用の容器に移し、孵化子は成体が食べてしまうおそれがあるので、別の場所で育てる。孵化子には、アブラムシや孵ったばかりのコオロギ、ショウジョウバエなどの小さな餌を与える。

ソメワケササクレヤモリ
（Big-headed Gecko）

学名*Paroedura pictus*。全長14cmの夜行性種で、マダガスカル西部および南部の乾いた森林地帯や低木地、岩の多い地域に生息している。頭の幅が広く、ずんぐりとした体つきだが、動きは俊敏で素早い。体色は明るく、茶色の模様には個体差があり、縞や帯模様のものがいる。帯模様は、背景色によって明るい色のものと暗い色のものがある。成体の指先にある趾下薄板（ラメラ）の吸着力は弱く、ガラス面などは登れない。成体は主に地表で暮らす。雄は尾の裏側にヘミペニスを収容しているため、この部分が膨れている。ソメワケササクレヤモリは極端に多産になる傾向があり、雌は1シーズンに30個以上卵を産む。産卵数が多すぎるとカルシウム不足に陥り、カルシウム剤を補給してもテタニー（強直性痙攣症）や四肢の腫れ、後のほうになると卵の殻がやわらかくなるといった症状が現れ、最終的に死んでしまう例もある。床材の中に埋められた卵は、孵化用容器に移すこと。孵化子は美しい淡黄褐色だが、数週間たつと薄れていく。指先には「吸盤」があり、這い登るのが得意だ。個別に飼育すれば喧嘩の心配はない。与える餌にもよるが、成熟するまでの期間は9～12カ月。雌は孵化後5カ月で産卵できるものの、産卵に耐えられず死んでしまうことが多い。孵化後5カ月の段階で雌雄を識別し、交尾しないよう、少なくとも9カ月までは分けて育てること。

ハリユビヤモリ
（Desert Gecko）

学名*Stenodactylus*属。アフリカ北西部からアジア南西部に生息する。8～12種が属し、別名sand geckos、ground geckosとも呼ばれている。ハリユビヤモリの分類法はまだ確立されていないため、飼育者は属名で呼ぶことが多い。本書は*S. sleveni*と*S. stenodactylus*を基本にしているが、他種も同

様の方法で飼育できる。ペットショップで購入できる輸入種は、S. stenodactylusかS. petriiが多い。ハリユビヤモリは体長6cmと小柄で夜行性、細かいなめらかな鱗、丸みを帯びた頭部、飛び出した目、突き出した鼻孔が特色。この鼻孔のせいで吻が上向きになっているように見える。簡単に自切し、再生した尾を持つ個体のほうが一般的だ。体色はさまざまで、小さな濃い色の斑点があり、ときおり、明るい淡黄褐色から砂色の体に白い斑点があるものも見かける。ハリユビヤモリには吸着力のある趾下薄板（ラメラ）はなく、低い岩場にようやく這い上がれる程度でしかない。滅多に水は飲まない。

飼育は比較的簡単で、繁殖にも成功する例が多い。成熟した雄は、総排出腔のま後ろに2つのふくらみがある。卵殻は硬く、産卵後、雌は砂で覆って砂山をつくる。孵化子は、成体と同じ飼育条件の小さなビバリウムで育てる。

ヒョウモントカゲモドキ
(Leopard Gecko)

学名Eublepharis macularius。半砂漠棲で、岩場でよく活動する。養殖個体がもっとも普及している種でもあり、初心者向きといわれている。生まれたてのヒョウモントカゲモドキはとても人に慣れ、成長すると体長20〜25cmに達する。体表には無数の瘤があるが、皮膚はベルベットのような感触を与え

⬆ ヒョウモントカゲモドキEublepharis maculariusは人気があり飼育も簡単だが、日中、隠れ家から出てくることはほとんどない。

る。丸々とした尾には脂肪が蓄えられている。背中の地色は黄色系で、尾は白い。さらに、頭部、背中、四肢には、色の濃い小さな斑点がある。優生交配selective breedingによって、深い黄色の色彩変異型も登場した。本種は地表棲、薄明薄暮性から夜行性で、フルスペクトルの蛍光灯をつける必要はないが、あれば短時間の日光浴をする。岩を組んだテラスや隠れ家となる洞穴をつくるときは、岩組はしっかりと床材に埋め込んでおくこと。

飼育はペアあるいは雄1頭、雌数頭のコロニーで行う。雄の体は雌よりがっしりしていて、頭部の幅が広く、前肛孔がV字型に並び、ヘミペニスの小さなふくらみが2つある。飼育者によっては、低温期を設けない人もいるが、低温期を2ヵ月間設けると繁殖に成功する確率が高くなる。

交尾から約6週間ほどで、革のように硬い卵を産む。湿った砂または砂とピートを混ぜた産卵場所を用意すること。孵化子は成体とは異なり、体は黄色で、黒と藤色の縞があるが、この模様がやがて斑点に変わる。孵化後1週間で体表に瘤が現れる。また、孵化後数日たつと昆虫を食べるようになる。最初の数週間は、成体よりいくぶん湿気の多いビバリウムで育て、床材はペーパータオルを使う。バンドトカ

爬虫類カタログ

■飼育の条件■
ソメワケササクレヤモリ、ハリユビヤモリ、ヒョウモントカゲモドキ、ウチワヤモリ、ニシアフリカトカゲモドキ

ビバリウムのサイズ
ウチワヤモリ 75×38×75cmにペア1組。登りたがる個体には高さが必要になる。

その他 最低60×38×30cmに成体のペア1組、またはトリオ。

床材
ニシアフリカトカゲモドキ 保湿性のある床材（毎日水を吹きかける）の隣に、乾いた埃のたたない砂を厚さ2.5cmに敷く。あるいは両方の床材を仕切板で区切って敷く。

その他 乾いた埃のたたない砂。ヒョウモントカゲモドキ（人工的なカーペットタイプの床材でも可）には厚さ5～10cm、その他の種には2.5cm。

居住環境
岩と登れる枝。隠れ家用となる岩の割れ目またはコルクバークは、ホットスポットを避けること。多肉植物など、乾燥に強い植物ならかまわないが、湿気を出す植物は不可。鉢植えのまま入れ、岩でしっかり押さえておく。通気に気を配り、小さな水皿を置く。夜、動物が滴を舐められるように、岩に軽く水を吹きかける。

気温
ソメワケササクレヤモリ 低温部では26℃、ホットスポットでは33℃、夜間24℃とする。光周期：12時間。

ハリユビヤモリ 低温部では30℃、ホットスポットでは33～35℃、夜間は最低20℃とする。光周期：12～14時間。

ヒョウモントカゲモドキとニシアフリカトカゲモドキ 低温部では25.5℃、ホットスポットでは30℃、夜間は21℃とする。光周期：14時間。

ウチワヤモリ 涼しい場所で25℃、暑い場所で35℃、夜間20℃。光周期：12～14時間。フルスペクトル（UVB）ライトとレフ球。

ウィンタークーリング
ソメワケササクレヤモリ 日中は最高25℃、夜間は20℃で8～9週間。光周期：7～8時間。

ハリユビヤモリ 13～15℃で6～8週間。通常の昼光時間。

ヒョウモントカゲモドキ 日中は24℃、夜間は18℃で8週間。光周期：8～9時間。

ウチワヤモリ 0℃で8週間、通常の昼光時間。人工照明の場合は6時間。

ニシアフリカトカゲモドキ 日中は最高24℃、夜間は15～18℃で8週間。光周期：8時間。毎日の水のスプレーを中止し、ビバリウムを乾燥状態にする。ただし、小さな水皿は必要。

食餌
種々のビタミン剤をまぶした昆虫類と節足動物。カルシウムの補給にコウイカの甲の小片。特に雌にはカルシウムが欠かせない。

ゲモドキ*Coleonyx variegatus*も同様の方法で飼育できるが、気温10℃で2～3カ月間のウィンタークーリングが必要になる。

ウチワヤモリ
（Fan-footed Gecko）

ナミウチワヤモリ*Ptyodactylus hasselquistii*は別名Fan-fingered Gecko（指がウチワのようなヤモリの意）とも呼ばれる。小型で飼育しやすく、昔からアマチュアのヤモリ飼育者のあいだで人気が高い。アフリカ北部から中東、アジア南西部にかけての、海抜1800mまでの暑い乾燥した岩の多い地域に生息している。石壁や乾燥した川の土手などに棲み、人家の近くにも姿を見せる。体はやや平べったく、

➡ ナミウチワヤモリ*Ptyodactylus hasselquistii*という名前は、指先がウチワのように広がっていることに由来する。ヤモリの種名には、指先の形態に由来するものが多い。

ヤモリ

脇腹に皮膚が折りたたまれているものが多い。体長15cm、細い四肢に比べると頭部は大きい。体色は変化に富んでいるが、灰茶色のものが多く、明るい色と暗い色の斑点などがある。また、鼻孔から目に向かって、濃い縞が入っている個体もいる。

ウチワヤモリの英名Fan-footed Gecko（足先がウチワのようなヤモリの意）は、足先がウチワのように大きく広がっていることからつけられた。先端には多くのヤモリと同様に吸着力のある趾下薄板（ラメラ）がある。ウチワヤモリは這い登る習性があり、壁も登れば、岩、枝、コルクバークなどの調度品にも登る。ある程度夜行性だが、フルスペクトルライトをつけると、日光浴のために日中でもたびたび姿を現す。通常、餌は夕方に食べ、とりわけ蛾などの羽虫を好む。飼育はペアで行うこと。雄は特にテリトリー意識が強いが、繁殖期には雌雄ともに侵入者を撃退する。雄の識別は、尾の付け根の裏側にあるふくらみで行う。

交尾後、雌はやわらかい粘着性のある卵を産み、卵同士をくっつけてから産卵床に置く。岩の割れ目やコルクバークの洞穴、あるいはビバリウムの中でもなるべく目立たない場所が産卵床になる。卵を移すときは床材ごと移さないとむずかしいが、卵は産卵用の床材の上で十分孵化させることができる。孵化容器の床材は完全に近い乾燥状態にしておくこと。孵化子は、成体と同じ飼育条件で育て、体にあった大きさの餌を与える。ウチワヤモリは幼体に関心を示さないといわれているが、食べられたりしないように、専用のビバリウムで育てたほうが良い。

ビブロンヤモリ*Pachydactylus bibroni*も同様の方法で飼育できるが、日中の最高気温は32℃にすること。

また、ムーアカベヤモリ*Tarentola mauritanica*、キタナキヤモリ*Hemidactylus turcicus*、コッチホソユビヤモリ*Cyrtodactylus kotschyi*も同様の飼育方法で良い。この3種は、卵を床材の中に埋めたり、割れ目の間に産みつける。

ニシアフリカトカゲモドキ
（Fat-tailed Gecko）

学名*Hemitheconyx caudicinctus*。西アフリカに生息する種で、ヒョウモントカゲモドキによく似ていて、飼育愛好家のあいだで人気が高まっている。英名Fat-tailed Gecko（尾の太ったヤモリの意）は、丸々と膨れた尾からつけられた。尾がしぼんでいたら餌が足りない証拠といえる。瞼を閉じることができ、吸着性のある趾下薄板（ラメラ）はない。基本的な体色は、交互に太い帯縞を形成する濃いチョコレート色と明るい茶色で、特に白っぽい縦条の入った個体はペット市場での需要が高い。

主にアメリカでは、人為淘汰によって、帯の薄い部分が桃色、濃い部分がオレンジ色に染まっていることから「タンジェリン」と呼ばれる体色を持つ種類が誕生した。市場に出回っている個体のほとんど

■繁殖の条件■

ソメワケササクレヤモリ

産　卵　年15～20回、1回につき卵2個（1回の交尾で）。

孵　化　8℃前後で55～60日。卵は乾いた砂を厚さ1.2cmに敷いた、通気のよい、透明で小さなプラスチック製の箱に入れる。

ハリユビヤモリ

産　卵　年6回、1回につき卵2個。1カ月は間隔をおく。

孵　化　日中は30℃、夜間は25.5℃で60日間。卵は小さなプラスチック製の箱（上述のソメワケササクレヤモリと同様）に入れ、ビバリウムの涼しい場所に置く。孵化器を使うこともできる。

ヒョウモントカゲモドキ

産　卵　年5～6回、1回につき卵2個。交尾後6週間で産卵する。

孵　化　26～33℃で55～65日。卵は湿ったバーミキュライトの上に置く。

ウチワヤモリ

産　卵　年4～5回、1回につき卵2個。2～4週は間隔をおく。

孵　化　20～25℃で90～100日。卵は産卵床の床材ごと移すこと。

ニシアフリカトカゲモドキ

産　卵　年5～6回、1回につき卵2個。1カ月は間隔をおく。

孵　化　29～32℃で60～70日。卵はバーミキュライトとパーライトを混ぜたものに水を加えたもの（割合は1：1、38～39ページ「繁殖」参照）の上に置く。

↑　ヒョウモントカゲモドキの近縁種ニシアフリカトカゲモドキ*Hemitheconyx caudicinctus*。よじ登るのは下手で、もっぱら地表を這い回って暮らしている。

は、ガーナで捕獲されている。
　ニシアフリカトカゲモドキ特有の飼育条件として、湿った環境と乾いた環境の双方が必要とされている。本種はヒョウモントカゲモドキよりも湿気が必要で、小さいビバリウムなら物理的に仕切って（14〜15ページ「住み処」参照）2種の床材を敷き、大きければ単に2種を並べて敷くと良い。湿った部分はミズゴケで覆い、ウィンタークーリングの時期を除いて、毎日水を吹きかけて湿度を維持する。隠れ家は2カ所以上用意する。地表棲なので、隠れ家や掘れる場所さえあれば、登れるような設備はいらない。日中でも日光浴をしに姿を見せることがある。
　3頭いっしょに飼育することもできるが、ペアのほうが繁殖しやすい。雄は、頭部の幅が広く、体が大きめで、尾の裏側に2つのふくらみがあるので識別できる。妊娠中の雌なら、腹部の薄い皮膚から卵が透けて見える。また、妊娠中の雌は、産卵の数日前から急激に食欲が減退する。卵は湿めり気のあるコルクバークの隠れ家に産みつける。孵化子の性別は気温に左右され、気温が低めならほとんどが雌、高ければほとんどが雄になる。

Q&A

●ヒョウモントカゲモドキの2個の卵は、同時に孵化しますか？
通常、卵はそれぞれ30〜36時間以内に孵化し、卵から出てくるまでに2〜4時間かかります。

●ウチワヤモリは何歳ぐらいで成熟しますか？
ヤモリ類の中には早熟な種もいますが、ウチワヤモリは、完全な成体になるまで18〜24カ月かかります。

●ウチワヤモリはどんなときに鳴くのでしょうか？
捕まったり攻撃されたとき、カエルのような声を出します。雄がテリトリーを主張するときにも鳴きます。

●ニシアフリカトカゲモドキは邪魔されると尾を動かすのはどうしてですか？
尾を動かすのは脅威を感じたときの反応で、ほかのヤモリにもみられます。餌を食べるときは、もっと素早く尾を振るはずですが、これは前方から襲ってくる可能性のある捕食者の注意をそらすためでしょう。

●ニシアフリカトカゲモドキはどの程度慣れますか？
野生で捕獲された個体は、手で触られるのが嫌いで、飼育者の指に噛みついたりします。生まれたての養殖個体なら、成長するにつれて人間に慣れてきます。

●生まれてすぐのニシアフリカトカゲモドキの体色は、成体と異なりますか？
生後6カ月までは、模様や色が成体と異なります。孵化子は黄緑色で、灰色と茶色のU字型の模様があります。

トッケイヤモリ
（Tokay Gecko）

　学名*Gekko gecko*。体長30cm、体色の美しい本種は、飼育者に噛みつくという悪評にもかかわらず、昔から愛好家には人気がある。入手しやすいが、養殖個体は少なく、ほとんどが原産地の南アジアや東南アジアから輸入されている。体は大きくがっしりしていて、体色は青みがかった灰色、日中は小さな赤サビ色と白い斑点、夜になると薄い青色の斑点に変わる。大きな黄色い目には、縦に細い黒の虹彩が入り、ヤモリ全般の例にもれず、瞼は動かない。トッケイヤモリの名は、雄が雌を引きつけたり、ほかの雄を威嚇するときに発する特徴的な鳴き声（「トッケイ」）に由来している。手で触っても、抵抗の意味でこの鳴き声をあげる。雌も鳴くが、音は異なる。雌雄ともに、尾をつかむと即座に自切する。
　トッケイヤモリは攻撃的で、十分な広さが必要になる。雄1頭に対して雌2、3頭という組み合わせが、相性が良い。ビバリウムの壁と平行してコルクバークの平板を立てておくと、登ったり隠れたりできる。

⬆ ヤモリ類の中には、このトッケイヤモリ*Gekko gecko*のように、頭部の大きな種がいくつかある。顎の後ろ、斜め上に、耳孔が見える。

■繁殖の条件■

トッケイヤモリ

産　卵　年間3〜4回、1回につき卵2個。

孵　化　湿ったバーミキュライトの上で、湿度60%、28〜30℃で120日。

ヘラオヤモリ　現時点では、飼育環境での繁殖は非常に珍しい。

産　卵　年3回、1回につき卵2個。

孵　化　湿ったバーミキュライトの上で、25.5〜26.5℃で90〜95日。

スベトビヤモリ

産　卵　年2〜3回、1回につき卵2個。産卵は時期を選ばない。

孵　化　26〜28℃で65〜80日。卵は産卵床の床材と共に、発泡スチロールを敷いた透明なプラスチック製の箱に移す。箱には通気用の穴を空ける。

爬虫類カタログ

休んでいる時間のほとんどはバークの裏側に体をねじ込み、壁に体をくっつけている。ボウルの水は飲まないので、毎晩、水を吹きかけること。雄は体が大きく、前肛孔列が見えるので識別できる。孵化子は、普通に手で触る行為には慣れる。幼体を成体といっしょにすると、食べられる可能性があるので、別々に飼育する。正しい餌を与え、適切な環境なら、幼体はおよそ1年ほどで性成熟する。雄は孵化後6カ月たったら別々に飼育するが、攻撃的な行動をとるようならこれより前でも離して育てること。

ヘラオヤモリ
(Leaf-tailed Geckos)

学名*Uroplatus*属。Flat-tailed geckos（尾が平らなヤモリの意）の名でも知られ、マダガスカルに生息するさまざまな種が含まれるが、最近になってペットショップでも入手できるようになった。なかでもよく知られているのは、最大種で体長30cmのマダガスカルヘラオヤモリ*U. fimbriatus*。個々の種に一般的な英名はつけられていない。多くのマダガスカル人は、ヘラオヤモリを邪悪なものとみなしているようだ。夜行性で頭部が大きく、目には細長い縦の瞳孔がある。

樹上棲のマダガスカルヘラオヤモリ、スベヒタイヘラオヤモリ*U. henkeli*、アリュオーヘラオヤモリ*U. alluaudi*、ヤマビタイヘラオヤモリ*U. sikorae*などの皮膚には、縁飾りのような皮膜があり、体色とも相俟って、樹皮を背景に効果的なカモフラージュ

Q&A...

●トッケイヤモリは手で触れないほうが良いですか？
それほどひどくはありませんが、噛みつく可能性はあります（皮膚に少し傷がつく程度です）。しかも、噛みつくとなかなか離してくれません。手で触らないようにして、世話をするときは手袋をはめてください。

●トッケイヤモリが大きなコルクバーク片に卵を産みつけてしまいました。どうやって孵化させたら良いですか？
コルクバークの卵がついた部分だけを注意して切り取り、孵化用の箱に移してください。

●ヘラオヤモリに噛まれるとひどい傷になりますか？
大きな口の中には、とても小さな歯が無数に並んでいて、口を開けると獰猛な感じにみえます。噛まれても問題ありません。むしろ驚いた拍子にヤモリを落とさないように気をつけてください。

●ヘラオヤモリは人に慣れますか？
ピンセットで与えた餌を受けつける程度には慣れますが、手で触られるのは嫌います。樹上棲の生き物はみんなそうですが、ヘラオヤモリも、足が枝に触れている状態が一番安心できるからです。

●卵に気づかず、そのままビバリウム内で孵化した場合、成体が孵化子を襲いますか？
一般には襲いませんが、万が一のときを考えて、孵化子を見つけたらかならず別の容器に移してください。成体はカルシウム源となる卵の殻をよく食べます。

↓ エダハヘラオヤモリ*Uroplatus phantasticus*。地味で目立たない体色は、カモフラージュ効果があり、樹皮の色に合わせて調整できる。

ヤモリ

■飼育の条件■
トッケイヤモリ、ヘラオヤモリ、スベトビヤモリ

ビバリウムのサイズ

ヘラオヤモリ　最低90×60×90cmに大型種（マダガスカルヘラオヤモリ）のペア1組

その他　最低75×38×75cmにペア1組。

床材　保湿性のあるもの。ヘラオヤモリには、ローム土、腐植土、コケ、落ち葉を混ぜた湿った床材が必要。

居住環境　卵を探すときに簡単に動かせる、直立または傾斜したコルクバークの板と枝。植物は湿度の維持に役立つ。小さな水皿。

気温

トッケイヤモリ　低温部で25.5℃、ホットスポットで29〜32℃、夜間は21〜22℃。光周期：14時間。

ヘラオヤモリ　マダガスカルヘラオヤモリは低温部で24℃、ホットスポットで29℃、夜間は22℃。光周期：14時間。スベヒタイヘラオヤモリは日中20〜30℃、夜間は20℃。スジヘラオヤモリは日中24〜29℃、夜間は24℃。エベノーヘラオヤモリとエダハヘラオヤモリは日中20〜26.5℃、夜間は20℃。ヤマビタイヘラオヤモリは日中19〜24℃、夜間は20℃。光周期：12時間。日中の日光浴用にときどき、低パーセンテージのフルスペクトル（UVB）ライトをつけても良い。

スベトビヤモリ　低温部で28℃、ホットスポットで32℃、夜間は21〜25℃。光周期：12時間。

湿度

トッケイヤモリ　50〜65%。毎日水を吹きかける。

ヘラオヤモリ　85%。毎日1回、または必要に応じて何回か水を吹きつける。床材が固まったり、腐ったりしないように、十分な通気性があること。

スベトビヤモリ　65%。夜遅く水を吹きかける。

ウィンタークーリング　ヘラオヤモリにのみ必要。スジヘラオヤモリ、エベノーヘラオヤモリ、エダハヘラオヤモリは、19〜20℃で6週間。水を吹きかけることは控える。

食餌　栄養剤をまぶした昆虫類とコウイカの甲。ヘラオヤモリには、ビタミン剤週1回、カルシウム剤週3回が必要。

となっている。ヤマビタイヘラオヤモリの背中にはコケのような模様がある。エベノーヘラオヤモリ*U.ebenaui*とエダハヘラオヤモリ*U. phantasticus*は、夜間は低木の茂みですごし、日中は森林の地面の落ち葉の中で暮らしている。樹上棲種にみられる縁飾りはないが、体色は木の葉と見事に溶けあって、一定の範囲なら、体色を変化させる能力もある。アリュオーヘラオヤモリ*U. alluaudi*、ギュンターヘラオヤモリ*U. guentheri*、マラヘロヘラオヤモリ*U. malahelo*は非常に珍しく、滅多に手に入らない。一部の種は、危険を察知すると赤い舌を突き出したり、ギャーギャー鳴いたり、尾を立てたりして威嚇することが知られている。尾を自切できる箇所は根元だけなので、自切すると尾全体がなくなってしまう。樹上棲種には、枝から枝へ飛び移れる大きなビバリウムが必要になる。小さな種には小さめのビバリウムのほうが暮らしやすい。指先に吸着力があるため、ビバリウムの壁をよじ登ることもできるが、ガラスより樹皮のほうを好むようだ。

性別は、雄の尾の付け根の裏側のふくらみを目安にする。同居させる場合は、雄1頭に対して雌1、2頭が望ましい。ヘラオヤモリは卵生で、通例、1回の産卵で卵を2個産む。種によっては1回につき4個産むといわれているものの、飼育環境で4個産んだ例はない。卵は落ち葉の上や下に産みつけるが、孵化容器に移すこと。ヘラオヤモリの仲間は、ごく最近まで入手できなかったため、繁殖に関する研究はほとんど進んでいない。現時点では、マダガスカルヘラオヤモリとヤマビタイヘラオヤモリの繁殖は珍しく、光周期、気温、ウィンタークーリングについてはまだ研究の余地がある。エベノーヘラオヤモリ、エダハヘラオヤモリ、スベヒタイヘラオヤモリは、ビバリウムでも繁殖可能なことが判明している。エベノーヘラオヤモリとスベヒタイヘラオヤモリは1シーズンに3回、1回につき2個の卵を産み、もっと産卵数が増える可能性もある。

スベトビヤモリ
(Flying Gecko)

学名*Ptychozoon lionotum*。東南アジアの熱帯雨林に生息する夜行性種で、飼育が非常に簡単。ビバ

➡ 枝から枝へ優雅に滑空するスベトビヤモリ*Ptychozoon lionotum*には、十分なスペースが必要だ。体の脇にある被膜に注目。

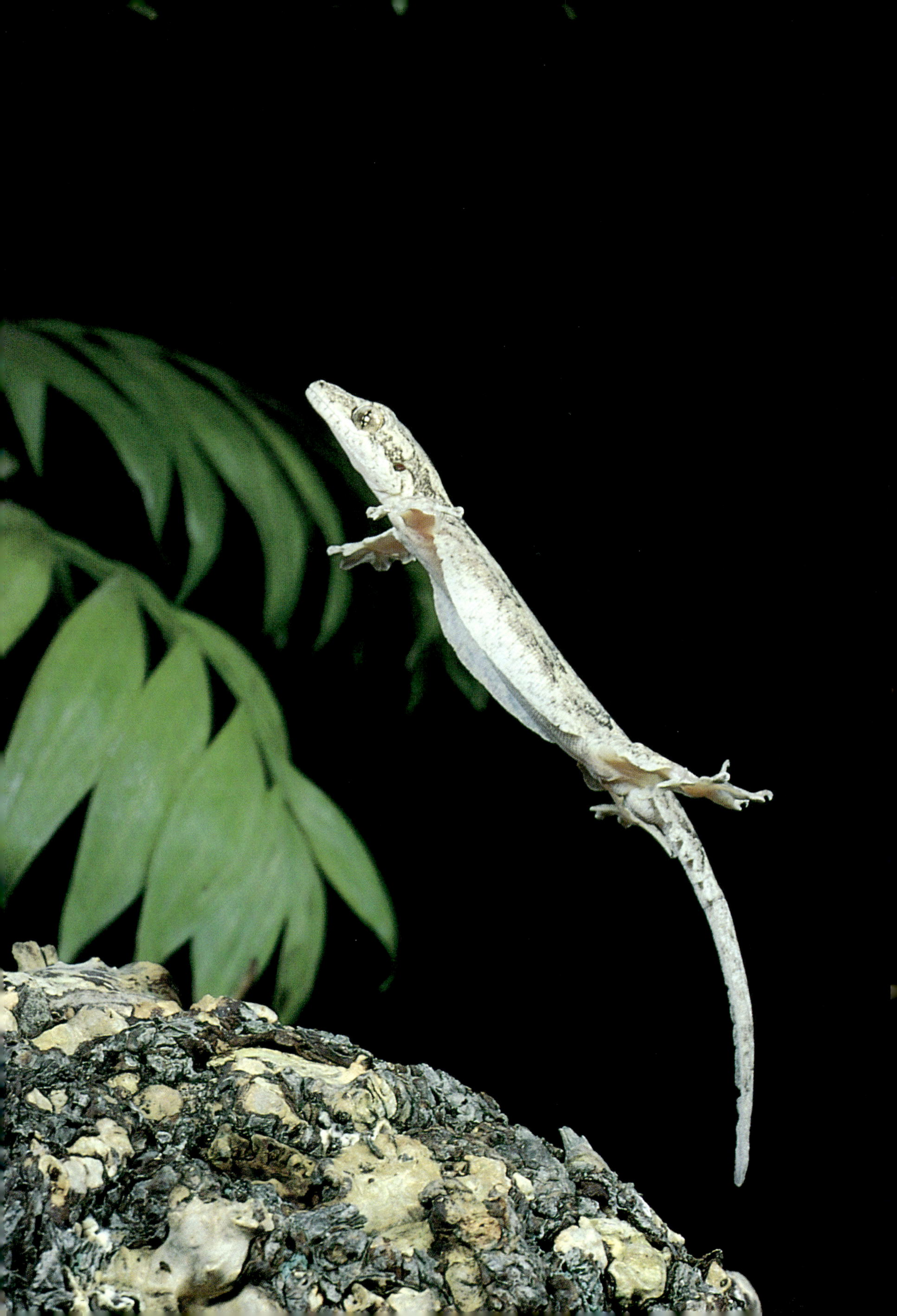

ヤモリ

リウムの興味深い一員となることだろう。英名Flying gecko（飛ぶヤモリの意）は、普段、体の下に折り畳まれている両脇の皮膜を使って滑空（飛ぶわけではない）することから名づけられた。足先の立派なみずかきと尾に沿った一連の縁飾りは、滑空と樹上でのカモフラージュに役立っている。スベトビヤモリは地上でも動きが素早い。吸着力の強い足先には爪もついていて、移動時以外は上向きに曲げておくことができる。全長16cm、体色は茶色と灰色で、濃い色の模様があり、樹皮とほとんど見分けがつかない。持ち上げるとガーガー鳴いて噛みつくが、危険はまったくない。簡単に尾を自切する。大きなビバリウムでないと、自在に滑空できない。ペアまたはトリオで飼育できる。植物はあくまでも装飾用だが、登るためのコルクバークと枝は用意する。装飾に凝ると卵を見つけにくくなるので、調度品は簡単にする。トビヤモリ*Ptychozoon*属には、小さな水皿を与え、よほど飢えていない限り、給餌は夜行う。雄には立派な前肛孔列が見られ、総排出腔の両側に皮膜がある。繁殖は季節を選ばず、条件が整ったときに行われる。卵殻は硬く、粘着力があり、樹皮に産みつけられる。ウチワヤモリと同様に、産卵床ごと別の場所に移す。同じ場所に繰り返し産卵する習性がある。幼体は、成体と同じ飼育環境の小さなビバリウムで育てる。同様の方法で飼育する種に、スベトビヤモリよりやや大きく、背中に瘤のあるパラシュートヤモリ*P. kuhlii*がいる。

トルキスタンスキンクヤモリ（Wonder Gecko）

学名*Teratoscincus scincus*。中央および東南アジアからアラビア半島にかけて生息する種で、色が美しく、全長約18cmに達する。スキンクヤモリ*Teratoscincus*属の他種とは異なり、魚のような繊細な鱗を持ち、乱暴に扱うと簡単にはがれてしまうので注意すること。尾も簡単に自切する。鱗も尾も、適切な餌と環境条件が整っていればいずれ再生する。大きな頭部と丸い眼も特徴で、英語で別名Frog-eyes Gecko（カエルの眼をしたヤモリの意）と呼ばれる由縁である。また、砂地での生活に適応して、瞼と足先には櫛状の鱗がある。体色は薄い地面の色で、濃い色の斑点と縞が見事な色合いを醸し出し、飼育者の人気を集めている。養殖個体も出回っているが、ほとんどは野生で捕獲されたものだ。トルキスタンスキンクヤモリは特殊な飼育条件が必要なため、経験の浅い飼育者には向かない。砂漠に暮らすので乾燥した環境が必要だが、同時に、ガス交換（呼吸）が行われる敏感な皮膚をまもるため、砂に

Q&A

●トルキスタンスキンクヤモリは攻撃的ですか？

はい。攻撃的なので、雄同士をいっしょにしないでください。また、妊娠中の雌も、雄に対して攻撃的になるので別のビバリウムに移したほうが良いでしょう。というのも、この場合、雄は攻撃されても仕返しはしないので、ひどいけがを負う結果になります。

●トルキスタンスキンクヤモリが吠えるというのは、本当ですか？

雄は尾を振るわせ、鱗でかん高い音を出して、飼育者を「威嚇」します。また、「声を出す」こともできて、油断すると噛みつかれます。これは雄のテリトリー行動の一種です。雌のほうが飼育者に慣れやすいです。

●トルキスタンスキンクヤモリは成熟するまでにどれくらいかかりますか？

夏が短く、冬眠期間が長い（1年目も含めて）野生では、性的に成熟するまで4年かかります。冬眠期間が短め（1年目は冬眠しない）になる飼育環境では、12～18カ月で成熟します。

■飼育の条件■
トルキスタンスキンクヤモリ

ビバリウムのサイズ	最低75×30×38cmにペア1組、またはトリオ。
床材	厚さ15cmの砂（ビバリウムの半分は湿った状態にする）をコケやコルクバークで覆う。
居住環境	半分はほどよく湿った状態で、残りは乾燥した状態。隠れ家用のコルクバーク。砂に穴を掘って潜り込むため、パイプやチューブを埋めておく。小さな水皿を置く。
気温	低温部で32℃、ホットスポットで40℃、夜間は20℃。保温用ケーブルを使うときは、乾いた部分に敷く。光周期：12時間。
ウィンタークーリング	8～10℃で8～10週間。
食餌	栄養剤をまぶした昆虫類、コウイカの甲。
産卵と孵化	年間最高4回、1回につき卵2個。砂中または地表に産卵する。卵殻は堅いが壊れやすいので、スプーンで移す。乾いた砂の上で、31℃、46～60日間で孵化する。

爬虫類カタログ

潜って湿気を確保しなければならない。このため、ビバリウムには湿った床材と乾燥した床材を用意することになり、小さなビバリウムではうまくいかない。ビバリウムはある程度湿った部分と乾燥した部分に仕切る、あるいは片方に少し湿った砂を入れたプラスチック製の箱を置くという簡単な方法もある。保温ケーブルを使う場合は、乾燥した部分に敷く（18〜19ページ「保温と照明」参照）。照明を保温に使うのでない限り、部屋に一般的な照明があれば、わざわざ設備を備える必要はないが、簡単なウィンタークーリングというより、完全に冬眠できる環境をつくってやる。冬眠については「繁殖」（36〜37ページ）参照。雄は尾の裏側のヘミペニスのふくらみで識別する。大腿孔など、ほかに識別できる性差はない。求愛行動はほかのヤモリ類と同様だが、雄の噛み方はやさしいので雌の繊細な皮膚を傷つけることがない。卵は砂中に埋めるが、ときには床材の上に産みつけることもある。孵化温度が高くなると雄の誕生する確率が高くなるようだが、本種における温度と性別の関係はまだ証明されていない。幼体は個別に飼育するのが望ましい。飼育条件は成体の最高気温より低めに調整する。同様の方法で飼育する種に、ペルシアスキンクヤモリ *T. keyserlingii* とササメスキンクヤモリ *T. microlepis* がいる。

⬇ トルキスタンスキンクヤモリ *Teratoscincus scincus* は鱗のコントラストが面白い。吻の鱗は大きく、吻以外の頭部の鱗は小さめで、体は大きなプレート状の鱗で覆われている。皮膚がデリケートなので、やさしく扱うこと。

Day Geckos
ヒルヤモリ

ヤモリ科　FAMILY : GEKKONIDAE
ヒルヤモリ属　GENUS : *PHELSUMA*

　ヒルヤモリ*Phelsuma*は、マダガスカルおよびインド洋の島々の湿度の高い森林や農園に生息している。ヒルヤモリ属には、非常に珍しい種も含めて、50を超える種と亜種がある。1996年以降、マダガスカルから合法的に輸出される種はマダガスカルヒルヤモリ（*Phelsuma madagasucariensis grandis*と*P. m. kochi*の2亜種）、ヒラオヒルヤモリ*P. laticauda*、ヨツメヒルヤモリ*P. quadriocellata*、ヘリスジヒルヤモリ*P. lineata*の4種にすぎない。また、ヨーロッパでは1980年代以降、ある種のヤモリ類に輸入禁止令が適用されている。このため、現在はスタンディングヒルヤモリ*P. standingi*などの禁止令適用種の養殖に取り組んでいる。

　ヒルヤモリ類は、夜行性ヤモリとは異なり体色が鮮やかで、雌雄の体色がまったく異なる、色彩2型がみられる種もある。成熟した雄には、よく発達した大腿孔と、尾の付け根の裏側にヘミペニスの2つのふくらみがあり、雌は首の両側に膨らみがみられる。雌のふくらみは内リンパ腺で、カルシウムを貯蔵する役割を果たしている。この膨らみがなければ、

➡　グランディスヒルヤモリ*Phelsuma madagascariensis grandis*は、鮮やかな緑色に緋色の斑点が美しい。写真の尾は、自切後再生したもの。

Q&A

●ヒルヤモリは屋外の囲い込みに適していますか？
　環境条件が整っていれば、屋外でも飼育できます。どこからも脱走できない構造にしてください。気温が極端に高く、または低くならないように気をつけ、日陰の湿った場所も用意しましょう。また、果物や蜂蜜の入った餌にアリがたかるので注意しましょう。

●ヤモリの幼体は集団で飼育できますか？
　喧嘩やけがの可能性があります。単独で育てたほうが成長も早いようです。

●孵化用の箱から孵化したての子を取り出すには、どうしたら良いですか？
　生まれたての子は非常に動きが速いので、孵化用の箱を小さな水槽の中に置き、上からセーターをかぶせます。その後セーターの袖から手を入れて箱の蓋をはずし、子を手のひらで囲むようにして捕まえて袖口から引き出します。

●ヒルヤモリの脱皮がうまくいきません。原因は何でしょうか？
　ビバリウムの湿度が極端に低いと、皮膚が乾燥して、うまく脱皮できなくなります。水を吹きつけるか、ヤモリを湿った布袋か湿った苔を入れた箱に入れます。

●ヤモリの幼体の尾がダラリと垂れています。これはふつうの状態なのでしょうか？
　尾が垂れるのは尾の付け根が弱くなっているためで、栄養不足、特にカルシウムとビタミンが足りない証拠です。栄養剤に関する指示に従って補給してください。

爬虫類カタログ

■飼育の条件■

ビバリウムのサイズ　大型種には75×45×75cm、小型種には幅60cm。

床材　コケを刻んだもの、消毒した土、砂、またはヘゴのコンポスト。

居住環境　コルクバーク、竹の幹、枝（垂直のものと水平のもの）。よじ登ったり、隠れたり、湿度を維持するための広葉植物（サンセベリア、ポトスオーレア、モンステラ）。

気温　低温部で26～28℃、ホットスポットで30℃、夜間は20～23℃。光周期：14時間。フルスペクトル（UVB）ライトとレフ球。ロックヒーターは向かない。

湿度　種によって異なり、50～85％。マダガスカルヒルヤモリは低めの湿度に調整する。毎日、水を吹きかけること。

ウィンタークーリング　日中は最高25℃、夜間15℃で8週間。光周期：10時間。

食餌　栄養剤をまぶした昆虫類、Lory nectar foods、甘い果物、果物ベースのベビーフード（特に桃とマンゴ）、特に幼体と繁殖期の雌にはコウイカの甲の小片を与える。ヤモリは蜂蜜、ブラウンシュガー、粉末カルシウム、ビタミン剤少々を混ぜてねったものなどを舐める。小さな水皿を置くこと。

産卵と孵化　年2、3回、1回につき卵1～2個。孵化期間は、日中28℃、夜間22℃、湿度75％で54～70日、あるいは26～28℃の常温で45～55日。1個目の卵が孵化してから、7日後までに2個目が孵化する。

繁殖条件を整える前に、まずカルシウム分の補給が必要になる。ヒルヤモリ属の指には「吸盤」があり、垂直面を登ることができる。ヒルヤモリ属は攻撃的で、収容数が多すぎると喧嘩になる。雌にも攻撃性があり、雌同士、ときには雄にも向かっていく。ペアまたはトリオで飼育するのが望ましいが、相性が悪い場合は別々に飼育しなければならない。環境条件さえ整っていれば、ピンセットや指から餌を食べる程度には人に慣れる種が多い。小柄な個体でも手で触られるのは嫌い、動きが敏捷なので触ろうとしても全速力で逃げてしまうことが多い。

ビバリウムでの繁殖

通常、交尾は春、つまりウィンタークーリングを経て普段の環境に戻ってから行われる。卵はビバリウムのあちこちの物陰に産みつけられる。卵を見つけたら、別の孵化容器に移すこと。卵同士がくっついていた場合は、無理にはがさず、傷つけないようにいっしょに移す。孵化容器の蓋には通気用の小さな穴を開け、中には、少量のバーミキュライトと湯をかき混ぜて湿らせたものを敷く（38～39ページ「繁殖」参照）。卵は床材ごと移さないようにする。

種によっては、ビバリウムの壁や植物に卵を産む。簡単にはがせないようなら、そのままにして、上から通気性のある小さなプラスチック容器をかぶせてテープで留める。容器の中には丸めたペーパータオルを入れ、上の穴から水を落とし、少し湿った状態にしておく。性別は気温に左右されると考えられるが、今のところ完全に解明されたわけではない。孵化子は成体と同じ環境条件で飼育し、同じ餌を小さくしたものを与える。

➡　ヨツメヒルヤモリ*Phelsuma quadriocellata*。英名Peacock Day Gecko（クジャクのようなヒルヤモリの意）は、体の両脇、前肢の後ろにある「拇印」のような青緑色と黒の模様からつけられた。

Green Iguana
グリーンイグアナ

イグアナ科　FAMILY: IGUANIDAE
SPECIES: *IGUANA IGUANA*

　1994年から95年のあいだに、メキシコから南アメリカ中部にかけての地域から、アメリカに輸入されたイグアナの数は100万頭を超え、イギリスへは、2万3500頭が輸出された。

　イグアナを飼育する人は年々増えているが、それにはいくつかの問題がある。第1の問題はその大きさだ。野生のイグアナは、体の半分を占める尾を含めて全長2mを超え、飼育環境でも180cmに達する。飼育スペースの問題は今に始まったことではなく、昔から動物園に寄贈されたり、売りに出されたり、処分されたりするケースが多かった。さらに、気温の問題もある。イグアナを飼おうと決めたら、かならず幼体を入手すること。幼体なら、飼育方法さえ正しければ人に慣れるはずだ。幼体はかわいらしいうえに比較的値段も安いが、成体になると高価で、手に負えない場合も多い。

　第2の問題は鋭い爪と鞭のようにしなる強力な尾だ。これによって飼育者はときどき引っ掻かれることもあるだろう。第3の問題は衛生面で、アメリカでは、イグアナが媒体となってサルモネラ菌が急激に蔓延した。家の中で放し飼いにしていると危ないので、特に子供がいる家庭などでは、厳格な衛生管理が必要になる。

　栄養面での配慮も必要だ（草食性爬虫類の餌については、29〜30ページ「餌と給餌」参照）。カルシウムが豊富で繊維質の多い、できるだけ種類の豊富な餌を用意し、えり好みできないよう小さく刻んで、十分に混ぜてから与える。市販の餌も普及している。ピザやハンバーガー、アイスクリームなどは絶対に与えないこと。幼体（孵化後2年まで）には、植物性タンパク質15％、植物系素材85％（うち70％は野菜類）の餌を用意する。グリーンイグアナの病気の原因は、骨の代謝異常（MBD—45ページ「病気と治療」参照）がもっとも多い。

　イグアナには、太陽の自然光を浴びる屋外飼育場が適している。太陽光はカルシウムの代謝を促すうえに、科学的に証明するのはむずかしいが心理的にも良い影響を与えることがわかっている。

大きなクレストのある雄

　成熟した雄は雌より大きく、特に頭部やクレスト、咽喉垂、鼓膜下大型鱗subtympanic scaleが発達し、尾の付け根が太い。雌に比べて、大腿孔も大きく数があり、蝋質の分泌物が固まり、櫛状に突出している場合もある。雄の体はややオレンジがかった色で、成熟した雌はたいてい青灰色をしている。グリーンイグアナの繁殖に挑戦する人は比較的少ないが、十分なスペースさえあれば不可能ではない。孵化後2年たつと、成体の大きさに達していなくても繁殖が可能になる。繁殖を促すには、光周期を14時間から10時間に減らし、日中はいつも通りの気温で、夜間の気温を20℃まで下げ、餌の量（種類ではない）を半分に減らす。この状態を6週間維持し、徐々に通常の状態に戻していく。

爬虫類カタログ

↓ グリーンイグアナ*Iguana iguana*は、見事に発達した背面正中のタテガミ状鱗と顎を持っている。耳孔の下には、大きな円盤型の鼓膜下大型鱗subtympanic scaleがある。写真のような幼体の性別を確定するのはむずかしい。

Q&A

●グリーンイグアナの飼育は危険でしょうか？

飼育者が注意を怠れば、そのぶん危険性が増します。ほとんどは人間に「愚かなほど慣れ」ますが、例外もあります。飼育者、特に女性を攻撃するケースもないわけではありません。絶対に、子供やほかのペット動物とグリーンイグアナだけにするのはやめてください。大きな個体は、かならず大人2人で扱い、どちらかが攻撃されたら、イグアナにジャケットや毛布、ラグなどを掛けて、落ち着かせてください。

●養殖のグリーンイグアナを入手した場合、糞のサンプルを分析してもらったほうが良いですか？

もちろんです。養殖だからといって、有害な微生物を持っていないという保証はありません。分析すれば、その有無がはっきりします。

●屋外で飼育しているグリーンイグアナにも、総合ビタミン剤やカルシウム剤が必要ですか？

控えめではありますが、必要です。自然の太陽に当たっているイグアナには、ビタミンD_3はいりませんが、カルシウムは週に3回与えてください。

●給餌間隔はどのぐらいですか？

孵化したばかりの子なら毎日、成体は1日おきに与えます。腐ったり、食べ残した餌は取り除いてください。床材がついた食べ物を食べてしまわないよう、餌を入れる皿は、平らな石の上に置きます。

●グリーンイグアナは昆虫類も食べますか？

野生では食べませんが、養殖幼体の中には昆虫を食べるものもいます。幼体には、ミールワームやコオロギを1日あたり3～5匹以上与えてはいけません。

■飼育の条件■

ビバリウムのサイズ 1部屋または部屋の一部を仕切ったビバリウムに成体のペア1組。気候が適していれば屋外の囲い込みでも可。

床材 湿度を優先させるならローム土かコケ。交換や掃除の便宜を優先させるなら新聞紙かカーペット類。

居住環境 登ったり日光浴ができるように、枝はしっかりと固定する。植物はプラスチック製。生きた植物だと食べたり、壊したりする。いつでも清潔な水が飲めるようにしておくこと。

気温 低温部で29.5～32℃、ホットスポットで38℃、夜間は25℃。光周期：14時間。フルスペクトル（UVB）ライトとレフ球。

湿度 60～75％になるよう水を吹きかける。

ウィンタークーリング 通常の日中気温で、夜間は20℃に下げ、6週間。光周期：10時間。

食餌 草食性。タンパク質5％、野菜類80％、果物と花15％の割合。モヤシ、アルファルファ、新鮮なエンドウ豆や大豆、Romaine、白菜、ケール、エンダイブ、クローバー、蕪の葉、パセリ、グリーンレタス、ウォータークレス、マスタードクレス、ズッキーニ、カボチャ、サヤエンドウ、ブロッコリー、ピーマン、すり下ろしたニンジン、ブドウとハイビスカスの葉、ナスタチューム、タンポポ、食用花、リンゴ、水でもどしたレーズン、やわらかい梨、オレンジ、キーウィー、ラズベリー。バナナと動物性タンパク質は与えないこと。

産卵と孵化 年1、2回、1回につき卵10～60個。孵化期間は、30～32℃で80～100日。

樹上棲のイグアナ

Arboreal Iguanids

イグアナ科
FAMILY: IGUANIDAE (PART)

　イグアナ（イグアナ科）の生息域は、南北アメリカおよびマダガスカル、トンガ、フィジーなどの島々に限られている。イグアナの多くは木の多い土地に適応してきたが、ここで紹介するイグアナは、いずれも隠蔽色を持ち、その生活様式に大いに役立っている。小さなグリーンアノールは数秒で体色を変えることができる。また、これより大きい2種、スベヒタイヘルメットイグアナとグリーンバシリスクは、そのクレスト（たてがみ）と頭飾りや咽喉垂のせいで、ずいぶんと時代がかった姿にみえる。

スベヒタイヘルメットイグアナ
（Helmeted Iguana）

　学名*Corytophanes cristatus*。熱帯雨林に暮らす中型の樹上棲イグアナで、中央アメリカから南アメリカ北部にかけて生息し、全長は最大35cmに達する。英名Helmeted Iguana（ヘルメットをかぶったイグアナの意）は、雌雄ともに首筋にあるクレストに由来している。雄は危険にさらされると、このクレストと咽喉垂を広げて頭を大きく見せることができる。クレストと咽喉垂の縁には、尖った三角形の鱗が鋸状についている。樹上で動きやすいように、体は両側から押しつぶしたような形で、四肢は長く細い。体色は変化し、通常は茶色に濃い色の帯または斑点があるが、赤みがかった茶色になることもある。体色は、気温や光の強さによっても変化する。スベヒタイヘルメットイグアナは市場にかなり出回っているが、真剣に繁殖に取り組む飼育者はほとんどいない。雄はクレストが大きいので識別できるだろう。雄同士は喧嘩するのでいっしょに飼育しないこと。複数で飼育するなら、ペアまたは雄1頭に雌2頭のトリオで飼うと良い。野生での環境は一年中通して安定しているので、繁殖期は時期を選ばず訪れる。卵を持つ雌は土を掘り、卵を産むと胴回りが細くなるので、よく観察すること。産んだ卵はかならず、水とバーミキュライトを1：1の割合で混ぜ合わせた床材を敷いた孵化容器に移す（38〜39ページ「繁殖」および次頁の表参照）。気温は1℃ぐらいの誤差なら許される。孵化子は、成体と同じ環境条件で集団で育てることができるが、成熟してきたら別々に飼育すること。同様の方法で飼育できる種に、低地種のクシトカゲ*Acanthosaura*とモリドラゴン*Gonocephalus*、コグシカロテス*Bronchocela cristatella*、カンムリトカゲ*Laemanctus*がいる。後者2種は、ホットスポットを35℃に調整すること。

↑ 木の葉の色に紛れて昆虫を狙うスベヒタイヘルメットイグアナ*Corytophanes cristatus*。体色は光と気温に応じて変えることができる。

グリーンアノール
(Green Anole)

　学名*Anolis carolinensis*。英名Common Anoleとも呼ばれる。比較的飼育が簡単で、初心者向きといえる。体長20cm、体色は基本的に緑色で、腹部は色が薄い。気分や気温によって、瞬時に色を変えることができるが、色の範囲は限られている。

　アメリカ原産で、アメリカンカメレオンという俗称でもよく知られている。ただし、南北アメリカ大陸にカメレオンは存在せず、本当のカメレオンではない。本種は大量に輸出され、ペットショップでは頻繁に見かける。

　グリーンアノールはほとんど樹上で暮らしているが、人里近くに住み着くことも多い。指先に「吸盤」があるため、垂直のガラス面なども登ることができる。雄は雌よりわずかに大きく、頭部も大きめで、危険を察知したときに広げるピンク色の咽喉垂と、大きな2枚の前肛鱗がある。

↑　グリーンアノール*Anolis carolinensis*は俊敏で、矢のように飛びかかる。高いところから落ちてもけがはしない。十分運動できるように、枝をたくさん入れた広いスペースのビバリウムを用意する。

■飼育の条件■
スベヒタイヘルメットイグアナ、グリーンアノール、グリーンバジリスク

ビバリウムのサイズ　以下の数字はいずれも、ペア1組またはトリオに最低限必要な大きさである。湿気のことをよく考えて腐りにくい素材のビバリウムを用意すること。

スベヒタイヘルメットイグアナ　90×45×75cm。

グリーンアノール　60×38×75cm。

グリーンバシリスク　150×120×120cm。

床材　保湿性のあるもの（鉢植え用土、落ち葉）を使用すること。表面はコケで覆い、汚れたら取り換える。

居住環境　登ったり日光浴したりできる枝があると良い。生きた植物を入れると、ある程度の湿度を維持できる。毎日、かならず水を吹きかけること。バジリスク類には水場が必要。水場はアクアリウム用ヒーターまたは底面のガラスの下にヒーターマットを敷いて保温する。

気温　フルスペクトル（UVB）ライトとレフ球をつける。

グリーンアノール　低温部で22℃、ホットスポットで28℃、夜間は18〜20℃。光周期：12〜14時間。

その他　低温部で25℃、ホットスポットで30℃、夜間は22〜23℃。光周期：12〜14時間。

湿　度　空気がよどまないよう、十分通気性を確保する。

グリーンアノール　65〜70%。

その他　85〜90%。

ウィンタークーリング

グリーンアノール　15〜18℃で8週間。生きた植物がなければ通常の昼光だけで十分。植物があればさらに照明が必要だが、熱の出ないタイプを選ぶこと。

その他　ウィンタークーリング不要。

食　餌　さまざまな種類の栄養剤をまぶした昆虫類。バシリスクの中には甘い果物を食べるものもいる。雌にはカルシウム補給にコウイカの甲を与えること。

産卵と孵化　3種とも卵生。雌は床材に卵を埋め、床材で覆うため、場所を見つけるのがむずかしい。孵化には湿ったバーミキュライトを使う。

スベヒタイヘルメットイグアナ　年2〜3回、1回につき卵1〜10個。孵化期間は、30℃で85日。

グリーンアノール　年間最高6回、1回につき卵2個。孵化期間は、26.5℃で40日。

グリーンバシリスク　年間最高3回、1回につき卵10〜12個。孵化期間は、26.5℃で70〜74日。

樹上棲のイグアナ

　雄はテリトリー意識が強く、よほど大きな飼育場で飼わない限り、雄同士の同居はできない。大型ビバリウムなら内装に凝ることもできるし、運動スペースも確保できる。

　グリーンアノールの繁殖期は4～5カ月にわたるが、妊娠期間はわずか3週間ほどで短い。幼体は個別に飼育したほうが良いが、集団で育てた場合でも、孵化後7～8週で離すこと。幼体は、湿度の高い25℃前後の一定した気温で育てる。

　同じような方法で飼育できる種に、ブラウンアノール*A. sagrei*とナイトアノール*A. equestris*がいる。後者は、大型で高さのあるビバリウムを用意し、低温部で27℃、ホットスポットで30℃、夜間は20℃に下げ、飲み水も別に与える。

グリーンバシリスク
(Plumed Basilisk)

　学名*Basiliscus plumifrons*。中央アメリカに生息する本種の雄には、頭部と背中に見事なクレストがあり、ビバリウムの住人として非常に人気がある。

　大型で活発なグリーンバシリスクは、水辺のすぐ近くで暮らし、泳ぎもうまい。雄は全長60cm以上に達し、雌は少し小さい。輸入個体のほとんどは野生で捕獲された成体で、人に慣れるまでに時間がかかる。ときおり店頭に出る養殖の幼体なら慣れやすいだろう。

　尾は長く鞭のようで、樹上での活動に適した長い爪と強力な後肢を持っている。基本的な体色は雌雄ともに緑だが、脇腹に沿って青みがかった薄い斑点がある場合もある。

　グリーンバシリスクには、泳いだり（水泳の達人だ）、水を飲んだり、体の湿気を維持するための水場が必要になる。水温は25℃に保つ。ビバリウム用のヒーターがあれば必要な水温を維持できるだろうが、アクアリウム用のヒーターを使う場合は、安全対策を怠らないこと（18～19ページ「保温と照明」参照）。

　植物は湿度の安定に役立つが、生きた植物は荒らされるので、装飾の目的ならばプラスチック製の植物が良い。水皿はいらない。バシリスク類は水の中で糞をすることが多いので、水は頻繁に交換すること。雄には立派なクレストがあるので、雌雄の識別は簡単にできる。

　通常交尾は、雄が精力的に頭を振ることから始まり、雌の首を押さえ込む。このとき、よく雌の皮膚に噛み傷が残る。傷はまもなく治るが、抗生物質の軟膏が必要になる。交尾は何度か行われ、およそ30～32日で産卵する。繁殖期は時期を選ばず訪れる。卵生で卵はビバリウムの隅に埋める。いくつか通気用の穴を開けたプラスチック製の透明容器を用意し、湿ったバーミキュライト（水とバーミキュライトを1：1の割合で混ぜたもの。38～39ページ「繁殖」参照）を入れ、卵をこの中に埋める。

　孵化子は少し湿った床材を敷いた60×30×45cm

爬虫類カタログ

↑ 原産地コスタリカの熱帯雨林に暮らす見事なグリーンバシリスクBasiliscus plumifronsの雄。養殖個体は野生のものより色が薄く、クレストも小さくなる。

のビバリウムに移し、フルスペクトル（UVB）ライトとレフ球をつける。中には細い枝を数本とコルクバークの隠れ家、水を入れたボウルを置く。最高温度26.5℃を維持し、夜間は22℃に下げる。

同じような方法で飼育する種に、ノギハラバシリスクB. vittatus、ブラウンバシリスクB. basiliscusがいる。ただし、卵を孵化させるときは、30℃と温度を少し高めにすること。

Q&A

●スベヒタイヘルメットイグアナの脱皮がうまくいかないのですが？

可能性がもっとも高いのは、ビバリウムの湿度が不十分なケースです（これは脱皮するほとんどのトカゲ類に共通していえることです）。水を吹きかける回数を増やすと良いでしょう。足先に脱皮した皮膚が残って、指が取れてしまうことがあります。

●スベヒタイヘルメットイグアナは水場は必要ですか？

いりません。バシリスク類と異なり、水浴はしません。

●グリーンアノールはウィンタークーリングの期間、餌を食べますか？

与えてもかまいませんが、おそらく受けつけないでしょう。食べ残しの昆虫はかならず取り除いてください。低温期にも水は必要で、ボウルの水は飲まないので、毎日、軽く水を吹きかけてください。

●グリーンアノールとブラウンアノールを同居させてもかまいませんか？

体色は異なりますが、体の大きさが同じ程度なので、大型ビバリウムでいっしょに飼育することはできます。この場合、日光浴ができる場所を1カ所以上つくってください。もちろん、喧嘩の可能性はあります。

●グリーンバシリスクは卵から出てくるのに、どのぐらいかかりますか？

数時間以上かかるでしょう。孵化中、邪魔をすると、卵黄をくっつけたまま卵から飛び出してきます。卵黄が吸収され、孵化箱の中を自由に動き回るようになるまで、そっとしておいてください。

●グリーンバシリスクの子は成体に似ていますか？

孵化後3カ月までは、背面が茶色っぽく、特に尾には濃い色の横縞がはいっています。また、クレストはあまり発達していません。

●グリーンバシリスク用の水場は、どのぐらいの大きさが必要ですか？

少なくとも体長と同じ長さで、深さは12.5cm必要ですが、できれば大きめにしておきます。ビバリウムに暮らす個体は、最低限の大きさでは入ろうとしません。

●グリーンバシリスクは水面を走りますか？

指の両側に大きな皮膜があるため、水面に対して垂直に立って走ることができます。しかし、二足動物のような足の運びは、ビバリウムでは見ることができません。というのも、広い場所で捕食者などから逃げるときと違い、長い距離を走らないからです。

●グリーンバシリスクがガラスに吻を擦りつけて痛めてしまいます。やめさせる方法はありますか？

擦りむいた吻から感染するといけないので、正面ガラスの底に沿って、深いバッフルボードを取り付けます。

Desert Iguanids
砂漠棲のイグアナ

イグアナ科
FAMILY: IGUANIDAE (PART)

砂漠や半砂漠に暮らすイグアナは、カナダから南アメリカにかけて生息している。体長や食性は異なるが、いずれも似たような環境条件で暮らしている。飼育に成功する秘訣は、暑い乾燥した環境をつくり、パーセンテージの高いフルスペクトル（UVB）ライトをつけることだ。

クビワトカゲ
(Collared Lizards)

学名Crotaphytus collaris。色合いのとても美しい種で、アメリカ中南部から南西部とメキシコのソノーラ州に生息している。市場で取り引きされる個体のほとんどは、野生で捕獲されたものだ。

雄は全長33～36cmに達し、背面は緑色で、色の濃い一連の横縞があり、全体が明るい色の斑点で覆われている。咽頭は黄橙色で、2本の黒いクビワがある。雌の背面は灰茶色で腹部の色は薄く、色の濃い横縞と大きな白い斑点がある。雄には前肛鱗とよく目立つ大腿孔の列があり、雌の場合、大腿孔はかすかで前肛鱗はない。交尾は低温期のおよそ2週間後に行われる。雌は妊娠すると、両脇腹と首にオレンジ色の模様が現れる。産卵に適した場所が見つからないと、飲み水用のボウルのそばに卵を産む。幼体は成体と同じ環境条件のビバリウムで育てる。

同じ方法で飼育できる種に、別名「Mountain Boomers」とも呼ばれるトウブクビワトカゲC. collaris collaris、モハベクビワトカゲC. bicinctores、ナガハナヒョウトカゲGambelia wislizeniiがいる。

➡ アメリカ南西部に生息するセイブクビワトカゲCrotaphytus collaris baileyiの雄。近縁の亜種トウブクビワトカゲC. collaris collarisよりも色彩が美しい。

Q&A

●クビワトカゲの子に雌と同じような模様があるのはなぜですか？
おそらく雄の成体に攻撃されないようにするためでしょう。

●クビワトカゲはいつもお腹をすかせているようです。これがふつうなのでしょうか？
クビワトカゲは非常に活発で、そのぶん、餌もよく食べます。毎日、欲しがるだけ昆虫を与えてください。食べ残したら、翌日は少し減らします。よく食べるのに体重が減るようなら、寄生虫の可能性があるので検便してもらったほうが良いでしょう。

●クビワトカゲの幼体の餌には、どの程度の大きさの昆虫が適していますか？
幼体でも頭部は大きく、顎が大きく開くので、驚くほど大きな昆虫でも食べることができます。いろいろ与えて、様子をみるしかないでしょう。

●卵を乾燥した場所に産んでしまった場合でも、孵化させてみる価値はありますか？
卵は乾燥するとあっというまに割れてしまいますが、水分をもう一度取り戻す可能性もあるので、湿ったバーミキュライトの上に移してみてください。ただし、かならず孵化するわけではありません。

■飼育の条件■
クビワトカゲ、アオハリトカゲ

ビバリウムのサイズ 最低90×60×60cmにペア1組またはトリオ。

床材 埃のたたない乾燥した砂。厚さ10cm。クビワトカゲは砂を掘り、中に潜り込む習性がある。

居住環境 岩をセメントで接着し、洞穴や這い上がれるテラスをつくる。切り株、流木、葡萄の根vine-root。乾燥を好む植物を鉢植えのまま入れるか、人工植物やドライプラントを使う。通気性を確保し、午前中、岩に軽く水を吹きかける。

気温 低温部で29℃、ホットスポットで38℃、夜間は19～20℃。光周期：14時間。パーセンテージの高いフルスペクトル（UVB）ライトとレフ球。

ウィンタークーリング 10～12℃で8週間。光周期：通常の日照時間または人工照明6時間。注記：アオハリトカゲの雌が妊娠していないことを確かめてから気温を下げること。養殖個体の雌は12月に出産する。

食餌 栄養剤をまぶした昆虫類、コウイカの甲のかけら。

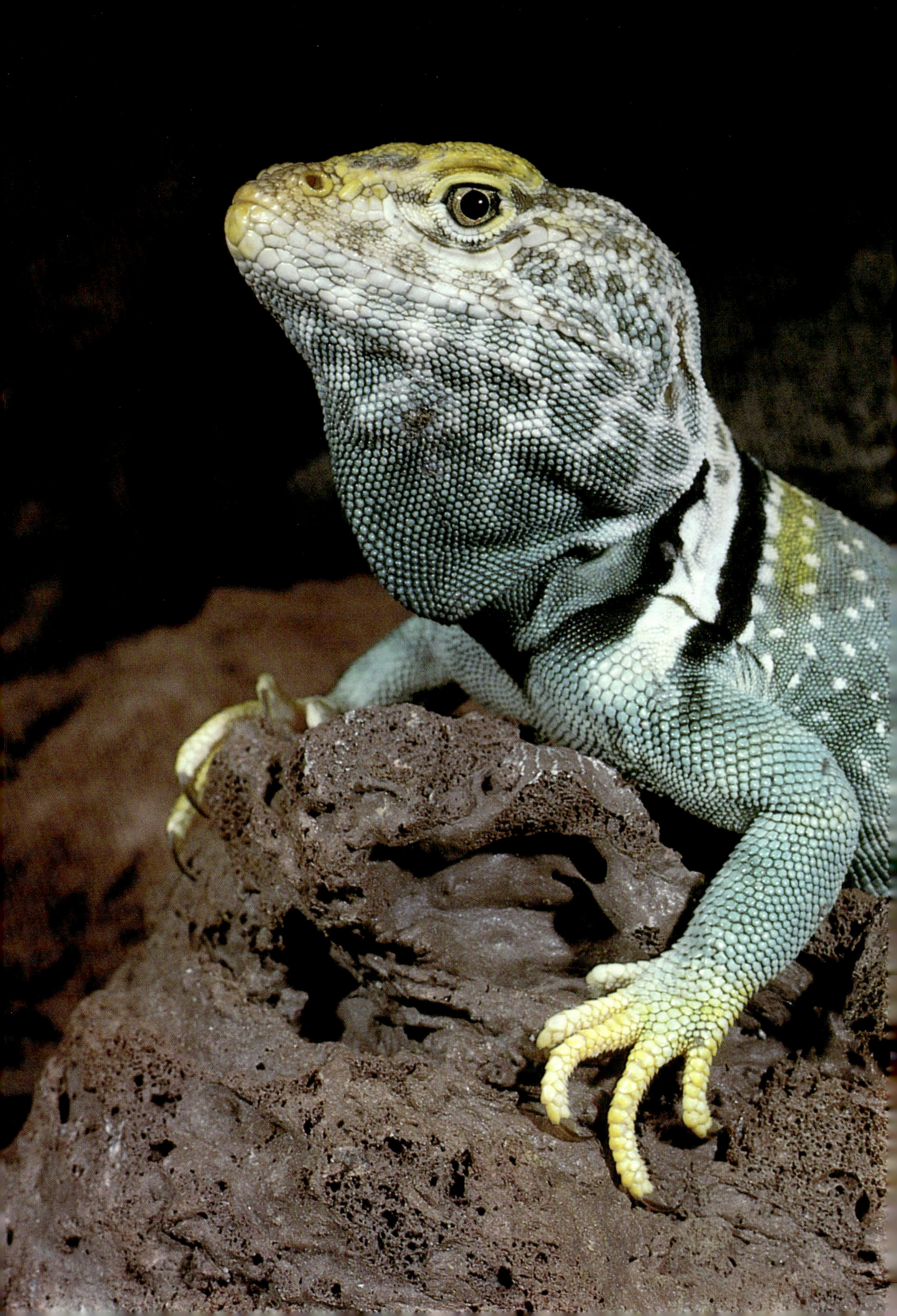

砂漠棲のイグアナ

アオハリトカゲ
(Blue Spiny Lizard)

　学名*Sceloporus cyanogenys*。ハリトカゲ属に数えられる約100種のイグアナは、カナダ南西部からパナマにかけて生息している。

　テキサス州南部からメキシコにかけての乾燥した岩だらけの地域に暮らすアオハリトカゲは、ハリトカゲ属の最大種で、全長36cmにも達する。

　がっしりとした頑丈そうな体は、キールのある棘状の鱗で覆われ、粗くとげとげしい姿をしている。筒型を少し平たく押しつぶしたような体型で、いったん体が暖まると、驚くほど俊敏に動く。

　ハリトカゲ属の中には、かつて「swifts（俊敏の意）lizards」と呼ばれていた種や、fence lizards（かきねのトカゲ）と呼ばれる種もいる。雄は、体色とよく目立つ大腿孔があり、尾の付け根が太いことから簡単に識別できる。

　体も尾も背景色は茶色で、メタリックブルーに近い色に輝き、縁の白いくっきりした濃い色のクビワがある。咽喉は青、両脇腹には黒縁の細長いパッチ模様がある。雌の体色は、ほぼ灰色から茶色と地味だ。

　雄は非常にテリトリー意識が強く、雄同士をいっしょに飼育することはできない。ライバルの雄が攻撃をしかけてくると、青い咽喉垂を広げ、腹部の青

↓　アオハリトカゲ*Sceloporus cyanogenys*の雄。特徴的な外観は、ビバリウムの住人にふさわしい。野生で捕獲された個体は、手でつかむと、逃れようと激しく噛みつき、針のような鱗を飼育者の指に突き立てる。

■繁殖の条件■

クビワトカゲ	卵生。
産　卵	1シーズン1～2回、1回につき卵6～8個。
孵　化	湿ったバーミキュライトの中で、30℃、56～62日。
アオハリトカゲ	胎生。
妊娠期間	3～4カ月。
子　数	6～18頭。
フトアゴヒゲ	卵生。
産　卵	年2回、1回につき卵8～12個。
孵　化	29.5～31℃、66～75日。
サバクツノトカゲ	卵生。
産　卵	年1回、卵6～28個。
孵　化	湿ったバーミキュライトの中で、31℃、60～65日。
サバクイグアナ	卵生。
産　卵	年間1、2回、1回につき卵3～8個。
孵　化	湿ったバーミキュライトの中で、29.5℃、67～75日。

Q&A

●ハリトカゲの幼体が初めての冬を迎えます。ウィンタークーリングを行うべきですか？

　必要ありません。普通に活動し餌を食べる状態にしておきます。

●孵化したてのアオハリトカゲの大きさは、どのくらいですか？

　全長6.4～7cmまでいろいろです。産卵数が多いと、標準より小さくなる傾向があります。

●フトチャクワラの保温に、ロックヒーターは適していますか？

　たいていの昼行性トカゲ類と同様に、フトチャクワラもレフ球など上からの暖房を好みます。ロックヒーターは夜間の温度維持以外は使わないようにします。

●フトチャクワラの子は、餌を受けつけるまでの期間、水が必要ですか？

　子は果物を舐めて水分を補給します。唇に数滴、甘いフルーツジュースか水を落としてみてください。

●フトチャクワラに低温は良くありませんか？

　繁殖期前の低温期を除いて、高い温度を維持してやらなくてはいけません。温度が低いと、餌の代謝や身体機能が阻害されます。

爬虫類カタログ

↑ 岩の上で日光浴中の2頭のフトチャクワラ*Sauromalus obesus*。太陽をこよなく愛するので、43℃という高温が必要。

いパッチ模様を見せる。雄は、頭を上下に振ったり、頭突きなどの求愛行動を示す。

ハリトカゲ属には卵生種もいるが、本種は胎生で、分娩に先だって、子が母親のお腹の中で動いている様子が見える。子は膜に包まれて生まれ、膜を破って外に出るとすぐに活発に動き始める。

幼体は、最高温度31℃に調整した、フルスペクトル（UVB）ライトつきの乾燥したビバリウムで育てる。生後3カ月ぐらいから個別に飼育しなければならない。

特に雄は、雄同士で喧嘩したり、未成熟のまま交尾に至ったりするため、離して育てること。ただ、普通の環境なら、交尾は通常、生後12カ月に達しないと行われない。

同じような方法で飼育できる種に、卵生種のサバクハリトカゲ*S. magister*、イワハリトカゲ*S. poinsetti*、ヤーローハリトカゲ*S. jarrovi*、胎生種のメスキートハリトカゲ*S. grammicus*、マラカイトハリトカゲ*S. malachiticus*、ヨモギハリトカゲ*S. graciosus*、カキネハリトカゲ*S. occidentalis*、ナミハリトカゲ*S. undulatus*がいる。

フトチャクワラ
（Chuckwalla）

学名*Sauromalus obesus*。英名の「チャクワラ（chuckは牛などの首周りの肉を指す）」が示しているように、肉の厚いイグアナで、成体の雌は体長43cmにも達する。体は上から押しつぶしたように平たく、脇腹に沿って皺の寄った皮膚がたるんでいる。体色は茶色で、通常は明るい黄色の尾がある。体の後ろ半分に赤い斑点があるものもいる。野生のフトチャクワラは、アメリカ南西部からメキシコにかけて、乾燥した岩の多い地域に生息し、飼育する際も完全に乾燥したビバリウム、つまり通気性に優れ、生きた植物を入れないビバリウムで飼育し、水を吹きかけたりしないこと。昼行性だが、夏になると、もっとも暑い時間帯は隠れ家ですごし、夜に餌を食べる。何かに攻撃されると、一目散に岩の割れ目に入り込み、捕まらないように体を平たくしてへばりつく。体全体が隠れる隠れ家を用意すること。

砂漠棲のイグアナ

■飼育の条件■
フトチャクワラ、サバクツノトカゲ、サバクイグアナ

ビバリウムのサイズ

フトチャクワラ　122×45×45cmに成体のペア1組。

その他　最低75×38×38cmにペア1組かトリオ。

床　材　乾燥した埃のたたない砂。サバクツノトカゲは厚さ10cm、そのほかは5cm。

居住環境　非常に乾燥した状態。側面パネルの75%あるいは蓋全体に通気パネルを使う。隠れ家用のコルクバークまたは半円型の陶製パイプ（キタチャクワラ）。登ったり日光浴をするための岩や切り株を置くこと。

気　温　低温部では30℃、ホットスポットでは43℃、夜間は21〜24℃にする。光周期：14時間。パーセンテージの高いフルスペクトル（UVB）ライトとレフ球をつける。

ウィンタークーリング

サバクツノトカゲ　12〜14℃で8週間。光周期：通常の昼光時間または人工照明で6時間。

その他　25℃で8週間。光周期：6〜8時間。

食　餌　餌は浅いボウルに入れる。餌に床材がくっつかないよう、ボウルは平らな石の上に置くこと。

フトチャクワラ　草食動物向きのさまざまな種類の餌にビタミン剤やカルシウム剤を混ぜたもの（29〜30ページ、「餌と給餌」参照）。特にタンポポなどの食用花を好む。

サバクツノトカゲ　栄養剤をまぶした昆虫類、たまにハチミツガの幼虫と成虫、小さなコオロギを与える。

サバクイグアナ　キタチャクワラと同じ。栄養剤をまぶした昆虫類。

飼育条件が良ければ、25年生きる可能性もある。

　成熟した雄には、よく発達した大腿孔と、雌よりがっしりした太く短い尾があり、咽喉垂も重そうに垂れ下がっている場合が多い。テリトリー意識が強いので、ビバリウムのような限られたスペースでの同居は避ける。交尾は4月頃行われるが、一年おきにしか産卵しない雌もいる。妊娠期間は約50日。湿度が上がるといけないので、産卵場所となる湿った床材を入れた箱はできるだけ産卵直前に置く。孵化子は当初は餌を食べず、卵黄を吸収して栄養を補給するが、遅かれ早かれ食べ始めるので、最初から餌を与えておく。幼体は集団で飼育できるが、成長の遅いものは、別の容器で育てること。

↑ サバクツノトカゲ *Phrynosoma platyrhinos* は、ツノのせいで一風変わった生き物に見える。非常に小さいが、よほど経験を積んだ飼育者でないとむずかしい。

サバクツノトカゲ
（Desert Horned Lizard）

　学名 *Phrynosoma platyrhinos*。別名Horned Toad Lizards（ツノのあるガマ蛙トカゲの意）とも呼ばれる。北アメリカ種の中ではもっとも分布域が広く、オレゴン州南東部からカリフォルニア州東部、アリゾナ州西部、メキシコにかけての、乾燥した砂地または岩の多い低木地に生息している。ずんぐりしてとげとげしい外観とは裏腹に、性格はおとなしい。全長は雄でも13cmと、大きくはならない。灰色の地に濃い色のシミのような波模様があり、気温や床材の色によって、微妙に体色を変えることができる。ツノトカゲ属の仲間は、長年ペット市場に出回っているが、飼育環境では長生きできない傾向がある。これは、主食がアリという食性に因している（ただし、ほかの昆虫でも受けつける）。アメリカの一部の地域では、ある種のツノトカゲ属の収集、販売、飼育が禁じられているので、購入に先立って規則を調べておくこと。サバクツノトカゲは頻繁にヨーロッパに輸入されているが、法的に問題がなくても、初心者向きの種とはいえない。雄は尾の付け根が太く、裏側に2つのふくらみがはっきりと見える。

繁殖に関する報告はほとんどない。幼体の飼育もむずかしく、成体よりやや湿気の高い環境が必要になる。ツノトカゲ属には胎生種もいるが、サバクツノトカゲは卵生で、4月か5月に交尾が行われ、6月か7月に産卵する。孵化に失敗した場合、ウィンタークーリングが不十分、あるいは孵化用床材のバーミキュライトと水の割合が間違っているなどの原因が考えられる。

サバクイグアナ
（Desert Iguana）

　学名Dipsosaurus dorsalis。ペット市場に大量に出回っているが、飼育がむずかしいという定評がある。市場に出る個体のほとんどは野生で捕獲されたもので、捕獲から販売されるまで、粗悪な環境条件で飼育される場合が多い（6〜8ページ「飼育を始める前に」参照）。店頭では、動きが鈍く、やせ衰え、腹部がへこんだ個体をよく見かけるが、いずれも温度と餌が不適切なことを物語っている。サバクイグアナは比較的小型で、体長は25〜38cmと個体によって異なる。背景色は明るい灰色から茶色で、斑点のついた色の濃い不規則な帯があり、網目模様のように見える。体色は、日を浴びて体温が上がると明るい色に変わる。背骨に沿って、キールのある鱗がかすかにクレスト状に並んでいる。アメリカ南西部とメキシコの、ハマビシ科の常緑低木の生えた乾燥した砂漠や、亜熱帯の低木地、基本的に砂の多い地帯に生息している。最近の研究で、サバクイグアナには紫外線が見えることが判明した。このため、餌に適した植物、特に花などを見つけたり、岩についた大腿孔からの分泌物を見る（交尾に役立つ）ことができる。この研究結果は、他種のトカゲにも同様の能力がある可能性を示している。

　飼育環境での繁殖は非常に珍しい。雄は尾の付け根の裏側にふくらみがある。野生では、4月から5月にかけて繁殖期が訪れ、雌雄ともに腹部に沿ってピンク色に発色する。産卵場所はフトアゴヒゲトカゲと同じように用意し、孵化子は低温部で27℃、ホットスポットで40℃に調整したビバリウムで、集団で飼育する。

Q&A

●サバクツノトカゲはほかの種といっしょに飼育できますか？
できます。相性が良いのは、ヒメミミナシトカゲ*Holbrookia maculata*やワキモンユタ*Uta stansburiana*などの小型種です。大型種といっしょにすると食べられてしまうので注意しましょう。

●サバクツノトカゲは眼から血を噴射することができますか？
これは捕食者の攻撃を阻止する手段で、野生では確認されていますが、ビバリウムの中では起きないようです。また、危険が迫ると、まったく身動きせずにかたくなって、死んだふりをすることもあります。

●サバクイグアナはどうして自分の糞を食べるのですか？
植物性の餌は、1回消化管を通過しただけでは完全に養分を吸収することができません。そこで、糞を食べることによって、十分な栄養素を摂取しようとします。餌の少ない砂漠では、餌の節約にもなるのです。

↓　サバクイグアナ*Dipsosaurus dorsalis*。色は地味だが、長く厚みのある見事な尾を持っている。尾は見た目より傷つきやすく、簡単にとれてしまう。

Wall Lizards and other Lacertids
カナヘビ

カナヘビ科　FAMILY: LACERTIDAE

ヨーロッパ、アジア、アフリカには、約180種のカナヘビの仲間が生息する。ヨーロッパでは、ヨーロッパを代表する爬虫類として、カナヘビの多くが保護対象となっている。ホウセキカナヘビや同じくキメカナヘビ属*Lacerta*属のミドリカナヘビ類など中型から大型のものもいるが、カベカナヘビ類（*Podarcis*属）やキメカナヘビ属のほかのメンバーを含めて、小型のものが大半を占める。いずれの種も非常に活動的で、木登り運動が十分できる広いスペースが必要になる。カナヘビ科には一部胎生種もいるが、ここでは卵生種だけを取りあげる。

ホウセキカナヘビ
(Eyed Lizard)

学名*Lacerta lepida*。南ヨーロッパに生息し、ヨーロッパ地域最大種で、平均全長60cmに達する。岩や砂の多い地域や平地の低木地、耕作地、川べりの土手など、海抜0mからピレネー山地やアルプス山脈の1100m付近まで、生息域は多様。基本的に地表棲だが、木登りもうまく、鳥の巣を襲うことで知られている。飼育環境では20年生きた例があり、これがカナヘビ類の長寿記録になるだろう。背面は青色から緑色か灰色で、一面、黒い斑点で覆われている。ほとんどの個体には、脇腹に沿って特徴的な青い斑（眼斑状または「眼」）があり、これが英名Eyed Lizard（眼がついているトカゲの意）の由来でもある。体色は生息域によって異なるが、普及しているのは養殖個体である。成熟すると、雌雄が簡単に識別できる。雄は雌よりも大きく、色も鮮やかで、頭部が大きく、大腿孔が目立ち、ヘミペニスのふくらみがある。雌は小柄で、体が平べったい。雄同士の協調性はない。冬眠期には雌雄を離し、春の交尾期に再び同居させると良い。

孵化子は灰緑色で、黒い縁取りのある明るい色の眼斑模様、尾は赤みがかっている。兄弟同士で喧嘩するようなら、別々に飼育する。孵化後3年で性成熟する。オオミドリカナヘビ*L. trilineata*、ミドリカナヘビ*L. viridis*、シュライバーカナヘビ*L. schreiberi*、カスピミドリカナヘビ*L. strigata*など、ヨーロッパ産の「ミドリカナヘビ」も、同じ方法で飼育できる。

タウリカナヘビ
(Balkan Lizard)

学名*Podarcis taurica*。ヨーロッパ南東部に生息し、カナヘビ科の中ではもっとも丈夫な種のひとつ。ペットショップで入手できる。全長は最大で約16cmになる。ほかの小型のカナ

← ホウセキカナヘビ*Lacerta lepida*は、ヨーロッパに生息する最大のカナヘビ類。その大きさと美しい色で人気が高い。

爬虫類カタログ

Q&A

●店頭のビバリウムで、カナヘビの雄同士が喧嘩もせずに同居しているのはなぜですか？

販売業者のビバリウムは収容数が多いのが一般的で、雄は混み合った環境ではテリトリーを確保することができません。このため、ヒエラルキーもできにくく、喧嘩もあまり起こらないわけです。しかし、収容過剰はそれだけで個体にストレスがかかるので、いずれかならず激しい喧嘩が始まるはずです。

●ホウセキカナヘビは手で触っても大丈夫ですか？

かまいませんが、注意してください。成体は特に噛みつく力が強く、扱いに慣れていないとけがをします。孵化直後の子なら、定期的に触れば慣れてきます。

●ホウセキカナヘビと他種のカナヘビを同居させることはできますか？

できません。体の小さなトカゲは食べられてしまいます。また、自分の子でさえ食べる可能性があります。

●尾のとれたタウリカナヘビを飼っても大丈夫ですか？

尾がとれていても、健康状態に大きな影響を与えることはありません。また、カナヘビ類はどれも驚異的な再生力をもっています。しかし、再生された尾は、かならず前より短くなります。

↑ タウリカナヘビ *Podarics taurica* は昼行性。太陽の当たる面積をなるべく広くするために、体を平たく伸ばし、長時間、日光浴に没頭する。

●雌のタウリカナヘビが前肢を「振り動かし」ます。テリトリー行動でしょうか？

違います。雌がテリトリー行動をとることはまずないでしょう。この行動は、カナヘビ類の雌が雄の求愛に応えるときによくみられます。交尾を快く承諾したことを示しているわけです。

■飼育の条件■
ホウセキカナヘビ、タウリカナヘビ、ヘリユビカナヘビ

ビバリウムのサイズ

ホウセキカナヘビ 最低130×60×60cmに成体のペア1組。

その他 最低75×30×45cmにペア1組または雄1頭、雌2頭のトリオ。

床材

ホウセキカナヘビ 厚さ5cmの乾燥した砂。

タウリカナヘビ 厚さ5cmの砂。湿った部分と乾燥した部分に分ける（14～17ページ「住み処」参照）。

ヘリユビカナヘビ 厚さ10cmの粗い乾いた砂。ただし、一部は地中が湿った状態にする。

居住環境 半砂漠型。登ったり、日光浴や隠れ家用に、岩、丸太、枝、切り株を置く。邪魔にならない場所に植物を鉢ごとしっかり埋め込む。Fringe-toed Lizardsには人工植物のほうが良い。通気性を確保し、毎日水を吹きかける。小さな水皿を置く。

気温 フルスペクトル（UVB）ライト。

ホウセキカナヘビ 低温部で25.5℃、ホットスポットで38℃、夜間は17℃。光周期：14時間。レフ球をつける。

タウリカナヘビ 低温部で26℃、ホットスポットで31℃、夜間は12～13℃。光周期：14時間。

ヘリユビカナヘビ 低温部で25℃、ホットスポットで35℃、夜間は15～20℃。光周期：14時間。レフ球をつける。

ウィンタークーリング 3種とも通常の昼光時間。

ホウセキカナヘビ 8～10℃で8週間。

タウリカナヘビ 5～10℃で8～12週間。

ヘリユビカナヘビ 13℃で4～8週間。

食餌 栄養剤をまぶした昆虫類と無脊椎動物、甘い果物。コウイカの甲の小片。

産卵と孵化 3種とも湿ったバーミキュライトを使う。

ホウセキカナヘビ 年1、2回、総卵数は最高23個。孵化期間は、25～28℃で70～90日。

タウリカナヘビ 年2回、1回につき卵4～6個。孵化期間は、27～29℃で35～45日。

ヘリユビカナヘビ 年2回、1回につき卵4個。孵化期間は、27～29℃で45～50日。

カナヘビ

ヘビ類と同様に動きが俊敏で、長く細い尾は簡単に自切する。体色は地域差があるが、基本的には茶色系で、明るい色の縞と濃い色の模様がある。緑色の混じり具合にも個体差がみられるが、背中の前半分に集中している場合が多い。比較的乾燥した環境が必要だが、床材は乾燥部分と少し湿った部分に分けるとよい（14～15ページ「住み処」参照）。通気性が良ければ、生きた植物を入れても良い。が、湿らないよう気をつける。霜さえ降りなければ屋外飼育も可能。雄はよく発達した大腿孔と大きな頭を持ち、尾の付け根が太く、通例、雌より体色が緑がかっている。雌は雄より体が平たく、濃い模様の数が少ない場合が多い。雄同士は喧嘩をするので、別々に飼育すること。子は複数飼育が可能だが、フルスペクトル（UVB）ライトつきの隠れ家のたくさんある小さなビバリウムで、成体より若干低い温度で育てる。ただし、成長の遅いものは個別に育てること。

ヘリユビカナヘビ
(Fringe-toed Lizards)

学名*Acanthodactylus*。英名Fringe-toed Lizardsは、指（toe）に縁飾り（fringe）のような尖った鱗を持つことからつけられた。これは生息域に特有の、足をとられがちな砂地を動くときに役立つ。ヘリユビカナヘビ属18種のうち12種は、北アフリカからインド北西部にかけて生息し、なかでもイベリアヘリユビカナヘビ*Acanthodactylus erythrurus* 1種は、スペイン南部にみられる。市場に出回っているもののほとんどは、北アフリカ原産のボスカヘリユビカナヘビ*A. boskianus*と思われる。飼育環境は乾燥型だが、必要に応じて潜れるように、涼しい場所に一部湿った床材を用意する。ビバリウムの涼しい場所に湿った砂を入れた箱を埋め込む、あるいは仕切板を使って床材を2種類に分けるといった対策が必要になる（14～15ページ「住み処」参照）。ヘリユビカナヘビ属のカナヘビは、全長15～20cmと小型で、長い距離を走るときは尾を上向きにカーブさせて走る。雄は頭部が大きく、尾の付け根が太い。また、大腿孔がよく目立つ。雌は尾の裏側が赤みがかっている。雄同士は相性が悪いので、ペアまたは雌2頭と同居させること。求愛行動は、一般的なカナヘビ類にみられるパターンで、まず雄が雌の首のあたりをつかみ、一方のヘミペニスを挿入しやすい

Q&A

●産卵したかどうか、知る手がかりはありますか？
卵を持っているかどうか、見た目ではわからない場合もあります。雌が長い時間をかけて床材を引っ掻いていたり、新しい土盛りができていたら、産卵したと考えてください。

●ヘリユビカナヘビは、ケージの調度品を壊す可能性がありますか？
多くの小型カナヘビ類と同様、ヘリユビカナヘビも床材を引っ掻きますが、たいした被害にはなりません。

●なぜヘリユビカナヘビの子の体色は成体と異なるのですか？
子の尾が赤い理由として、隠れる場所のない広いところで、尾をゆっくりと振ることにより、捕食者の眼を無防備な頭ではなく尾に引きつけるのです。子の体色は、成体の攻撃を阻止する役目も果たしています。

●クサカナヘビにはどんな植物が適していますか？
ビバリウムの大きさにもよりますが、オリヅルラン*Chlorophytum* spp.やベンジャミン*Ficus benjamina*、サボテン類などが良いでしょう（22～24ページ「ビバリウムをつくる」参照）。

●クサカナヘビは自切しますか？
ほかのカナヘビ類と同様、クサカナヘビ属の仲間も、手荒く扱うと尾を自切します。

■飼育の条件■
クサカナヘビ

ビバリウムのサイズ 最低60×30×38cmにペア1組。登るのが好きな種には、より高さのあるビバリウムが必要。

床 材 保湿性のある素材。濡れた状態ではなく、少し湿った状態を維持する。朝までにほとんど乾く程度。小さな水皿を置き、毎日水を吹きかける。

居住環境 ビバリウムの奥に、登るための岩やコルクバークを置く。生きた植物、葉のついた小枝の束など。

気 温 低温部で26℃、ホットスポットで30℃、夜間は最低20℃。光周期：12～14時間。フルスペクトル（UVB）ライトとレフ球。

ウィンタークーリング 16℃で4～6週間。光周期：6時間。

食 餌 栄養剤をまぶした昆虫類。

産卵と孵化 年3回、1回につき卵最高3個。湿ったバーミキュライトの中で、24～25℃、夜間は21℃に下げ、50～62日間で孵化する。

位置に押さえ込む。雌は前肢を「振り動かして」雄に受け入れ体制が整ったことを伝える。孵化子は、レフ球とフルスペクトルライトをつけ、最高気温27℃に調整した、隠れ家のたくさんある砂地のビバリウムで育てる。成体と同じように、体を冷やすために少し湿った床材も用意すること。子は黒地に明るい色の縞模様があり、尾と四肢は鮮やかな赤色をしている。北アフリカに生息するスナバシリ*Psammodromus*属、ラタストカナヘビ*Latastia*属、ザラカナヘビ*Adolphus*属（旧*Algyroides*属）のカナヘビ類も同様の方法で飼育できる。これらのカナヘビは現在でも輸出されており、Egyptian sand lizardsやwall lizardsなどのインボイスネームで呼ばれることが多い。

クサカナヘビ
(**Long-tailes Lizards**)

学名*Takydromus*。クサカナヘビ属の仲間は、日本からインドネシアにかけてのアジアに生息し、長年、業者のリストにはスキンクとされていた。12種ほどがいるが、分類学上の決着はついていない。全長は約36cm。英名Long-tailed Lizards（尾の長いトカゲの意）が示すように、尾が非常に長く、その割合は種によって異なるが、頭胴長のおよそ2～5倍に達する。体は細く、キールのある鱗で覆われ、この鱗が背中に沿った縦畝状の模様をつくりだしている。脇腹の鱗にもキールがあり、大腿孔は5個以下しかない。ほとんどの種は、体色が茶からオリーブ色で、背中に明るい色の縞が入っている。地表棲種と樹上棲種がいて、湿度の高い森林や岩の多い場所を好む。もっとも尾の長い種は草地で見つかることが多い。輸入個体のほとんどは、最南端種ミナミカナヘビ*T. sexlineatus*と思われるが、正確に同定するのはむずかしい。

クサカナヘビ類は行動を観察すると面白い。とても身軽によじ登り、動きが俊敏で、まるで葉や枝の間を「泳いで」いるように見える。コルクバークにも簡単に登っていくので、かなり高さのあるビバリウムが必要になる。また、近縁の半砂漠棲のキメカナヘビ属や*Podarcis*属の仲間に比べると、湿度の高い環境が必要で、ビバリウムは濡れない程度に、少し湿った状態にしておく。成熟した雄には、尾の付け根のヘミペニスのふくらみがはっきりと現れる。雄同士は同居させないほうが良い。孵化子は、成体と同じ照明設備を備えた、少し湿ったビバリウムで集団で育てる。

← クサカナヘビ属*Takydromus*は登ることにかけては右にでるものがいない。草の上を移動するときなど、尾が体重を分散する役目を果たしている。

Skinks
スキンク

スキンク科　FAMILY: SCINCIDAE

↑ アオジタトカゲ*Tiliqua*という名前は、危険を察知したときに舌を見せて防御する習性に由来しているが、飼育環境ではほとんどみられない。

　スキンク科は800種を超え、主に熱帯域や温暖な温帯域に生息している。成体の全長は、10cmから75cm。円筒形の体となめらかで艶のある鱗が特徴。

アオジタトカゲ
（Blue and Pink-tongued Skinks）

　学名*Tiliqua*。この英名の種と亜種は9〜10種類あり、いずれもオーストラリア、ニューギニア、モルッカ諸島、インドネシアの一部に生息している。オーストラリアは輸出を禁じているが、養殖幼体は広く出回っており、オオアオジタ*T. gigas*はほかの生息域から輸入されることもある。危険になるとシューという音を出し、舌を見せるが、噛みつかない。ヒガシアオジタ*T. s. scincoides*とキタアオジタ*T. s. intermedia*は慣れやすく、オオアオジタは攻撃的。

　アオジタトカゲはどっしりした体と、比較的短い尾と四肢を持つ。体色はほとんどが茶色、青、灰色で、色の濃い模様と濃いオレンジの斑紋がある。雑食性でカタツムリを好む。成体は太る傾向があるので、餌は与えすぎないこと。選べるように大型のコオロギとイナゴを与える。アオジタトカゲは10年は生き、20年を超えることもある。ヒガシアオジタとキタアオジタの全長は45〜55cm、オオアオジタはこれより短く恰幅がいい。雄は雌より胴（前肢と後肢の間）が長く、尾の付け根がわずかに太い。繁殖期の雄には、尾の付け根の両脇にかろうじてわかる程度のふくらみが現れる。頭の大きさと重そうな咽

爬虫類カタログ

■飼育の条件■
アオジタトカゲ、モモジタトカゲ、オマキトカゲ、イツスジトカゲ

ビバリウムのサイズ

アオジタトカゲとイツスジトカゲ 最低92×45×45cmに1頭。

モモジタトカゲ 最低60×60×90cmにペア1組またはトリオ。集団colonyで飼育する場合は、より大きなビバリウムが必要。

オマキトカゲ 最低122×60×122cmに1頭。

床材

アオジタトカゲ 爪が研げるように、角のとれた石灰岩の砂利、または新聞紙。

モモジタトカゲとイツスジトカゲ 表面をコケで覆った保湿性のあるローム土または落ち葉。

オマキトカゲ 新聞紙などの吸湿性があり、簡単に交換できる素材。

居住環境　水を入れた小さなボウルを置く。

アオジタトカゲ 隠れ家用の木箱または半円形の陶製パイプ。丸太やプラスチック製の植物。

モモジタトカゲとイツスジトカゲ 枝、生きた植物。床材の上にコルクバークの隠れ家を置く。

オマキトカゲ 枝の高さの異なる場所に隠れ家をつくる。床にも中が空洞のコルクバーク材を置くのが理想的。プラスチック製の植物。

温度　フルスペクトル（UVB）ライトとレフ球。アオジタにはワット数の低いヒーターマット、モモジタトカゲの妊娠中の雌には枝の真上にUVBライトを設置する。

オマキトカゲ 低温部で26℃、ホットスポットで32℃、夜間は24℃。光周期：12時間。

イツスジトカゲ 低温部で22℃、ホットスポットで31℃、夜間は18℃。光周期：12時間。

その他 低温部で25.5℃、ホットスポットで32℃、夜間は15～21℃。光周期：13～14時間。

湿度　毎日軽く水を吹きかける。

アオジタトカゲ 30～40％。

モモジタトカゲ 65％。

オマキトカゲ 75％。

イツスジトカゲ 55～60％。

ウィンタークーリング

アオジタトカゲ オオアオジタ：低温部で21℃、ホットスポットで27℃、夜間12℃で8～12週間。光周期：8時間。ヒガシアオジタとキタアオジタ：暗くして、8～10℃で8～12週間（11月から2月）冬眠させる。

モモジタトカゲ 低温部で15℃、ホットスポットで22℃、夜間は10Cで5週間。光周期：8時間。

オマキトカゲ 低温部で24.5℃、ホットスポットで29℃、夜間は20℃で5週間。光周期：10～11時間。

イツスジトカゲ 12℃で8週間。光周期：6時間または暗くして冬眠させる。

食餌

アオジタトカゲ 雑食性。繊維の多い餌を与えるのが良い。タンパク質25％、野菜類と果物類75％の割合にする。ラットやピンクマウス、生肉、キャットフードやドッグフード、ほどよい堅さのゆで卵。餌には栄養剤をまぶすこと。

モモジタトカゲ 軟体動物専門。主にカタツムリ。個体によっては、低脂肪のキャットフードやドッグフード、肉食トカゲ類用のインスタント餌を受けつけるようになる場合もある。

オマキトカゲ 草食性（29～30ページ「餌と給餌」、82～83ページ「グリーンイグアナ」参照）。

イツスジトカゲ 栄養剤をまぶした昆虫類と無脊椎動物、果物、野菜類。ピンクマウスは2週間ごとに1回与える。肉食トカゲ用餌も試してみると良い。コウイカの甲の小片。

喉を除けば、成熟した雌にも太りすぎた雄にも見える。子の性別は、孵化した時点で胴の長さを測れば判断できる。

　冬眠またはウィンタークーリングのあと、雌を雄のビバリウムに同居させる。交尾は夜間に行われることが多く、雄は雌の首をつかんで体を引っ掻く。雌は受け入れ態勢が整うと尾を上げ、交尾に応じる。交尾は雌が拒否しない限り、何度でも繰り返される。応じない場合は、雄を攻撃することもある。受け入れないようなら、元のビバリウムに戻し、2日後に再度試してみる。噛み傷はすぐに治る。アオジタトカゲは胎生で、妊娠期間は種々の条件によって異なる。妊娠した雌は、フルスペクトル（UVB）ライトに照らされたホットスポットで日光浴する。餌は

スキンク

出産の1週間前まで普段通り与える。出産の24～48時間前になると、雌は後肢を広げる、あるいは床から上げる。子は膜に包まれて生まれ、膜を破って出てくる。雌には未発達の卵（ゆがんだ黄色い塊）を食べる傾向がある。子は別のビバリウムに移すこと。生まれた第1日目から餌を食べ始める。ほかの子をいじめるようなら、離して別の飼育器で育てる。最初の1カ月は毎日餌をやり、その後5カ月間、2日に1回の割合で餌を与える。餌はタンパク質50％、野菜と果物類50％の比率で与えること。ニューサウスウェールズからケープ半島にかけて生息するやや小型の種、モモジタトカゲ T. gerrardii とは近縁関係にある。モモジタトカゲは雄1頭に雌複数という集団で飼育することができる。

オマキトカゲ
（Monkey-tailed Skink）

学名 Corucia zebrata。別名 Zebra Skink（ゼブラトカゲの意）、Prehensile-tailed Skink（尾を巻きつけられるトカゲの意）とも呼ばれ、ソロモン群島とパプアニューギニアに生息している。大型の樹上棲種で、強力な爪とよく発達した四肢を持ち、体の半分を占める尾を含めて体長75cmに達する。大多数は野生で捕獲されたもので、養殖で繁殖した例は少ない。体色は主に明るいオリーブ色から緑灰色で、背中と脇腹に色の濃い斑入りの模様があり、縞

Q&A

●アオジタトカゲは複数で飼育することができますか？
なかには複数の成体を同居させている飼い主もいることはいますが、同居人同士が喧嘩になると、ひどいけがをする可能性があります。また、繁殖もむずかしくなると思われます。ぜひ、単独で飼育することをおすすめします。

●アオジタトカゲはどの程度の間隔で繁殖しますか？
成熟後2、3年のあいだは毎年繁殖しますが、それ以降は2年に1回の割合になります。オマキトカゲも同様です。

●オマキトカゲはどの程度慣れますか？
個体差があり、おとなしいのもいれば、短期間攻撃的な時期を経て慣れるものもいます。また、少数ながら、攻撃的なままで慣れない場合もあります。幼体は始めのうちは敵対しますが、何度も手で扱っているうちに慣れてきます。ただし、とてもおとなしい個体でも、人間と同じで「むしのいどころの悪い日」があり、手ひどく噛みつかれる可能性もあるので注意しましょう。

●イツスジトカゲの卵は人工的に孵化できますか？
できません。母親といっしょにしておくべきです。この種は人工孵化には向かないようです。シュナイダートカゲも同様です。

↓ オマキトカゲ Corucia zebrata は、枝に長い尾を巻きつけて体を支える。樹上棲種としてはかなり大型なので、体重を支えられるだけの頑丈な枝を用意しなければならない。

のようにも見える。腹面は背中より色が薄いか、あるいは黄緑色をしている。生息域による色の変異はよくみられる。オマキトカゲは、枝や隠れ家をたくさん入れたビバリウムで、グループで飼育できる。装飾用の植物を入れても良いが、食べられることもある。植物は毒性をチェックすること。通気性の良いビバリウムが必要になる。湿度が低すぎると、脱皮がうまくいかず、残った皮膚が原因で指がとれてしまうこともあるので、指先を点検すること。オマキトカゲの性別は識別しにくい。一部の雄は頭部が大きく、ヘミペニスのふくらみがわずかにあるが、すべての雄にあるわけではない。セックスプローブは面倒な作業で、うまくいくとは限らない。麻酔をして、ヘミペニスを外転させて調べる人もいるが、これには獣医師やベテラン飼育者の指導が必要。

低温期の終わり頃に大量の水を吹きかけると、繁殖を促すきっかけになる。成体は雌雄別々に飼育し、繁殖期に雌を雄の住み処に移す。交尾は幾分暴力的で、雄が雌に、何度か脱皮しないと消えないほどの噛み傷を残すこともある。幼体には、1度脱皮するまで（通常は誕生から8〜11日後）餌は与えない。母親は長くて1ヵ月は子を守るが、子が親離れをしたら、成体と同じ環境条件のビバリウムに移す。

イツスジトカゲ
(Five-lined Skink)

学名*Eumeces fasciatus*。アメリカ東部に生息し、英名Five-lined Skink（5本縞のトカゲ）は、幼体にみられる縞模様に由来する。体色は茶系一色で、尾の裏側の中央部に大きな鱗が並んでいる。成体の体長は最大約20cm。イツスジトカゲは飼育しやすく、気候さえ適していれば屋外飼育できる。ペットショップでよく見かけるが、自分の手で捕獲したがる人もいる。その場合は、野生の爬虫類を自宅に連れ帰る前に、かならず州法や地域法を参照すること（4〜5ページ「飼育を始める前に」参照）。スジトカゲ属を見分けるには、フィールドガイドが役に立つ。縞があるトカゲはほかにもいるので、他種と混同しないこと。雄は春になると、下顎に赤い色が現れる。雌は1シーズンに2回産卵する。雄同士はいっしょにせず、子からも離して飼育すること。同じような種に、マガイスジトカゲ*E. inexpectatus*とヒロズトカゲ*E. laticeps*がいる。

■繁殖の条件■

アオジタトカゲ	胎生。
妊娠期間	3〜6.5ヵ月。
子　数	4〜12頭。
モモジタトカゲ	胎生。
妊娠期間	2〜4.5ヵ月。
子　数	12〜25頭。
オマキトカゲ	胎生。
妊娠期間	6〜7ヵ月。
子　数	1〜2頭。
イツスジトカゲ	卵生。
産　卵	年2回、1回につき卵6〜9個。
孵　化	母親が抱卵し、60〜90日間。
シュナイダートカゲ	卵生。
産　卵	年間2、3回、1回につき卵1〜2個。
孵　化	母親が抱卵し、60〜90日間。
カラカネトカゲ	胎生。
妊娠期間	約3ヵ月。
子　数	年間2回、1回につき2〜20頭。

↑ イツスジトカゲ*Eumeces fasciatus*の幼体には、特有の青い尾がある。野生では、この尾が雄の成体の攻撃意欲をそぐ役割を果たしているようだ。色は、12ヵ月ほどたって、成熟した時点で失われる。

スキンク

↑ シュナイダートカゲ*Eumeces schneideri*は簡単に入手できるが、飼育環境での繁殖はまだむずかしい。ビバリウムで母親が孵化に成功した例はほとんどない。

シュナイダートカゲ
（Berber Skink）

　学名*Eumeces schneideri*。北アフリカと中央アジアに生息する。大きなスジトカゲ属*Eumeces*に属し、北アメリカに生息するほとんどのスキンクがここに含まれている。バーバースキンクは、暑く乾燥した砂の多い地域に適応してきた典型的なスキンクで、重そうながっしりした体、非常に艶のある鱗、比較的小さな四肢を持つ。美しい灰茶色の地に鮮やかなオレンジ色の斑点や斑模様があるものが一般的だが、個体によって色合いはかなり異なる。耳孔は鱗でできた櫛状の皮膜でまもられている。色合いを別にすると、*E. schneideri*と、アルジェリアトカゲ*E. algeriensis*または*E. s. algeriensis*と呼ばれるほかのアフリカ北西部種との相違点はまったくないのだが、分類学者らは同種とは認めていない。一般には、この2種がBerber Skinkと呼ばれる。雄は雌より大きく、色合いも鮮やかで、雌にはオレンジ色の模様がない。雄は攻撃的なため、ペアまたは雄1頭に雌2頭のトリオで飼育すると良い。クーリング期間、雌雄別々に飼育すると、雌を雄の住み処に戻したときに交尾が促される。交尾後、5～7週間ほどたつと、雌は床材の湿った部分、コルクバーク片の下などに産卵する。スジトカゲ属の雌は、ふつう卵を守り、排尿によって湿気を補給する。妊娠した雌は、雄に邪魔されないように別のビバリウムに移す。卵をまもっているあいだ、雌は積極的に餌を探そうとはしないが、昆虫など、適切な餌をピンセットで与えれば摂取する。イツスジトカゲと同様、卵は母親の元に残すのが一番良い。母親の尿には、胚の発育に重要ななんらかの成分が含まれているという説もある。孵化子は、気温30℃ぐらいの暖かい乾燥した環境で育てる。喧嘩することもあるので、必要に応じて個別に飼育すること。同じ方法で飼育できる種に、砂漠棲のクスリサンドスキンク*S. scincus*がいるが、この種の母親は卵を孵さない。

Q&A

●スジトカゲの雌が卵の孵化を放棄した場合、どうしたら良いですか？

かならずしも成功するとはいえませんが、卵を水とバーミキュライト（割合は1：1、38～39ページ「繁殖」参照）を混ぜた中に埋め、気温約29℃で孵化させてみてください。

●スジトカゲの寿命はどのくらいですか？
飼育条件が適切なら、20年以上生きるでしょう。

●シュナイダートカゲにはどんな植物が良いですか？
プラスチック製の植物が理想的ですが、棘のない乾燥地域の植物ならかまいません。湿気が多すぎないよう注意してください。植物は鉢ごと入れ、動物が床材を掘っても大丈夫なように、しっかり防御しておきます。

■飼育の条件■
シュナイダートカゲとカラカネトカゲ

ビバリウムのサイズ

シュナイダートカゲ　75×30×38cm。

カラカネトカゲ　60×30×30cm。

床材　埃の立たない砂、厚さ8cm。乾燥した部分と少し湿った部分に分け、湿った部分はミズゴケで覆っても良い。

居住環境　日光浴用に、しっかりと埋め込んだ岩と切り株。コルクバークの隠れ家。プラスチック製の植物。毎日、軽く水を吹きかける。小さな水皿を置く。

気温　フルスペクトル（UVB）ライトとレフ球。

シュナイダートカゲ　低温部で28〜30℃、ホットスポットで38℃、夜間は18〜20℃。光周期：12〜14時間。

カラカネトカゲ　低温部で25〜30℃、ホットスポットで35℃、夜間は18〜21℃。光周期：12〜14時間。

ウィンタークーリング

シュナイダートカゲ　日中15℃、夜間10℃で8〜10週間。光周期：6時間。

カラカネトカゲ　低温部で25〜30℃、ホットスポットで35℃、夜間は18〜21℃。光周期：12〜14時間。

食餌

シュナイダートカゲ　栄養剤をまぶした昆虫類と無脊椎動物、果物、野菜類。ピンクマウスは2週間毎に1回与える。肉食トカゲ用餌も試してみると良い。コウイカの甲の小片。

カラカネトカゲ　栄養剤をまぶした昆虫類。小さなミールワーム。

↓　砂漠棲スキンクの1種、オオアシカラカネ*Chalcides ocellatus*。購入したばかりの個体は落ち着きがないが、次第にビバリウムにも慣れてくる。

カラカネトカゲ
（Barrel Skinks）

学名*Chalcides*属。カラカネトカゲという名は、長い円筒形の体型からつけられた。ここに含まれる種々のスキンク類は、南ヨーロッパ、北アフリカからアラビア、パキスタンにかけて生息している。

小さな、ほかに例を見ないほどなめらかな鱗を持ち、粗い土や砂の中を素早く移動することができる。一部のスキンク類と同様、体に対する四肢の大きさはまちまちで、四肢が普通より小さい場合も多い。乾燥した砂地で、草などの植物で覆われている場所に棲む種が多いが、ときには若干湿度のある牧草地などで見つかることもある。

ビバリウムに到着した当初は、人が近づくと砂の中に潜ってしまいがちだが、やがて落ち着いてくると姿を見せる機会も増えてくる。もっともよく知られている種は、イツユビカラカネ*C. bedriagai*、オオアシカラカネ*C. ocellatus*、ミツユビカラカネ*C. chalcides*、エジプトクサビトカゲ*Sphenops sepsoides*。全長は15〜25.5cmと、種によって異なる。いずれも突然つかんだり、手荒く扱うと、簡単に自切してしまう。雌のほうが丸々としているという点以外、目に見える性差はほとんどない。*C. ocellatus*と*C. bedriagai*の雄は雌よりわずかに頭が大きい。*S. sepsoides*と*C. chalcides*は、雌のほうの全長が雄よりわずかに長い傾向にある。行動を観察するのが一番信頼できる識別法だろう。*Sphenops sepsoides*と*C. chalcides*以外は、ペアまたはトリオ（雄は1頭）で飼育する。雄同士は相性が悪い。

繁殖期は季節を選ばず訪れ、年1回以上産卵する。カラカネトカゲはどの種も胎生。生まれた子が食べられてしまうことも珍しくないので、子はすぐに別のビバリウムに移すこと。妊娠中の雌も、ほかの成体が子を食べる可能性があるので隔離する。もちろん、産んだ当人が食べるということもある。子には成体と同じ環境条件を整え、体に合った小さな餌を与える。水を入れたボウルも、小さなものを用意しないと、落ちて溺れる可能性がある。気温や栄養状態にもよるが、幼体は生後12カ月ほどで性的に成熟する。同じ方法で飼育できる種に、ダーツスキンク*Acontias*属がいる。四肢のない地中棲種で、体はつやつやとした円筒型、尾は短く、砂を掘るのに適した特異な吻を持っている。

Common Tegu
テグー

テユー科　FAMILY: TEIIDAE
SPECIES: *TUPINAMBIS TEGUIXIN*

↑ 魅力的なテグー*Tupinambis teguixin*。卵を餌とし、野生では鳥やヘビの卵を好む。ビバリウムの雄は、卵好きが高じて、同居人の産んだ卵まで食べてしまうこともある。

　テグーは南アメリカに生息する大型種で、別名Black and White Teguとも呼ばれ、ペットとして人気がある。全長は最終的に122cmにも達するため、かなり広いスペースが必要で、十分運動できる空間を確保できなければ飼育はしないこと。そのため、飼育したくてもできない人が大勢いることだろう。野生は地表棲で地面を掘るが、木登りや泳ぎもうまい。養殖で繁殖した例は非常に珍しく、入手できる個体の大多数は野生で捕獲され、輸入されたものだ。飼育するつもりなら、幼体を購入したほうが良い。

　大きくなった個体は非常に手強く、人に慣れるにはかなり時間がかかる。全長の半分を占める尾を、身を守るために鞭のように使うこともできる。強力な顎と、シロアリの巣を壊すほどの力強い爪も武器のひとつだ。

　長いヘビのような舌は、普段は、下顎にあるサヤに納まっている。体色は、黒地に、黄色から白の不規則な帯と斑点が映えて美しい。

　熱帯種のトカゲと思われているが、実は熱帯域から温帯域にまで分布し、生息域によっては冬眠する場合もある。飼育者にとってはこの点が問題で、原産地がはっきりしていないと困るだろう。

　テグーのビバリウムはできるだけスペースを確保すること。植物はすぐに壊してしまうので必要ない。野生では水に入る習慣があるが、限られたスペースの中に水場をつくるのはむずかしく、湿度が上がってしまうという問題もある。屋外の大きな囲い込みで飼育するのが理想的だ。

飼育者はよく、生肉、ヒヨコ、解凍した齧歯類や鶏卵といった偏った餌だけを与えるという誤りをおかしてしまう。生肉は燐が豊富でカルシウムが少なく、骨の代謝異常（MBD、44〜45ページ「病気と治療方法」参照）を招くおそれがある。

また、ほかの食物を与えず齧歯類やヒヨコを与えすぎると、脱皮ができなくなり、卵ばかりを与えているとビオチン不足に陥る。野生の個体は卵を好むが、この卵は有精卵で、ビオチンが含まれている。しかし、市販されている鶏卵は無精卵なので、ビオチンが不足する結果になる。

テグーが嫌がる野菜類などは、食べやすいように溶き卵であえて与えると良い。ただし、毎回溶き卵というのは考えものだ。

約3年ほどで性成熟する。飼育環境での交尾は、北半球では通常5月に行われる。ほかの多くのトカゲ類と同様、雄は雌の首に噛みついて征服する。

繁殖には十分なスペースと、掘り返して卵を埋められるよう、少なくとも厚さ30cmの床材が必要になる。また、温帯種には冬眠も欠かせない。

しかし、こうした繁殖条件をいくら整えても、飼育環境での繁殖は失敗するケースのほうが多い。妊娠した雌は雄から離れたがるそぶりを見せるので、同じ大きさのビバリウムを別に用意すること。

雄は機会さえあれば自分たちの卵を食べてしまうので、引き離すにこしたことはない。孵化は短時間で終わり、わずか数秒ということも多い。この点は、ときに数時間以上かかる一部のトカゲ類とは異なっている。

孵化子の全長は約24cm。体色は緑がかっているが、この色はすぐに消えてしまう。子は孵化後、できるだけ速やかに移し、成体と同じ環境条件の別のビバリウムで育てる。

■飼育の条件■

ビバリウムのサイズ　最低180×120×120cmに1頭。

床材　新聞紙または樹皮。

居住環境　日光浴用の頑丈な枝または切り株。水滴がつかない程度に、毎日水を吹きかける。水の入ったボウルを置く。

気温　低温部で28℃、ホットスポットで36.5℃、夜間は20〜21℃。光周期：12〜14時間。フルスペクトル（UVB）ライトとレフ球。

ウィンタークーリング　4〜8℃で12週間。最初の4週間で徐々に気温を下げ、最後の4週間は徐々に気温を上げる。

食餌　解凍した齧歯類またはヒヨコ30％、大きな昆虫類10〜20％、残りは果物（バナナ以外）、アルファルファのペレット、生卵をくぐらせたマッシュルームか野菜類。市販のトカゲ用缶詰も餌の一部に加えて良いが、缶詰だけ与えてはならない。

産卵と孵化　年1回、卵1〜50個。孵化期間は湿ったバーミキュライトで、26.5〜29℃、60〜65日。

Q&A

●ビオチン不足のテグーにはどんな症状が現れますか？
普通は筋肉の痙攣などが生じますが、これは、カルシウムと燐のバランスが崩れて生じる「震え」と見間違う可能性もあります。餌の分析にもとづいて診断を下してください。ビオチン不足を解消するには、まず、餌に無精卵を与えないことです。ビオチンとは、ビタミンB複合体complexの一部なので、一定期間ビタミンB類を与えてみると良いでしょう。ただし、獣医師の指示に従うようにしてください。

●テグーの給餌間隔はどの程度ですか？
幼体には毎日、成体には週に3回与えます。成体は餌が偏っていて、運動できる広さがないと肥満します。

●とてもおとなしいテグーを飼っていますが、運動のために家の中で放してももかまいませんか？
大型で「人に慣れた」トカゲを家の中で放し飼いにする人が多いようですが、衛生面でいろいろな問題が生じます。子供やほかのペットがいる家は、特に注意してください。いくら従順なトカゲでも、予測できない行動に出る可能性はあります。

●テグーの子が尾を振るのはなぜですか？
通常この行動は、孵化後2、3カ月までしかみられません。理由ははっきりとわかっていませんが、おそらく、体が小さく弱い時期特有の防御メカニズムだと思われます。

●テグーには社会性がありますか？
雌は一般に複数で同居させても問題はありません。しかし、雄は繁殖期を除いて喧嘩をするので、雄同士はいっしょに飼わないほうが良いでしょう。飼育場に十分なスペースがあれば、1頭または複数の雌と同居させることはできます。

Boas
ボ　ア
ボア科　FAMILY: BOIDAE

　ボアの仲間は、体が大きく、毒を持たないヘビとして人気が高い。獲物は窒息させて殺すが、性格はおとなしい。健全に飼育するには、豊富なスペースが不可欠だ。十分な運動ができれば肥満も防げ、体温調節も可能になる。ビバリウム内のヒーターには、かならずカバーをつける。ヘビは暖かい場所が必要になると、手近な電球に巻きつこうとする。

　雄は雌より長く、尾が太く、総排出口わきの距（けづめ）が大きい。性別の確定は、セックスプローブで識別する（34～35ページ「繁殖」参照）。交尾は成体で健康な雄と雌で行う。エメラルドツリーボアとスナボアは、例外的にクーリング期に雌のビバリウムに雄を入れるが、このほかのボア類は、クーリング期終了時点で雄を入れる。複数頭の雄を使うブリーダーもいるが、これは互いに傷つけ合う可能性がある。雄は雌に無関心になるまで、そのまま放置する。交尾の回数が多ければ、それだけ出産数も増える。ボア類は胎生。妊娠した雌は餌をとらなくなり、暖かい場所を探し始めるので、ビバリウムの気温を通常より2～3℃上げる。隠れ家を使うようなら2カ所に設置する。ホットスポットの床材は少し湿気のある素材にする。生まれた子ヘビは、通気性の良い靴箱かセーターの箱に1頭ずつ入れて育てる。箱は一部がサーモスタット付きのヒーターマットにかかる位置に置き、脱走しても大丈夫なように、箱をヒーターごと別のビバリウムに入れておく。生後18～24カ月までは週に2回給餌し、以降は週1回にする。

大型のボア

　このグループには、メキシコ北部から中央・南アメリカにかけて生息し、典型的なボアとみなされているボアコンストリクター*Boa constrictor*が含まれる。ボアコンストリクターとその11亜種（異論も

⬇ ブラジルニジボア*Epicrates cenchria cenchria*はほかの多くのヘビ類と異なり、成体になっても幼体時代のみごとな色合いと模様が変わらない。幼体には攻撃的な傾向があるが、成体は特筆に値するほどおとなしい。

■飼育の条件■
ボアコンストリクター、ブラジルニジボア、エメラルドツリーボア、ハブモドキボア

ビバリウムのサイズ （1頭あたりの大きさ）
ボアコンストリクター　180×90×90cm。
ブラジルニジボア　180×60×60cm。
エメラルドツリーボア　90×60×90cm。
ハブモドキボア　90×60×60cm。

床材
エメラルドツリーボア　落ち葉やコケなど、保湿性のある素材。毎日、水を吹きかける。
その他　掃除の簡単な新聞紙。

居住環境
エメラルドツリーボア　しっかりと固定した枝類。水平方向にも必要で、スポット電球の真下30cmの場所にも1本設置する。プラスチック製の植物。平らな石と水を入れた小さなボウル。湿度60〜80%。
その他　枝類は必須ではない。壁にプラスチック製の植物を固定する。低温部とホットスポットの近くに、隠れ家を1カ所ずつ用意する。水を入れた、大きな底の広いボウル。湿度20〜30%。

気温
ボアコンストリクター　低温部で28℃、ホットスポットで35℃、夜間は26.5℃に下げる。光周期：16時間。
ブラジルニジボア　低温部で26.5℃、ホットスポットで31℃、夜間は23℃に下げる。光周期：16時間。
エメラルドツリーボア　低温部で26℃、ホットスポットで31℃、夜間は23℃に下げる。光周期：14時間。
ハブモドキボア　低温部で25.5℃、ホットスポットで32℃、夜間は23℃に下げる。光周期：14時間。

ウィンタークーリング
ボアコンストリクター　低温部で26.5℃、ホットスポットで30℃、夜間は20〜22℃に下げて8〜12週間。光周期：10時間。
ブラジルニジボア　低温部で24℃、ホットスポットで25.5℃、夜間は18〜22℃に下げて6週間。光周期：10時間。
エメラルドツリーボア　普段の日中の気温で8週間。夜間は19〜20℃に下げる。光周期：10時間。
ハブモドキボア　普段の日中の気温で6週間。夜間は19〜20℃に下げる。光周期：10時間。

食餌
齧歯類、ウズラの雛、孵化したばかりのヒヨコを1〜2週間に1回与える。餌を与えるときは平らな石の上に置く、あるいは長いピンセットを使用すること。手から直接には与えないこと。

Q&A

●**ボアは噛むおそれがありますか？**
噛むといっても、警告の意味で噛む場合と、餌として噛みつく場合があります。前者はすぐに離してくれますが、後者の場合は、飼育者が餌ではないと認識するまで離してくれません。給餌にはよく注意してピンセットを使ってください。噛みつかれても手を引いたりせず、そのままでいてください。なかなか離れないときは、誰かに助けてもらいます。ボアはかならず大人2人で扱ってください。

●**飼い主が巻きつかれる危険性はありますか？**
ボアの仲間は一般に従順です。飼い主が締められたケースも数例ありますが、これはニシキヘビでした。ヘビを挑発しない、1人で世話をしない、すぐそばでとぐろを巻かせないよう心がけてください。

●**ボアの幼体にはどのように餌を食べさせるのですか？**
解凍したピンクマウスに孵化したてのヒヨコの匂いをつけて与えてみます。ハブモドキボアの場合は、木登りができるように細い小枝を与えます。まだ小さな個体には、餌を小さくして与えます。

あるが）は、属の異なる3種、すなわちブラジルニジボア*Epicrates cenchria cenchria*、エメラルドツリーボア*Corallus canina*、ハブモドキボア*Candoia carinata*と密接な関係がある。いずれも人気があり、養殖による幼体は比較的簡単に入手できる。幼体は、攻撃的だが、成体は人に慣れる。ボアコンストリクターの全長は180〜250cmで、これより長い個体もいる。体色にも個体差があるが、明るい茶色か灰色の地に濃い色の鞍形斑紋が主流。腹面がピンク色のものや、脇腹にピンク色の模様があるものもいる。鞍形斑紋は尾に近づくにつれて間隔が狭まり、地色も赤、オレンジ、クリーム色に変わる。大型のブラジルニジボアは美しく魅力的だ。全長は約180cmに達し、茶色とオレンジ色の地に、背中線に沿って黒いリング模様、脇腹に沿って小さめの黒い

➡ 次ページ。尾の赤いボアコンストリクター*Boa constrictor*種と亜種は高く評価されている。尾の赤い個体は、ペルーやスリナム産のものが多い。

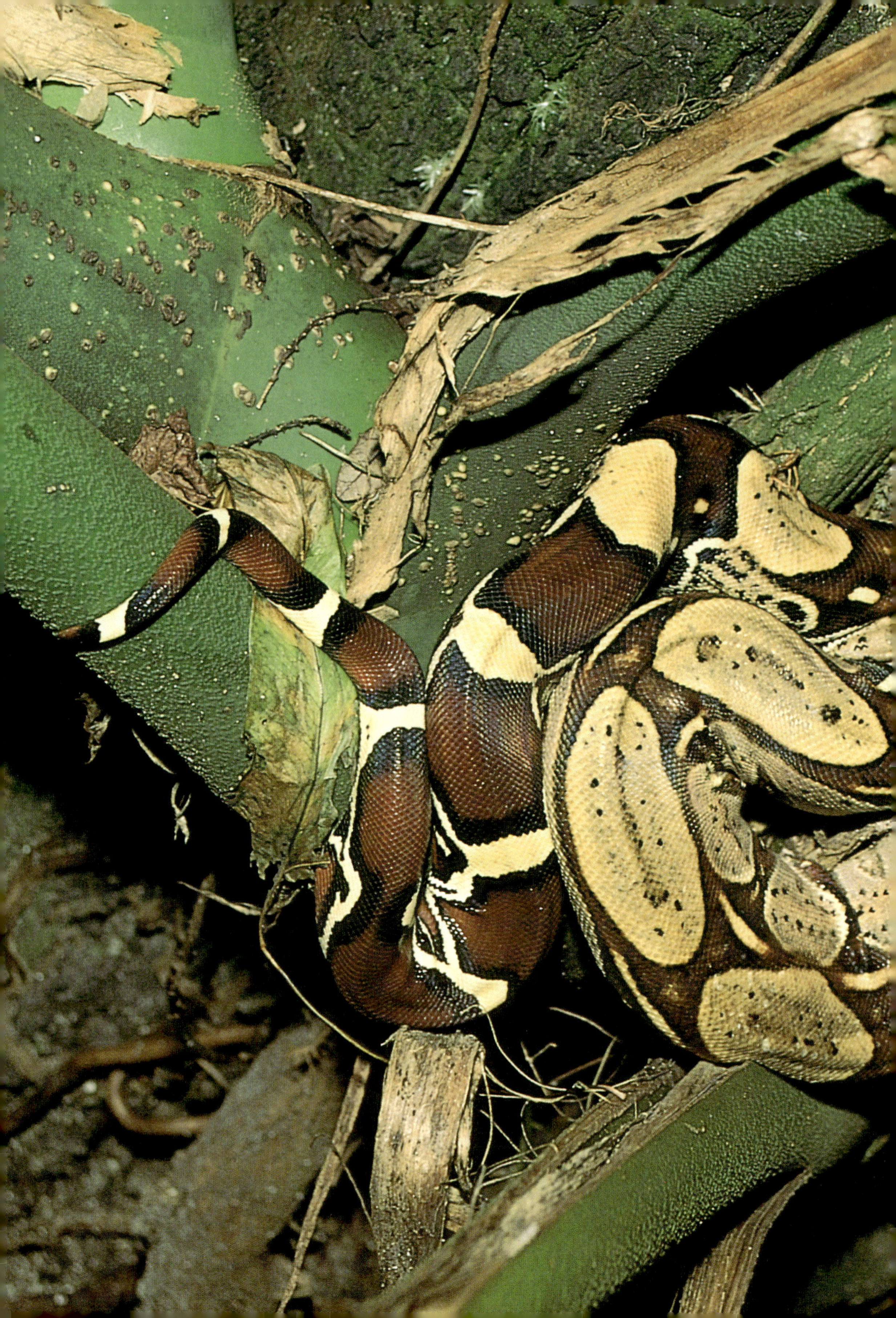

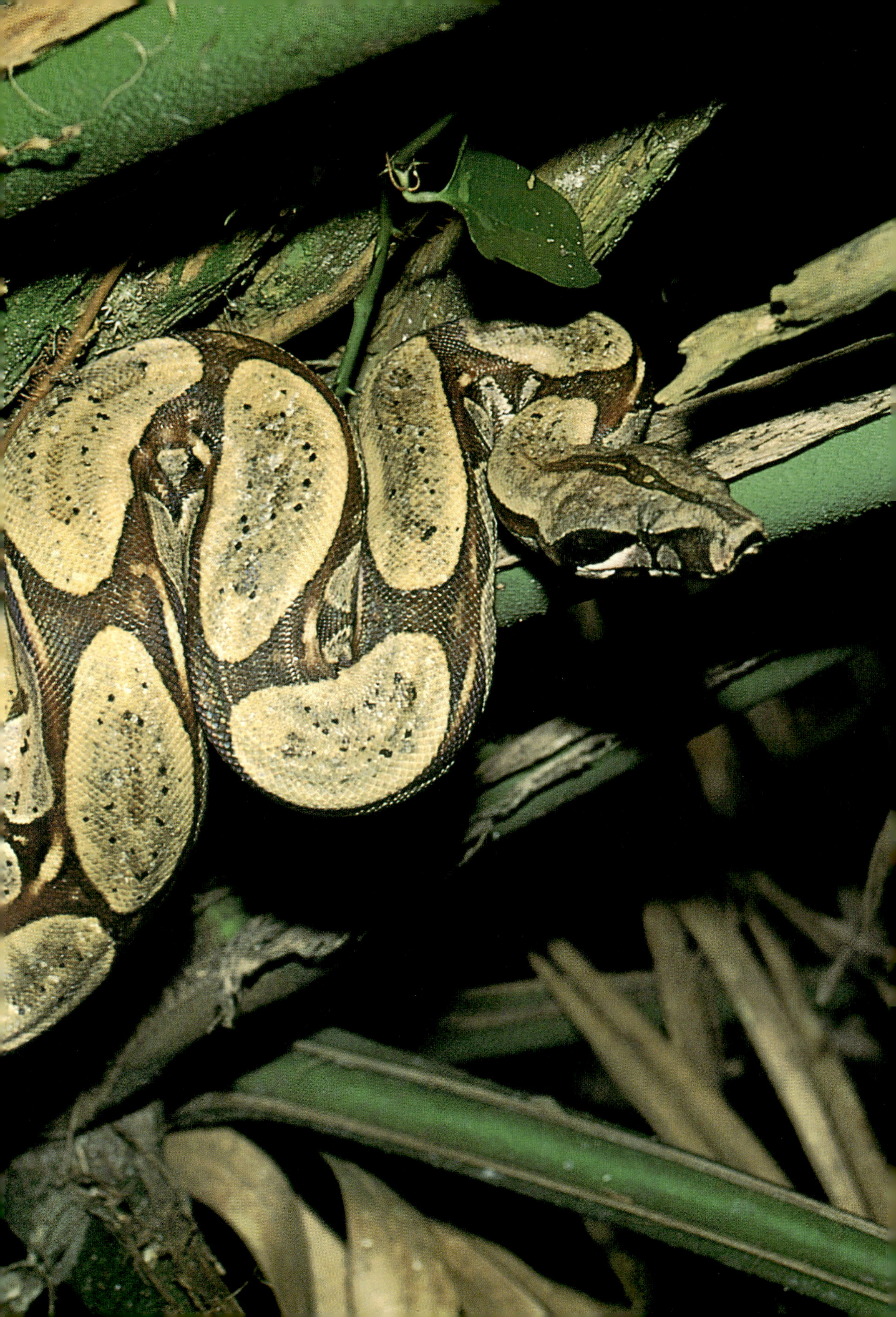

↑ 樹上棲のエメラルドツリーボア*Carallus caninus*。木の葉は隠れ家に適している。子ヘビは樹上で生まれ、生まれた直後から木登りができる。

■繁殖の条件■	
妊娠期間	種、気温、雌の状態によって異なる。
スナボア	4.5～5.5カ月。
その他	7～8.5カ月。
子 数	
ボアコンストリクター	10～50頭。
ニジボア	7～15頭。
エメラルドツリーボア	10～25頭。
ハブモドキボア	9～60頭。
スナボア	5～20頭。
ロージーボア	3～5頭。
気 温	（生後4～6カ月まで）
ボアコンストリクター	27～31℃。
ニジボア	29℃。
エメラルドツリーボア	28℃。
ハブモドキボア	28～29℃。
スナボア	27～29℃。
ロージーボア	27～29℃。

リング模様が並び、リングの中は鮮やかなオレンジ色に輝いている。エメラルドツリーボア（全長は最大で150cm）は、鮮やかな緑色で、中央から下に向かって白い模様があり、腹面はクリーム色または黄色。ハブモドキボアにはいくつかの色型がみられ、全長は成体でも120cm程度だ。ボア類は、餌の摂取量に応じて2、3年で成熟するが、なかなか餌を食べない個体もいる。

ボアコンストリクター、エメラルドツリーボア、ブラジルニジボアは、生後3～14日に脱皮し、この脱皮後に解凍したピンクマウスを食べる。たくさん出産するハブモドキボアの給餌はむずかしい。子ヘビは邪魔されると体が硬直するので、強制給餌は行わないこと。

ガーデンツリーボア*Corallus enhydris*もエメラルドツリーボアと同様に飼育できるが、初心者には不向き。

爬虫類カタログ

砂漠棲ボア

スナボアEryx属とロージーLichanura属は、全長45～100cmと小さく、飼育しやすい。

スナボア属Eryxは南ヨーロッパから中央アフリカ、アジア、中東にかけて生息している。体色は暗褐色で、明るい茶色や焦げ茶色の多様な模様がみられる。

ロージーボアLichanura trivirgataはアメリカ南西部とメキシコ北西部に生息している。体色は、茶色と白のものからオレンジとシルバーのものまで幅があり、縞模様がある。ロージーボアには4亜種、スナボア属10～11種には12を超える亜種があると考えられる。

ロージーボアは保護対象種で、野生での捕獲は禁じられている。スナボア属は現在でも輸入されているが、養殖個体も比較的簡単に手に入る。

2属とも胎生で、ほかのボア類と同じ方法で雌雄を識別できる。スナボア属の雄は、ウィンタークーリング期間の最初から雌のビバリウムに入れる。交尾は通常の気温に戻してから行われる。

子ヘビは、ほかのボア類と同様に、通気性の良い透明プラスチックボックスに入れて、個別に飼育する。箱の中には浅い水皿を置くが、湿度が上がりすぎないようにする。

↓ スナボアの中でも傑出した美しさを誇るナイルスナボア*Eryx colubrinus*。スナボアは薄明薄暮性だが、日中、日光浴に姿を見せることもある。また、頭だけを出して、長期間砂に潜っていることもある。

■飼育の条件■
スナボア、ロージーボア

ビバリウムのサイズ	最低60×60×38cmに1頭。
床　材	乾燥した埃のたたない砂。厚さ7～12cm。
居住環境	乾燥した状態が不可欠。一部分床材に埋め込んだコルクバークの隠れ家2、3カ所。日光浴用の岩。枝類は必須ではない。小さな水皿。
気　温	低温部で26℃、ホットスポットで32℃、夜間は20～22℃。光周期：14時間。
ウインタークーリング	
スナボア	種によって異なる。ナイルスナボア：日中24～26.5℃、夜間は18℃で6週間、光周期8～10時間。マダラスナボアE. miliarisとE. tartaricus：光を遮断し、5～10℃で12～16週間。
ロージーボア	光を遮断して冬眠させる。10～13℃で8～12週間。
食　餌	夜、小さな齧歯類を与える。必要に応じてトカゲの卵や皮膚の匂いをつける。

Q&A

●子ヘビを箱に入れて育てる場合、照明はどのようにするのですか？

ケージなら照明設備をつけられますが、セーターの箱や引き出しなどを使う場合、室内照明の点灯時間を光周期に合わせます。透明な箱なら光が入ります。

●雌のボアがほとんど仰向けに寝ています。なぜですか？

妊娠したボアの雌に多くみられます。おそらく、お腹の中の子ヘビにレフ球をあて、暖めているのでしょう。

●出産時期を知ることはできますか？

出産が近づくにつれて、胎児の群れのふくらみが、次第に体の後ろのほうに移り、総排出腔が少し膨れてくるはずです。

●餌はかならずピンセットで与えるのですか？

ピンセットは、目の前で餌を揺らさないと食べない場合だけ使います。ヘビはたいてい、石の上に置いた解凍餌を嫌がらずに食べてくれます。

●水を入れたボウルを置くと、湿度が上がりすぎます。どうしたら良いのでしょうか？

小さなボウルに変え、熱源からできるだけ離し、水がこぼれても大丈夫なようにしておいてください。

Pythons
ニシキヘビ

ボア科　FAMILY: BOIDAE
ニシキヘビ亜科　SUB-FAMILY: PYTHONIDAE

近年、ニシキヘビの飼育に反対する声があがり、飼育者のあいだでも物議をかもしている。というのも、大型で危険性の高い種ほど飼育も繁殖も簡単で、色の美しい小型中型種は、なかなか飼育しにくいとされてきたからだ。

しかし、このところ、小さめの種の飼育方法に関する情報が進歩してきた。適切な環境条件を整えれば、小型種は大型種より期待に応えてくれるということもわかってきた。ベテラン飼育者の中には、むずかしいといわれてきた飼育環境での繁殖に取り組もうという人も出てきている。

次に紹介する3種は、いずれもオーストラリアとオセアニアに生息する小型ニシキヘビで、ビバリウムに最適の種といえるだろう――ミドリニシキヘビ *Morelia viridis*（旧*Chondropython viridis*）、黒と黄色のジャングルカーペットニシキヘビ*Morelia spilota cheynei*、そして茶色と玉虫色に変化する紫色のチルドレンニシキヘビ*Antaresia childreni*、（旧*Liasis childreni*）。特に最後の種は、動いたときの皮膚のきらめきが美しいことで高く評価されている。

ミドリニシキヘビは3種の中でもっとも大きく、全長180～200cmに達する。一番小さいのはチルドレンニシキヘビで、全長は最大でも102～118cm。西および中央アフリカに生息するボールニシキヘビ*Python regius*は、このところ人気が高まっている。全長は150cm、美しい黄色の地に焦げ茶色か黒の模様があり、性質が非常におとなしい。1990年代に

■飼育の条件■
ミドリニシキヘビ、チルドレンニシキヘビ、ボールニシキヘビ、ジャングルカーペットニシキヘビ

ビバリウムのサイズ（1頭あたりの大きさ）
チルドレンニシキヘビ　90×60×60cm。
ボールニシキヘビ　90×38×45cm。
その他　90×60×90cm。

床　材　交換や掃除が簡単な新聞紙、カーペットタイプの素材。

居住環境
チルドレンニシキヘビ　低温部1カ所、ホットスポットの近くに1カ所、隠れ家を用意する。平たい石と水を入れたボウル。

その他　木登りと日光浴用に、水平および傾斜のある枝類。プラスチック製の植物。隠れ家は地上にひとつ、樹上にひとつ。水を入れたボウル。繁殖期には軽く水を吹きかける。

気　温
ジャングルカーペットニシキヘビ　低温部で28℃、ホットスポットで32℃、夜間21℃。光周期：15時間。
チルドレンニシキヘビ　低温部で27℃、ホットスポットで30℃、夜間は24℃。光周期：15時間。
ボールニシキヘビ　低温部で29.5℃、ホットスポットで35℃、夜間は24～26.5℃。光周期：14時間。
ミドリニシキヘビ　低温部で27℃、ホットスポットで32℃、夜間は25℃。光周期：15時間。

湿　度
ジャングルカーペットニシキヘビとミドリニシキヘビ　55～65％。
チルドレンニシキヘビ　35～45％。
ボールニシキヘビ　60％。

ウィンタークーリング
チルドレンニシキヘビ　低温部で20℃、ホットスポットで23℃、夜間は16℃で8～12週間。光周期：9～10時間。
ボールニシキヘビ　低温部で26.5℃、ホットスポットで29.5℃、夜間は21～24℃で8～12週間。光周期：10時間。
その他　低温部で21℃、ホットスポットで24℃、夜間18～19℃で8～10週間。光周期：10時間。

食　餌　齧歯類、ウズラの雛、孵化したばかりのヒヨコ。餌はピンセットで与えること。

爬虫類カタログ

↑ ジャングルカーペットニシキヘビ *Morelia spilota cheynei* は、孵化後3年以内に成体の大きさに達するが、雌は4、5年たたないと産卵に成功しない。

は、主にガーナやトーゴから、野生、養殖を問わず大量の個体がアメリカ、ヨーロッパへ輸出されている。また、珍しい小型種、カラバリア *Calabaria reinhardti* も、愛好家の垂涎の的となっている。ボールニシキヘビと同じ環境条件で飼育するが、地中に潜れるように床材だけは粗いローム土にすること。

　ニシキヘビ類は一般に性別を見分けやすい。雄には雌より大きな距（けづめ）がある。ただし、チルドレンニシキヘビの場合は、雌雄ともに距が非常に小さい。性別を判断できない場合は、セックスプローブを行う（34〜35ページ「繁殖」参照）。

給餌の問題

　ボールニシキヘビやジムグリパイソンなど、一部の種は給餌がむずかしいといわれている。輸入された子ヘビは、いったん適切な環境に落ち着いてしまえば、よく食べるようになるが、輸入された成体の場合は、餌を食べない可能性がある。これには、捕獲や輸送のストレスから立ち直っていない、野生の個体は9月から2月（繁殖期）まで餌を食べない傾向がある、といったさまざまな理由が考えられる。また、妊娠中の雌も食べない。こうした要因を検討して、寄生虫やバクテリアに感染している可能性がないことを確認し、さらに適切な餌を与えているとすれば、その個体には摂食補助または強制給餌を行う必要がある（32〜33ページ「餌と給餌」参照）。強制給餌には、マウスや離乳前のラット、若いジャービル（カラバリアは生後3〜4日目のラットを

113

ニシキヘビ

好む）を使う。また、便秘という可能性も考えられる。ニシキヘビたちは輸出を待つあいだ、脱水症状に陥るような環境におかれるため、溜まった糞が体内で固まり、食欲不振を招く。原因が便秘にあると思ったら、ぬるま湯を入れた大きな容器をヘビが飲める場所に置くこと。これで状況が変わらなければ、獣医師に相談する。

ニシキヘビの繁殖

ニシキヘビの場合は、クーリング期に入った直後に、雄を雌のビバリウムに同居させる。繁殖期の始めに、環境の変化に刺激されて雌の体内に卵胞follicleが生じる。この卵胞が卵巣の中で成熟してくると、雌はすでに妊娠したかのように膨れてくる。交尾はこの時期に行われるが、受精は一般に数週間または数カ月先になる。この時点で、雌の体の中央部あたりが、何か大きな餌を飲み込んだように膨れているのがわかる。排卵を示すこの「塊」は、8～24時間持続する。

そして、受精が行われる卵管にいったん卵が入ってしまうと、この時点で交尾に応じる雌はほとんどいない。雌が交尾を行わないまま、この段階に入る

ボールニシキヘビ*Python regius*は基本的に地上で暮らしているので、地上の隠れ家が必要だ。傾斜のある頑丈な枝に登ることもある。

と、卵は無精卵となる。雌は排卵と産卵のあいだに1度脱皮する。

野生では雌が卵を抱いて孵化させるが、飼育環境ではこうした抱卵行動はみられない。適切な環境条件を整えるのがむずかしいためである。雌は抱卵期にも水分と餌をとらないため、翌年は産卵できないほど体調を崩す場合もある。このため、孵化は人工的に行うのが良い。産卵前の脱皮を終えたら、雌のビバリウムに、湿ったミズゴケを敷いたプラスチック製の大型容器を置く。雌は卵をコケの上に産むので、産んだら容器ごと取り出し、湿ったバーミキュライトを敷いた別の容器にコケと卵をいっしょに移し、卵の上部だけが見える程度に土をかぶせる。孵卵中はかなり高い湿度を必要とするが、バーミキュライトが湿っているというより濡れている状態だと、卵が水分を吸収しすぎて孵化に失敗する。最初に卵と容器の重さを計り、約10～14日後にもう1度計る。卵の重さが10～40％増えていたら、孵化に成功するはずだ。子ヘビは数時間から数日かけて、卵から完全に出てくる。忍耐強く待つこと。完全に出てきたら、個別に飼育する。

ミドリニシキヘビの子ヘビの体色は2通りあり、同じときに生まれた子ヘビでも体色が異なる。ジャングルカーペットニシキヘビとミドリニシキヘビの子ヘビは、個別の小さな飼育容器で育て、とまり木になる枝を用意する。チルドレンニシキヘビの子ヘビは、ペーパータオルを敷き、隠れ家と水を入れたボウルをひとつずつ入れた靴箱で十分だろう。

■繁殖の条件■

産　卵	年1回。
	ジャングルカーペットニシキヘビ　9～28個。
	チルドレンニシキヘビ　7～20個。
	ボールニシキヘビ　1～11個。
	ミドリニシキヘビ　6～30個。
孵　化	湿ったバーミキュライト（0.8：1）。
	ジャングルカーペットニシキヘビ　31～32℃で52～60日。
	チルドレンニシキヘビ　28～29℃で53～56日。
	ボールニシキヘビ　32℃で53～60日。
	ミドリニシキヘビ　30～32℃で45～52日。
気　温	孵化後6カ月まで。
	ジャングルカーペットニシキヘビ　29℃。
	チルドレンニシキヘビ　28℃。
	ボールニシキヘビ　30℃。
	ミドリニシキヘビ　28℃。

爬虫類カタログ

Q&A

●ミドリニシキヘビ、ジャングルカーペットニシキヘビ、チルドレンニシキヘビの子ヘビは攻撃的だといわれますが、本当ですか？

この3種の子ヘビは、鎌首をあげて戦う傾向がみられます。防衛メカニズムの一環で、眼の前で餌のピンクマウスを揺らしながら与えていると慣れてくるでしょう。数週間たつと、手で触われるぐらい慣れてきます。ただし、給餌の前後は、絶対に触れないでください。

●新聞紙やカーペットでは見た目が良くないので、チルドレンニシキヘビの床材にもっと自然な素材を使っても良いですか？

埃の立たない砂を敷き、岩や切り株を配置する人もいますが、この種の素材は手間がかかります。部分的な掃除（ふるいで砂と糞を分ける）をすれば、ある程度床材が汚れずにすみますが、定期的な交換は必要です。

●チルドレンニシキヘビの子ヘビは、業者が理想的な餌とすすめるマウスを食べません。どうやって食べさせたら良いでしょう？

ピンクマウスを問題なく受けつける場合もあれば、洗って乾かして、特有の匂いを消さなければならない場合もあります。どうしても嫌がるようなら、マウスにトカゲの皮膚や卵の匂いをつけてから与えてみましょう。

●ボールニシキヘビの子ヘビは、ほとんど輸入個体です。野生で捕獲されたのでしょうか？

これらのヘビ類は、野生や養殖を問わず大量に輸入されていて、比較的安価で取り引きされています。つまり、ヨーロッパやアメリカにおいては、最近まで、商業的な養殖に乗り出すメリットはなかったということです。今では、完全な養殖個体も出回っています。最寄りの爬虫類飼育団体に問い合わせれば、事情を教えてくれるでしょう。

←↑　ミドリニシキヘビ*Morelia viridis*の体色は、子ヘビから成体に至るまで、みごとな変化をみせる。子ヘビ（左）は、美しい黄色または鮮やかな赤レンガ色に白い模様があるが、成長するにつれて、次第に成体（上）の体色に変わっていく。

Harmless Snakes
ナミヘビ

ナミヘビ科　FAMILY: COLUBRIDAE

　ヘビ類はおよそ2400種といわれ、13、14科に分かれている。この中でもナミヘビ科は最大の科で、1500種以上で構成されている。種類は非常に多様で、地表棲や樹上棲種から、穴を掘って暮らす地中棲種、水棲種まで多岐にわたっている。大半は無毒だが、一部は猛毒を持つ。

　ヘビ類は個別に飼育するのが望ましい。ケージの保温には、サーモスタット付きの保温用電球を使う。また、ヒーターマットと室内灯を備えたラックシステムで飼育する方法もある。

　ナミヘビ科には、卵生種と胎生種がいる。未成熟な個体で繁殖させると、卵の数が少なく、子ヘビの大きさも標準以下となる。健全な卵や子ヘビを産むには、成熟し、成体の大きさの個体同士を交尾させること。ウィンタークーリングのあと、徐々に温度と光周期を通常の状態に戻してから給餌を再開する。通常、雄は1回ないし2回餌を食べたあと、脱皮し、これ以後は交尾が終わるまで食べない。雌の場合は、何回か餌を食べたあと、脱皮し、雄を受け入れる準備が整う。この時点で、雄を雌の住み処に入れるが、交尾が行われない場合は、いったん雄を取り出し、1～2日後に再びいっしょにすると良い。

キングヘビとミルクヘビ
(King Snake and Milk Snakes)

　学名*Lampropeltis*属。カナダ南部から南アメリカ大陸のコロンビアやエクアドルまで広い範囲に生息する人気種で、簡単に養殖個体を入手できる。全長は中型程度（60～165cm）で、性格は穏やか、色も美しく、飼育しやすい。キングヘビは、有毒種も含め、ほかのヘビを食べるので、単独で飼育すること。交尾の際、雄は雌の首すじを押さえ込む。交尾後、空腹の雌が雄をつかんで飲み込んでしまう可能性があるので、すぐに引き離すこと。雌は4～5週

■飼育の条件■
キングヘビ、ミルクヘビ、コーンスネーク、アメリカネズミヘビ、パインヘビ、ゴファーヘビ、ブルスネーク

ビバリウムのサイズ
全長76cmまで　60×60×45cm。
全長76－152cm　90×60×45cm。
全長152－259cm　181×60×60cm。

床材　新聞紙、埃のたたないオガクズ、または洗えるカーペットタイプの素材。

居住環境　乾燥して通気性が良いこと。隠れ家用の箱2つ、餌を置いたり体をこすりつけたりするための平たい石、水を入れた頑丈なボウルを置く。木の枝を配しても良い。

気温
キングヘビ、ミルクヘビ、コーンスネーク、アメリカネズミヘビ　低温部は24℃、ホットスポットは30℃、夜間は19～23℃。光周期：14時間。

パインヘビ、ゴファーヘビ、ブルスネーク　低温部は26.5℃、ホットスポットは30℃、夜間は18～21℃。光周期：12～14時間。

ウィンタークーリング
キングヘビ、ミルクヘビ、コーンスネーク、アメリカネズミヘビ　気温9～10℃（中央、南アメリカ種の場合は12～15℃）で10～12週間、暗い箇所で冬眠させる。

パインヘビ、ゴファーヘビ、ブルスネーク　気温10℃で8～12週間、暗い箇所で冬眠させる。

食餌
キングヘビ、ミルクヘビ、コーンスネーク、アメリカネズミヘビ　適当な大きさの齧歯類。マウスやラットの仔を好む場合もある。

パインヘビ、ゴファーヘビ、ブルスネーク　ウズラの雛や孵化したてのヒヨコ。

産卵と孵化
キングヘビ、ミルクヘビ、コーンスネーク、アメリカネズミヘビ　年1回、種によって卵1～30個を産む。孵化期間は、25.5～29℃で55～72日。

パインヘビ、ゴファーヘビ、ブルスネーク　年1回、卵3～20個。孵化期間は、24～25.5℃で75日。

爬虫類カタログ

↑ 毒を持っていないスカーレットキングヘビ*Lampropeltis triangulum elapsoides*と猛毒のサンゴヘビは、一見よく似ているが、スカーレットキングヘビは吻が赤く、黄色いリング模様（黒いリングで挟まれた赤い帯模様と交互に）があるので識別することができる。

間の妊娠期間を経て脱皮し、産卵する。この時期、湿ったバーミキュライトを入れて湿ったコケで覆ったプラスチック製の容器をビバリウムの中に置く。脱皮後6〜15日で、コケの間に産卵する。卵はそのまま残しておく。

　孵化した子ヘビは、まだ孵っていない卵の邪魔にならないよう、そっと取り出し、靴箱やプラスチック製のサンドイッチボックスに空気穴をあけて入れる。底にはペーパータオルを敷き、水を入れた小さなボウルと、隠れ場所をつくる。子ヘビを入れた箱はヒーターテープ（スネークストリップかヒーターマットでも良い）の上に置き、気温27〜28℃に保つ。子ヘビは孵化後6〜10日目に初めて脱皮し、それから餌を食べ始める。たいていの子ヘビは、解凍したピンクマウスを食べる。成長に合わせて箱も大きくし、同時に与える餌も大きくしていく。

Q&A

●ナミヘビ類の孵化が近いことを知る方法はありますか？

孵化が近づくと、卵殻が張ったようになり、表面に水滴がつき、やがてひびが入り始めます。最初の卵が孵ってから、最後の卵が孵るまでは、7〜9日かかります。

●「ダブルクラッチング（double-clutching）」とはどういうことですか？

一部の飼育者が行っている非常に無責任な行為で、1回の繁殖シーズンに2度産卵させる方法です。雌を極端に消耗させ、未熟な子が生まれる原因となります。

●生後1カ月になるキングヘビですが、1度も餌を食べません。強制給餌したほうが良いでしょうか？

子ヘビのなかには生後何週間も餌を食べなかったり、2、3回脱皮してから初めて餌を食べるようになる場合もあります。子ヘビは卵黄から吸収した栄養分をある程度蓄えているものです。糞をしている限り、蓄えられた栄養分をまだ使っているということです。あせらず気長に待ち、食べるようなら週に1回ピンクマウスを与えてください。ハイオビキングヘビやヤマキングヘビの場合は、トカゲの皮膚や卵の匂いをつけたピンクマウスが有効です。

117

ナミヘビ

← コーンスネーク*Elaphe guttata*にはさまざまな色彩変異型がある。縞模様やジグザグ模様などのパターンをつくり出したブリーダーもいる。

コーンスネークとアメリカネズミヘビ
（Corn and American Rat Snake）

　学名ナメラ*Elaphe*属。丈夫で給餌も簡単で、繁殖させやすいため、初心者に最適のヘビといえる。全長は100〜260cmほどで、北アメリカ大陸からヨーロッパ、アジアにかけて、広く生息している。薄明薄暮性または夜行性種が多い。ネズミヘビはその名の通りネズミを捕食する。コーンスネークとネズミヘビはいずれも主として地表棲だが、木登りもうまい。野生で捕獲された個体より飼育下で繁殖させたもののほうが性質がおとなしい。繁殖行動はキングヘビ*Lampropeltis*属によく似ている。コーンスネークの体色はバラエティに富んでいる。野生種では*Okeetee*や*Miami Phase*と呼ばれる種が入手できる。また人為淘汰によって故意に色彩の変異型をつくりだす場合もあるが、飼育者や繁殖家のあいだでは、自然の体色が好まれているようだ。ネズミヘビの子には、大胆な黒っぽい斑模様があるが、この模様は成長につれて消えてしまう。

パインヘビ、ゴファーヘビ、ブルスネーク
（Pine, Gopher and Bull Snakes）

　学名*Pituophis*属。丈夫な種類で、アメリカからメキシコにかけて生息している。全長は、ゴファーヘビ*P. catenifer*は168cm、キタパインヘビ*P. melanoleucus melanoleucus*やブルスネーク*P. sayi*は254cmと、種によって異なる。この属については、分類学上の論争が続いている。亜種も多く、ブルスネークとゴファーヘビは*P. melanoleucus*の亜種に分類すべきとする専門家もいる。*Pituophis*属のヘビ類は、シュウシュウという声を出したり、物を叩いたり、尾を震わせたりするので、一般に獰猛な性格といわれているが、そのわりに人気がある。養殖個体はそれほど獰猛ではないが、扱いには十分注意すること。体色も多様だが、明るい地色に暗い斑点のあるものが多い。野生には縞模様もいるが、模様のないものは優生交配させたものだ。

　交尾が始まると、雄は雌の首に噛みつき、雌が逃げないようにする。交尾が終わったら、いったん雄を取り出し、毎日1回のペースで雄を雌のビバリウムに入れて、何度か交尾させる。妊娠中の雌は神経質になるので、そっとしておく。産卵時のために、湿ったバーミキュライトを厚さ8cmほどに敷き詰めた、適当な箱を用意する。雌は産卵後数日間は卵を

↓　フロリダパインヘビ*Pituophis melanoleucus mugitus*は穴掘りを好む。ほかのヘビ類とは異なり、暑い季節を除いて、昼間活動する。

Q&A

●飼っているネズミヘビが、ときどき威嚇するように尾を震わせます。危険な兆候でしょうか？

　飼育下でこのような行動をとるときは、自分の身を守るための単なる威嚇行為です。しかし、野生のネズミヘビは、かま首をもたげたり、シュウシュウという音を出したり、飛びかかってくる前に、尾を振ることが多いようです。

●レッドラットスネークをすすめるブリーダーがいますが、これは突然変異による新種ですか？

　コーンスネークの亜種で学名*Elaphe guttata rosacea*、ロージーコーンスネークとも呼ばれます。ふつうのコーンスネークよりも黒い色素が少ないのが特徴です。

●パインヘビ、ゴファーヘビ、ブルスネークの冬眠床には、どんな素材が適していますか？

　消毒した鉢植え用土を厚さ数センチに敷き詰めます。オガクズ（スギは避ける）や苔も適しています。一般に、ヘビに適した冬眠環境とは、皮膚の病気にかからないような乾燥した状態です。

●パインヘビとゴファーヘビとブルスネークの子は、触ろうとすると非常に攻撃的になります。大きくなれば、もっとおとなしくなりますか？

　子ヘビはびっくりするとシュウシュウという声を出したり、体を打ちつけたりすることがありますが、人の手に慣れるにつれて、こうした行動はとらなくなります。小さいうちは、噛まれても差し障りありません。

ナミヘビ

まもっていて、孵化用の容器に移すために卵を取り出そうとすると抵抗する。子ヘビが孵ったら、母親から離して、ペーパータオルを敷き、空気穴をあけた小さな箱に入れる。子ヘビは、最初はピンクマウスを食べ、成長するにつれてさまざまな餌を食べる。

セイブシシバナヘビ
（Western Hognosed Snake）

学名*Heterodon nasicus*。薄明薄暮性または夜行性の地中棲種で、アメリカ西部に生息している。飼育者のあいだでは非常に人気があるが、「派手で見栄えがいい」というわけでもない。全長60〜65cm。英名Hognosed Snake（豚の鼻をしたヘビの意）は、上向きに突き出た上唇の固い鱗に由来していて、これが穴を掘ったり、好物のヒキガエルを地中から掘り出すのに役立っている。ほかの地中棲のヘビ類と同様、体は頑丈だ。背中は茶色、灰色または黄味がかった灰色で、黒い斑点がある。セイブシシバナヘビは飼育下でも容易に繁殖させることができる。ウインタークーリングのあと、餌を食べ始めた時点で、できれば夕方早めの時間、活動を開始したばかりの時間帯に雄を雌のビバリウムに入れる。交尾の時期は、隠れ家用の石や水を入れたボウルは取り除いて

Q&A

●シシバナヘビはなぜ死んだふりをするのですか？
危険を察知したときの反射行動です。あたりをのたうち回り、あちこちに体を打ちつけたあと、口を開け、舌を突き出して、「死んだふり」をします。

●シシバナヘビにはすべて毒があるのですか？
口の奥のほうから弱い毒を出すといわれていますが、飼育者が毒による被害を受けたという例は聞いたことがありません。ときどきシュウシュウいったり、激しく体をくねらせることがありますが、噛むことはほとんどありません。指を「飲み込まれて」口の奥にある毒歯に触れない限り毒の心配をする必要はないでしょう。

●ワキアカガーターヘビの給餌間隔はどのくらいですか？
子ヘビには毎日、幼体には1日おき、成体には週に2度餌を与えます。毎回、満腹になるように餌を与えてください。妊娠中の雌には、食べるだけ餌を与えます。

●ワキアカガーターヘビが発作のように、かま首をもたげて落としたり、口を大きく開けたり、ふらふら動いたりします。どこか悪いのでしょうか？
チアミナーゼ（ビタミンB_1破壊酵素）中毒の症状です。詳しい獣医師による手当が必要です。

↓ セイブシシバナヘビ*Heterodon nasicus*は、ほかのシシバナヘビ属のヘビとは異なり、野生での主食であるヒキガエル以外の餌にも慣れるので、飼育に適している。

おく。交尾が行われない場合は、いったん雄を取り出し、翌日また雄と雌をいっしょにする。交尾の回数が多ければ、それだけ産卵数も多くなる。産卵用に、湿った砂をコケで覆った箱を用意する。子ヘビは親から離し、空気穴をあけた小さな箱に入れて個別に育てる。餌にはピンクマウスが適しているが、食べないようなら、マウスにカエルやトカゲ、トカゲの卵、ヒヨコなどの匂いをつけて与える。初めて迎える冬は、ウィンタークーリングの必要はない。

ワキアカガーターヘビ
(Red-sided Garter Snake)

学名*Thamnophis sirtalis parietalis*。北アメリカに生息する中型の種で、長年、愛好家のあいだで人気がある。全長51～78cmほどに成長し、体色は地面の色に近いオリーブ色、茶色、黒などで、明るい色の縦条が2本があり、脇腹は赤みを帯びている。養殖による繁殖も比較的容易だが、市場に出ている個体の多くは野生で捕獲されたものだ。野生の個体は、当初、物を叩いたり、シュウシュウという音を発したり、肛門腺から悪臭がする液を分泌したりするが、時間がたつとおとなしくなる。子ヘビの大きさは、雌の年齢によって異なる。一番大きなのは雌が3歳のときで、あとは次第に小さくなっていく。精子の貯蔵もよくみられ、交尾してもすぐに妊娠しなかったり、冬眠後に妊娠することもある。子ヘビは薄膜に覆われた状態で生まれ、自分で膜を破って出てくるので、飼育者は子が膜を破る前に乾燥しないよう膜に湿り気を与えなければならない。生まればかりの子ヘビは成体と同じ環境条件で飼育する。生後4日から5日で初めての脱皮をするが、それまでは餌を食べない。生まれた子は親とは別に育てる。

↑ ワキアカガーターヘビ*Thamnophis sirtalis parietalis*は、野生では水辺に暮らしている。ただし、あまりにも湿気が多いビバリウムだと、皮膚や呼吸器系の病気にかかる可能性がある。

■飼育の条件■
セイブシシバナヘビ、ワキアカガーターヘビ

ビバリウムのサイズ 60×38×38cm。	**ウィンタークーリング**
床材	**セイブシシバナヘビ** 気温13℃で8～12週間。光周期：6時間。
セイブシシバナヘビ 乾いた、埃のたたない砂。穴が掘れるように厚さ8cmに敷く。	**ワキアカガーターヘビ** 中央および南方種は気温12～15℃、北方種は気温10℃で12週間。暗い箇所で冬眠させる。
ワキアカガーターヘビ 新聞紙、埃のたたないオガクズ、または洗えるカーペットタイプの素材を使用すること。	**食餌**
	セイブシシバナヘビ 適当な大きさの齧歯類。マウスやラットの子を好む場合もある。
居住環境 隠れ家用の箱2つ、餌を置いたり体をこすりつけたりするための平たい石、水を入れた頑丈なボウルを置く。ワキアカガーターヘビには木の枝を配しても良い。セイブシシバナヘビには、しっかりと床材に埋め込んだ岩が必要。	**ワキアカガーターヘビ** カエル、ミミズ、丸ごとの魚（骨も含む）。魚の匂いづけをしたピンクマウス。市販の専用餌もある。
	産卵と孵化
気温	**セイブシシバナヘビ** 卵生。年1回、種によって最高24個の卵を生む。孵化期間はバーミキュライトの中で、28℃、45～55日。
セイブシシバナヘビ 低温部は21℃、ホットスポットは28℃、夜間は18℃。光周期：14時間。	**ワキアカガーターヘビ** 胎生。1回で最高30頭の子ヘビを産む。妊娠期間は3～4カ月。
ワキアカガーターヘビ 低温部は20℃、ホットスポットは30℃、夜間は18℃。光周期：12～14時間。	

ナミヘビ

← デケイヘビ*Storeria dekayi*は、飛びかかってくるのではないかと思わせる威嚇行動をとるが、実際にはせいぜい肛門腺から臭い分泌物を出す程度である。

デケイヘビ
（Dekay's Snake）

　学名*Storeria dekayi*。Brown Snakeの名でも知られ、全長23〜24cmほどに成長する。カナダ南部からアメリカ、メキシコ、ホンデュラスまでの地域に分布し、もともとは沼地や森林に生息しているが、公害や森林破壊の影響で、生息数は急激に減少している。水辺で見かけることが多いが、水棲ではない。暗いところを好み、主に薄暗がりの中で行動するが、日中、日光浴に姿を現わすこともある。

　野生のデケイヘビは体をべったりと地面につけ、唇を丸め、頭を引っ込めてS字型の威嚇のポーズをとる。まだ人の手に慣れていないときは、肛門腺から悪臭の分泌物を出すが、時間がたつにつれて出さなくなる。昆虫を食べるので、哺乳類の小動物を餌にするのに抵抗がある人には、理想的な種といえる。

　デケイヘビは胎生で、卵ではなく子ヘビを産む。成体の雌は普通、雄よりも若干体が大きく頑丈で、尾は雄のほうが長い。交尾は主に春（秋の場合もある）行われ、6月から9月にかけて子が生まれる。生まれたばかりの子ヘビの全長は8〜11cm、全身が茶色で首の部分は黄色い。生まれたときに子ヘビがビバリウムの床材にくっついてしまわないように、底に軽く水を吹きかけておくと良い。ただし、水が多すぎると、床材の目がつまって子ヘビが窒息してしまうことがあるので気をつけること。

　子ヘビは、一部乾いた部分のある、やや湿気の多い小型のビバリウムに移す。アメリカの飼育者の中には、小さな生き餌を捕まえるのがむずかしいのを理由に、子ヘビを野生に放してしまう人もいるが、この場合はかならず、地元の爬虫類飼育団体に問い合わせ、専門家の意見を聞くこと。

ラフアオヘビ
（Rough Green Snake）

　学名*Opheodrys aestivus*。北アメリカに生息する毒のない昼行性種だが、間違えてVine Snakeと呼ばれることもある。ニュージャージー州からフロリダ・キーズにかけて、西はテキサス州、カンザス

■飼育の条件■
デケイヘビ、ラフアオヘビ

ビバリウムのサイズ
デケイヘビ　60×38×38cmに最高6頭。
ラフアオヘビ　60×45×90cmに最高8頭。

床材　厚さ5〜8cmのローム土。表面を大粒の樹皮チップとコケで覆う。

居住環境　通気性を良くすること。コルクバークの隠れ家と水を入れた小さなボウルを置く。毎日水を吹きかける。ラフアオヘビには、鉢植え植物と、登るための木の枝を置く。

気温　フルスペクトル（UVB）ライト。
デケイヘビ　低温部は24.5℃、ホットスポットは30℃、夜間は14〜15℃。光周期：12〜14時間。
ラフアオヘビ　低温部は24.5℃、ホットスポットは30℃、夜間は14〜15℃。光周期：14時間。
ウィンタークーリング　気温10〜12℃で8〜12週間。光周期：通常。

食餌
デケイヘビ　やわらかいナメクジ、ミミズ類。
ラフアオヘビ　栄養剤をまぶしたコオロギ。

産卵と孵化
デケイヘビ　胎生。1回につき最高30頭の子ヘビを生む。妊娠期間は4カ月。
ラフアオヘビ　卵生。年1〜2回、種によって2〜7個の卵を産む。孵化期間は湿ったバーミキュライトの中で、28℃、40〜45日。

爬虫類カタログ

州、南はメキシコまで分布している。動きは非常に敏捷で、ケージを開けたときに外に飛び出すこともある。飼育はむずかしいといわれているが、適切な環境条件で、適切な飼育を行えば定期的に繁殖する。

雄は全長55〜70cm、雌は80〜86cmに達する。雌のほうが体に厚みがあり、尾は雄のほうが長い。背中はみごとな明るい緑で、腹部は白または白っぽい黄色。体の前半分の脇腹に青い斑点があることが多い。ウィンタークーリングのあと、産卵するが、北半球では通常4月に卵を生む。その後、同じ年に、2度目の産卵をすることもある。卵は十分な湿気のある鉢の下やコルクバークの下、床材の中に埋められる。生まれたばかりの子ヘビは全長15〜23cmで、孵化後5〜6日で餌を食べるようになる。子ヘビは食品用のガラス容器にミズゴケを敷き、ナイロン網の蓋をして飼育する。昼間、ときどき、水を吹きかけ、飲み水と湿気を補給する。餌を食べるようになったら、成体と同じ環境条件の小型ビバリウムに移しても良い。

Q & A

●デケイヘビとそのほかの小型ヘビをいっしょに飼っても良いですか？
蛇食性の種といっしょに飼うのは、避けたほうが良いでしょう。

●複数のデケイヘビをいっしょに飼っても良いですか？
10頭（雄雌あわせて）までであれば、特に問題はありません。

●ラフアオヘビは簡単に飼い慣らすことができますか？
人に慣れていない場合は、のたうち回ったり、触られたときに強い臭いのする液体を放出したりします。噛むことはめったにありませんが、噛まれた場合でも歯が小さいので、ひどいけがにはなりません。

●ラフアオヘビには水場が必要ですか？
野生ではときどき水の中に入りますが、飼育下では水場を用意する必要はありません。吹きかけた水を舐めますが、水を入れた小さな皿も置いてください。

↓ ラフアオヘビ*Opheodrys aestivus*は非常に動きが早く、敏捷だ。性質は穏やかで、同種の仲間と仲良く共存する。

Snapping Turtle
カミツキガメ

カミツキガメ科　FAMILY: CHELYDRIDAE
SPECIES: CHELYDRA SERPENTINA

体が頑丈で、攻撃的な性格を持ち、カナダ南部からメキシコ湾にかけての北アメリカ東岸に分布している。見栄えが悪く、攻撃的な性質にもかかわらず、飼育者のあいだで非常に人気がある。大きな頭と鉤型に突き出した顎を持ち、頭をなかば引っ込めながら大きく口を開けることができる。腹甲が十字型で小さいため、頭や足を完全に引っ込めることはできない。長い尾には歯のような鱗が並んでいる。体色は黒、明るい茶色、褐色などがあり、体の柔らかい部分は灰色を帯びている。孵化子は背甲の縁に明るい色の斑点がある。カミツキガメの幼体はサルモネラ菌を保有しているため、アメリカの法律では甲長10cm以下のカメを売ることは禁じられている。しかし、カミツキガメを含む数種の孵化子は、定期的にイギリスとヨーロッパに輸出されている。

成体の甲長は約45cm。この大きさまで成長したカメを飼育するには、非常に広いスペースが必要で、世話をしようにも飼い主の手に負えず、結果的に捨ててしまうことがよくあるので、生半可な気持ちで手を出さないこと。しかし、野生のカミツキガメは環境への適応力に優れ、飼育下でも十分な広さの場所さえあれば、餌にはあまり困らないだろう。主として水棲だが、岩の上で日光浴をすることもある。アクアリウムでは水辺に岩を置き、水から上がったカメが乾いた場所に移れるようにする。屋外の池で飼育する場合、小さくてもかならず陸場が隣接していること。幼体は特に日光浴を好む。非常に攻撃的で、特に餌を食べるときは獰猛さを発揮するので、1頭ずつ別々に飼育するのが良い。餌を与えるときはかならず長いピンセットを使うこと。

成体は、寒い冬でも戸外に放置しておける。水面が凍っても、空気穴さえあれば水底に沈んだままじっとしている。池全体が凍結しないように、また、夏には水浴びができるように、深めの池のほうが良い。さらに、日陰になる場所も欲しい。水は、食べ残しの餌やごみがたくさん入っていても、一見澄んで見えるので注意すること。汚れた水は眼病などを招くため、大きな水槽では大仕事にはなるが、定期的に換水すること。濾過装置をつけても良いが、カメは水流を嫌うので、部分的な換水はどうしても避けられない（水場については、16～17ページ「住み処」参照）。ヒーターが必要な場合は、火傷しないようにカバーを付けること。

繁殖に必要なスペース

カミツキガメを繁殖させるには、広大なスペースが必要になる。個人の飼育者には容易なことではないが、屋外の囲いの中で繁殖させるのも不可能ではない。北半球では通例、4月から11月のあいだに交尾が行われるが、産卵のピークは6月に訪れる。雌が精子を貯蔵し、数年後に卵を産むことも多い。卵や孵化子は、巣の中で越冬させたあと、1頭ずつ別々の小さな水槽で飼育したほうが良いだろう。成体とは同居させないこと。

■飼育の条件■

アクアリウムのサイズ　成体の室内飼育には最低180×90×65cm。広さ150×120cm以上、水深30－45cmの池と乾いた陸のある屋外の囲い込みが最適。

床材　衛生上、なにも敷かない。

居住環境　日光浴用の岩があること。

気温　室内ビバリウムの場合：水温一日中は23～25.5℃、夜間は15℃。気温－低温部は23～25.5℃、ホットスポットは29～30℃。フルスペクトル（UVB）ライトと日光浴用のレフ球を岩の上からあてる。

ウィンタークーリング　気温5℃以下で8週間、水中で過ごす。光周期：通常の昼光時間。

食餌　丸ごとの魚、カタツムリ、ザリガニ、ミミズ、解凍したマウス、ウズラの雛、孵化したてのヒヨコ、水棲昆虫類、エビ、水棲植物など。カルシウムを補給するために、コウイカの甲を細かく砕いたものを池に浮かべて与える。

産卵と孵化　年1回、卵25～50個。孵化期間は湿ったバーミキュライト（1：1）の中で、30℃、63～70日。

爬虫類カタログ

Q&A

●カミツキガメはどのように扱えば良いのですか?
噛む力が非常に強く、噛まれると大けがをすることがあります。持ち上げるときは、尾に近いほうをつかみ、自分の体から離します。頭を尾のほうまで曲げて噛みつこうとするので注意してください。水の外にいるときは特に凶暴で、威嚇しながら飼い主の足に噛みつこうとすることもあります。

●フルペクトル(UVB)ライトはどんな場合でも必要ですか?
幼体を室内で飼育する場合は、あったほうが良いでしょう。ただし、適切な餌を与えていればUVライトがなくても元気に育ちます。

●換水の間隔はどの程度が良いですか?
濾過システムがない場合は、全体の7割以上を毎週換水します。効率的な濾過システムがあれば、週に2割から5割の換水で十分です。アクアリウムの管理に関する本を読めば、濾過装置や生物濾過の仕組み、老廃物を窒素に還元する、窒素循環の重要性などがわかります。

●アクアリウム用の砂利は床材に流用できますか?
よく使われていますが、細かい食物のかけらが砂のあいだに入り込んでしまい、まめにゴミを取り除かなければならず、なかなかの重労働です。もちろん砂利を敷く場合は、底面濾過装置が必要になります。

●水槽に植物を入れてもよいですか?
あまりおすすめできません。カミツキガメを始めとする多くのカメは、植物を食べたり、根を掘り起こしてしまうからです。装飾用の植物を入れることは意味のないことです。

●カミツキガメに生肉を与えても良いですか?
赤身の牛肉なら少量与えてもかまいません。ただし、肉は燐が多くカルシウムに乏しいので、あまり与えすぎると骨の代謝異常(44~45ページ「病気と治療方法」参照)をもたらします。どうしても肉を与えたいなら、牛肉にカルシウムを混ぜてください。動物性脂肪や缶詰のペットフードは与えてはいけません。

↓ カミツキガメ*Chelydra serpentina*にはカルシウムに富んだ多彩な餌が必要。脂肪分の多い餌を与えすぎたり、泳ぐスペースが十分にないと肥満になる。

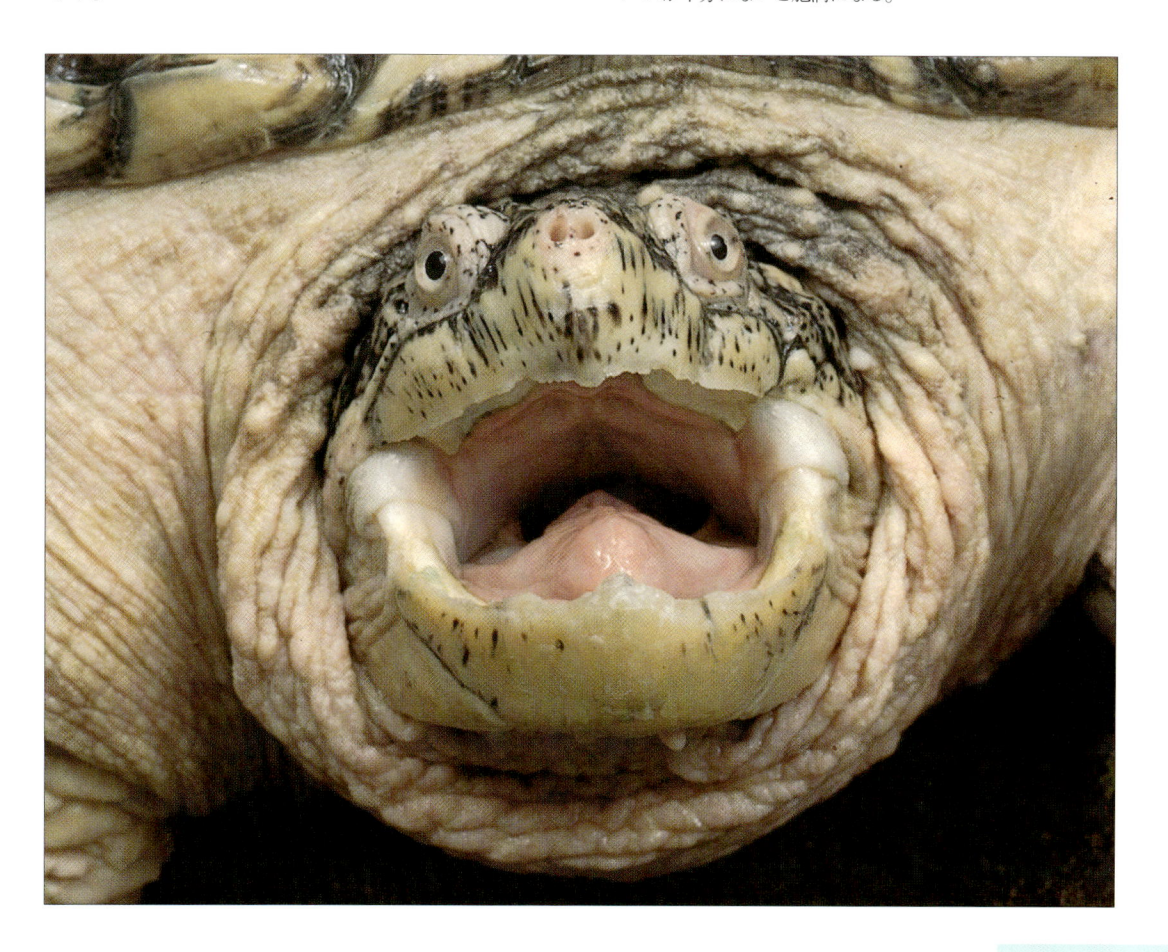

125

Freshwater Turtles
ヌマガメ

ヌマガメ科　FAMILY: EMYDIDAE

↑ ヨーロッパヌマガメ*Emys orbicularis*の成体は屋外飼育に適している。皮膚の柔らかい部分にカビが発生しないよう、十分な日光浴が必要である。

　ヌマガメ科は潜頸亜目Cryptodiraに属し、この科のカメ類は背骨がS字に弯曲していることで、首を引っ込めることができる。背甲と腹甲の間の2つの甲板（亜縁甲板など）を欠き、腹甲が蝶番構造になっている種もある。ヌマガメ科のカメ類はすべて半水棲で、淡水に生息している。ほかのカメ類と同様に卵生。食性は肉食中心だが、特に成体は野菜類や果物類も大量に食べる。

ヨーロッパヌマガメ
（European Pond Turtle）
　学名*Emys orbicularis*。北部および中部を除くヨーロッパ全域、アジア西部、北アフリカにも生息する。以前は大量の孵化子が輸出されていたが、現在は幼体の取り引きが制限されており、取り引きされるのはある程度成長した個体が中心となっている。楕円形の背甲には、暗い色の地に明るい色の斑点や縞模様があり、背中線の部分が畝状に盛り上がっているが、成長するにつれて目立たなくなる。頭部にも明るい色の斑点がある。成体の甲長は約30cmにも達する。

　ヨーロッパヌマガメは屋外飼育に向いていて、日光にさらされても生き延びることができる。室内で飼育する場合は、内部の湿度が高くなりすぎるので、アクアリウムをガラスの蓋で覆わないこと。本種のような半水棲種は、体を完全に乾かす必要がある。

爬虫類カタログ

湿気の多い環境で飼育すると、皮膚の柔らかい部分にカビが発生する（44〜45ページ「病気と治療方法」参照）。ヨーロッパヌマガメは、成体でも植物性の餌はほとんど食べない。

北半球では春から初夏にかけて交尾が行われる。雌は数年間精子を貯蔵することもある。雄はくぼんだ腹甲と幅の広い尾の付け根で見分けることができる。厚さ30cmほどに砂を敷いた産卵場所が必要になるが、よほど大きなアクアリウムでなければむずかしい。屋外の広い囲い込みのほうが繁殖に成功する確率が高い。

同じ方法で飼育できる種に、かつて、Clemmys属とされていたコーカサスイシガメMauremys caspicaがいる。

クサガメ
(Reeves' Turtle)

学名Chinemys reevesii。小型で丈夫なアジア産の半水棲種で、ここ数年、孵化子や幼体を中心に出回っている。韓国および中国中部・南部に生息し、日本にもいる。飼育は比較的簡単。成体の甲長は最大でも22cm程度で、それほど広いスペースはいらない。色はあまり鮮やかではないが、人なつっこい性格をしている。

背甲は濃い茶色や黒、腹甲には黄色で黒っぽい斑点がある。首には縦縞、顔には明るい黄色と銀灰色の細かい網目模様がある。飼育には屋外の囲い込みが適しているが、場所によっては冬の寒さ対策が必要になる。

雄は尾が太く、腹甲がややくぼんでいる。繁殖は可能だが、広大なスペースが必要で、90×90cm以上の池と産卵のための陸地を用意しなければならない。雄は雌に正面から接近し、口を開けたり閉じたりしながら頭で相手を突く。交尾の準備ができていない雌は、雄に噛みついて追い払おうとする。いじめを避けるために、大きさの違う雄同士は同居させないこと。交尾に成功すると、雌は卵を地中に埋めるが、別の場所に移して孵化させる。孵化後、卵黄の養分を使い果たすまで、数日間餌を食べないこともある。

孵化子には小型の水生昆虫類などの餌を与える。浅い池（甲の2倍の深さ）と日光浴用の岩などを準備する。

Q&A

●半水棲ガメと陸棲ガメはいっしょに飼育できますか？
一般に、種や大きさの違うカメはいっしょに飼育しないほうが良いでしょう。狂暴な種もいるので、いじめられたり餌にありつけない個体も出てきます。

●タートルボウル（カメケース）で孵化子を飼っても良いですか？
タートルボウルでは小さすぎます。孵化子用の45×30×12cmのプラスチックケースもすぐに小さくなってしまうでしょう。この種の容器には日光浴用のレフ球やフルスペクトル（UVB）ライトの吊具を取り付けることができません。子ガメは成体と同じ環境条件の小さな水槽で飼うのがいちばんです。温度が高くなりすぎないように、浅めの水場（甲の高さの2倍より深くないこと）を用意してください。

●池に植物を植えても良いですか？
大きな池なら植物を植えてもかまいませんが、そのぶんカメが泳いだり餌を食べたりする場所が少なくなります。小さな池に植物があると、掃除が大変で、植物の根をカメが掘り起こしてしまう可能性もあります。

●丈夫なカメなら、冬でも屋外で飼育できますか？
ヌマガメ科のカメは、体の大きいカミツキガメほど丈夫ではありません。ヨーロッパヌマガメやクサガメは丈夫なほうですが、それでも周囲の気温が冬眠期の適温より低くならないよう注意しなければなりません。寒冷地では、秋期、カメの動きが鈍くなったときに池から取り出し、個別に湿った枯れ葉やコケを敷いた冬眠用の箱に入れます。箱は涼しい場所に置き、温度に注意します（冬眠については35〜37ページ「繁殖」、130〜131ページ「ハコガメ」参照）。

↓ クサガメChinemys reevesiiはアジアから大量に輸入されている唯一のクサガメ属のカメ。植物性の餌はあまり好まない。

ヌマガメ

ミシシッピチズガメ
(Mississippi Map Turtle)

学名 *Graptemys kohni*。アメリカ南部に生息し、チズガメに属して9～10種の仲間がいる。一部の種は限られた地域にしか生息しておらず、野生での生態はほとんど知られていない。チズガメは過去に、不当に取り引きされていた時期があるので、購入するときは違法でないかあらかじめ調査したほうが良い。アメリカでは「4インチ法」が適用される（4～5ページ「飼育を始める前に」参照）にもかかわらず、ミシシッピチズガメの「養殖」孵化子は今も輸出されている。孵化したばかりの子は、明るい茶色の背甲にリング状の斑紋があり、腹甲には黒っぽい「噛み跡」のようなキールと複雑な模様がある。体色は、成長するにつれて薄れていく。やわらかい部分の縞と目の後ろにある三日月型の斑紋が特徴的である。目は白く瞳孔は黒い。成体は甲長25cmほどに成長するが、一般にはここまで大きくならない。カタツムリと淡水の軟体動物が好物だが、成長するにつれて植物も食べるようになる。

ミシシッピチズガメの孵化子は、気温が低く、日光に十分当たって体を乾かすことができないと、カビが生えてくる。浮力の調節が苦手なので、始めのうちは池の水深が甲羅の高さの2倍を超えないようにすること。特にカルシウム不足にならないよう、餌にも注意する。

雄は雌より小さいが、前脚に長い爪を持っている。繁殖に取り組む人は非常に少なく、野生での繁殖行動もほとんどわかっていないが、屋外で繁殖させたほうが成功率は高いと思われる。雌は土のやわらかい部分に卵を埋める。同じ条件で飼育できる種に、ヒラチズガメ *G. geographica* やニセチズガメ *G. pseudogeographica* がいる。

セスジニシキガメ
(Southern Painted Turtle)

学名 *Chrysemys picta dorsalis*。ニシキガメ属に分類されるカメ類は、イリノイ州からメキシコ湾に

■飼育の条件■
ヨーロッパヌマガメ、クサガメ、ミシシッピチズガメ、セスジニシキガメ

アクアリウムのサイズ　室内：小型の個体は75×30×30cm、大型の成体は120×38×38cm。水深20～30cmの水場があること。屋外：直射日光を浴びることができる場所と広さ150×60×25cm以上の池がある大きな囲い込み。特に成体には、室内が望ましい。

床材　室内アクアリウムで飼育する場合は、衛生上、なにも敷かない。屋外では土または草。

居住環境　室内の場合は、乾いた日光浴用の岩、屋外の場合は、日当たりの良い小さな陸地があること。

気温　室内アクアリウムの場合：光周期12～14時間。フルスペクトル（UVB）蛍光灯と日光浴用のレフ球を付け、ホットスポットで29～30℃になるよう調整する。UVB蛍光灯はガラス越しにあてないこと。室内および屋外飼育での水温は以下の通り。

ヨーロッパヌマガメ　日中は25.5～26.5℃、夜間は13～16.5℃。

クサガメ　日中は22～28℃、夜間は15～20℃。

その他　日中は25.5～26.5℃、夜間は20～21℃。

ウィンタークーリング　気候が適していれば屋外で行う。

ヨーロッパヌマガメ　気温5℃で6～8週間、水中や湿った枯れ葉、苔の下で過ごす。

クサガメ　気温7～10℃で6～8週間、水中や湿った枯れ葉、苔を敷いた箱の中で過ごす。

食餌　カミツキガメ（124ページ）と同様だが、小さく刻んで与える。*Elodea* などの植物。小さく砕いたコウイカの甲を水に浮かべる。

産卵と孵化　湿ったバーミキュライトを用意する。

ヨーロッパヌマガメ　年1回、最高16個の卵。孵化期間は、29～30℃で78～80日。

クサガメ　年1回、卵2～3個。孵化期間は、25～32℃で70～80日。

ミシシッピチズガメ　年1回、最高12個の卵。孵化期間は27～30℃で70～86日。

セスジニシキガメ　年1回、卵3～15個。孵化期間は、27℃で68～80日。

爬虫類カタログ

↑ セイブニシキガメ*Chrysemys picta bellii*の雌は、特徴的な短い爪で識別できる。雄は求愛行動の一環として、長い爪で雌を「愛撫」する。

Q&A

●生まれたばかりのチズガメの子を、天気の良い日に外に出しても良いですか？

日光に当てるのは良いことですが、小さな浅い容器に入れた孵化子は、うまく体温調節することができません。かならず日陰を用意し、気温によって日光に当てる時間を調節してください。

●チズガメはコオロギを食べますか？

ほとんどの半水棲ガメはコオロギを食べますが、カルシウムに乏しく燐が多いため、健康に良いとはいえません。また、コオロギを入れすぎると、水槽の水が汚れるので注意しましょう。コオロギは水に落ちると溺れてしまうので、食べ残したコオロギは取り除いてください。

●成熟したセスジニシキガメの個体は、どうやって見分けるのでしょうか？　購入するとき、十分成長した個体を選ぶにはどうしたら良いですか？

野生で捕獲された個体の年齢を知ることはできませんが、成体の雄は甲長8～10cm、雌は10～12cmほどです。5cm以上あれば、順調に育っているといえるので、経験の浅い飼育者でも一般の水槽で問題なく飼育することができます。正しい飼い方をすれば、若い成体なら20年近く生きるでしょう。冬眠させるとそのぶん、成長が遅くなりますが（冬眠中は数か月間成長がとまるため）、寿命は長くなります。

至るアメリカ中部に生息し、その鮮やかな赤色の体色で昔から人気がある。ほかのニシキガメ同様、セスジニシキガメもほとんどが甲長15cm以下で、体はそれほど大きくない。黒っぽい背甲の中心に赤やオレンジの帯があり、甲の縁には赤い斑点がある。腹甲は明るい色で1ないし2つ、黒っぽい斑点がある場合もある。ヨーロッパ向けに養殖した孵化子が数多く輸出されているが、孵化子は手がかかるので、経験の浅い飼育者はある程度成長した個体から始めたほうが良い。南部に生息するセスジニシキガメには、冬眠の必要はない。温暖な地域では、冬のあいだ、水の中でじっとしているだけで餌は食べない。成体の雄は雌より小さく、前脚の爪が長めで、尾の付け根も太く、腹甲がややくぼんでいる。

ほかのカメ類と同様、屋外の囲い込みで飼育したほうが繁殖に成功する可能性が高い。ただし、年月がたつと、まったく繁殖しなくなる。スライダーガメ属*Trachemys*やクーターガメ属*Pseudemys*のカメ類も、同じ方法で飼育できる。

Box Turtles
アメリカハコガメ

ヌマガメ科　FAMILY: EMYDIDAE
アメリカハコガメ属　GENUS: TERRAPENE

　アメリカハコガメは、アメリカ東部に生息する小型のカメで、腹甲が蝶番状になって甲を完全に閉じられることから、「ハコ」ガメと呼ばれるようになった。ペット市場でよく見かけるのは、カロリナハコガメTerrapene carolinaやニシキハコガメT. ornataの亜種で、ネルソンハコガメT. nelsoniやヌマハコガメT. coahuilaはほとんど見られない。甲長は10～28cmと、種によって異なる。ハコガメを扱うときは、次々に制定される種々の法律に注意すること。アメリカの一部の州は、ハコガメの売買だけでなく、飼育も禁じている。ただし、いくつかの亜種は、現在でも輸出されている。

　ハコガメ類は、気候さえ穏やかであれば、屋外で飼育したほうが良い。そうでなければ、一部屋または部屋の一部を飼育用に改造する。野生では、池や沼など、水辺の湿気のある場所に暮らすが、陸の生活にも適応できる。屋外では、ガラスやプラスチックで日光を遮らないようにして、さらに日陰の場所をつくっておく。暑すぎたり、乾燥しすぎると病気の原因になる。室内で飼育する場合、サーモスタット付きスポットランプ（調光機能が付いているもの）で温度調節を行う。

　飼育条件が適していないと、餌を食べなくなるが、特に問題がなくても食欲不振におちいることがたまにある。キノコや果実類を好み、少量のゆで卵も食べる。餌は小さく刻んで、よく混ぜること。カメ類全般にいえることだが、ハコガメもビタミンA不足に陥りやすい。適切な飼育環境が整っていれば、普通でも30年から40年は生きる。ペットとして100年以上生きたという話もある。

　冬眠の基本的な方法は次の通り（35～37ページ「繁殖」参照）。屋外の場合、カメは自分で枯れ葉やコケの下に潜り込むので、上から古いカーペットなどで覆って、霜除けにする。ハコガメはこの状態で、気温5℃前後で冬眠する。気温がこれより低くなると死んでしまう。

　冬眠用の箱を使う場合は、湿気がこもらないよう注意し、枯れ葉やコケ、湿った鉢植え用土などを、余計な水分が出ないよう十分水切りし、空気を混ぜ込みながら箱にたっぷりと敷きつめる。箱の状態は定期的に確認し、湿気が多すぎないか、呼吸に問題がないかどうか確かめること。

■飼育の条件■

ビバリウムのサイズ　最低90×60×38cmに1頭。気候が適していれば屋外でも飼育できる。その場合は180×180×122cmの囲い込み。

床材

室内　保湿性のある粗い素材を厚さ5～10cmに敷く。

屋外　粗い土を厚さ20～30cmに敷く。草などを植えても良い。

居住環境

室内　浅いトレイ。毎日水を吹きかける。木箱などを使った隠れ家を2カ所以上用意する。

屋外　ハコガメが逃げられないような背の高い壁をつくる。一部が網状になった透明プラスチックの蓋をかぶせる。隠れ家と浅い水場。朽ちた丸太を置いて昆虫を引き寄せる。毎日吹きかける。

気温　室内の場合：低温部で22～24℃、ホットスポットで28℃以下、夜間は15℃。フルスペクトル（UVB）ライトを用意する。

ウィンタークーリング　ほとんどの個体は、気温5℃で8～12週間。南方種の場合は8～10℃で7～8週間。

食餌　雑食性。昆虫や昆虫の幼虫、解凍したピンクマウス、ミミズ、カタツムリ、そのほかさまざまな植物性の餌。市販されているハコガメ用ペットフードの缶詰や、低脂肪のドッグフードの缶詰でも良い。ビタミン剤は週に1回、カルシウム剤は週に2回与える。引き出した餌が床材にまみれないよう、餌皿は広い平らな石の上に置く。

産卵と孵化　年1回から数回、1回あたり卵3～5個。孵化期間は、湿ったバーミキュライトの中で、26℃、70～80日。

↑ ニシキハコガメ Terrapene ornata は夏の暑い時期、餌を食べなくなることがある。毎日隠れ家に水を吹きかけ、暑さから逃れられる場所を確保すること。

Q&A

●ビタミンA欠乏症とはどんな病気ですか？

ビタミンA欠乏症では、目が開かなくなり、透明な鼻水が出たり、皮膚に異常をきたします。ほかの感染症を併発している場合もあるので、専門医に診せます。

●カメのブルメーション brumation について読みましたが、これはどういう意味でしょうか？

ブルメーションとは春化処理のことです（35～37ページ「繁殖」参照）。冬になっても通常の気温で飼うと、ハコガメは春化処理に入り、蓄えた栄養分のみですごします。このような状態が続くと衰弱し死ぬこともあります。定期的な冬眠はカメには重要です。

●冬眠用の箱が乾燥したらどうすれば良いですか？

軽く水を吹きかけてください。ただし、濡らしすぎると呼吸できなくなるので注意すること。

●複数のハコガメをいっしょに飼育できますか？

ハコガメは社交的なので問題ありませんが、数が多いと衛生状態が悪くなるので注意します。異種交配を避けるために、種や亜種が異なる個体は別にします。

時期を選ばない交尾

雄は腹甲がくぼんでおり（ニシキハコガメを除く）、雌よりも長く、尾が太い。一般に雄の目は赤色、雌の目は黄色っぽい茶色をしている。雄と雌をいっしょに飼育すれば、時期を選ばず交尾を行うので、繁殖させない場合、雄雌は別々に飼育する。

冬眠が終わり、雄雌ともよく餌を食べ始めるようになった頃に同居させる。雌は卵を産むと、やわらかい土の下に卵を埋める。

やや高めの気温（29～30℃）で孵化させると、生まれた子はほとんど雌になり、低め（22℃）だとほとんど雄になる。

孵化子は成体と同じ飼育環境にするが、餌は主に肉や昆虫類を与える。寄生虫が移らないように親とは別の場所で育てること。

Tortoises
リクガメ

リクガメ科　FAMILY: TESTUDINIDAE

　リクガメは爬虫類の中でも非常に人気が高く、飼育方法も特にむずかしくはないが、正しい飼育方法を知らないために、2年足らずで死んでしまうケースが多い。特に寒い地域では、最初の冬を越せないことが多い。餌が合っていないと、甲が変形したりくちばしが徒長したりする。

　また、湿気が多い、収容数が多い、衛生状態が悪いなどの原因で、呼吸器系の疾患を引き起こす場合もある。

　落としたり、飼い犬に噛まれたり（実際によくある）すると甲羅が割れてしまう。リクガメの甲羅は、定期的にやわらかいブラシとぬるま湯で掃除し、バクテリアに感染しないようにすること。

　また、土を掘ったり、壁を登ったりして、ビバリウムや囲い込みを抜けだし、そのままどこかにいなくなってしまう例も多い。これを防ぐには、しっかりとした飼育場を準備する（16〜17ページ「住み処」参照）。

チチュウカイリクガメ
（Mediterranean Turtoise）

　チチュウカイリクガメ属*Testudo*。地中海から中東、小アジアにかけて分布している。

　もっとも一般的な種は、ギリシャリクガメ*T. graeca graeca*とヘルマンリクガメ*T. hermanni*である。稀少種や保護対象となっている種もあるが、

⬇ 北ヨーロッパでは、死亡率が高いという理由でギリシャリクガメ*Testudo graeca graeca*の取り引きが制限されていた。しかし、現在はヘルマンリクガメとともに、養殖による繁殖に成功している。

爬虫類カタログ

ヨツユビリクガメ Testudo horsfieldi だけは、現在も野生で捕獲されたものが輸出されている。

ヨツユビリクガメを始めとするチチュウカイリクガメ類は多湿を嫌い、乾燥した、日当りの良い環境を好むので、屋外飼育が望ましい。寒冷地では屋外、室内とも寒さ除けの設備が必要になる。

大型の個体は甲長35cmにもなるので、ビバリウムには適していない。リクガメ類は可視光線に引きつけられる性質があるため、ヒートマットやセラミックヒーターよりもスポットライト（白色灯）を使用したほうが良い。体温を上げるために日光浴するが、気温が29.5℃近くになると日陰を探すようになる。

雄は尾が太くて長く、腹甲がくぼんでいる。妊娠している雌は攻撃的になり、産卵に向けて自分だけの場所をほしがるので、交尾させるとき以外は、雄

■飼育の条件■
地中海陸ガメの仲間

ビバリウムのサイズ 室内では180×180×90cm以上。気候が適していれば、成体は屋外の囲い込みで飼育したほうが良い。

床材 室内：乾燥した埃のたたない砂。屋外：腹甲が腐ったり、摩擦ですり減ったりするので、水浸しの地面や、床の固いテラスなどは避けること。

居住環境 室内：複数隠れ家を用意する。屋外：日陰と背の低い灌木、木製の隠れ家があること。寒い夜のために、藁を敷いた箱を用意する。室内、屋外とも浅い水皿を置く。

気温 室内の場合：低温部が20〜25.5℃、ホットスポットは35℃、夜間は10〜15℃。光周期：14時間。パーセンテージの高いフルスペクトル（UVB）ライトと日光浴用のレフ球が必要。

ウィンタークーリング 気温5〜6℃で8〜12週間。光周期：自然のまま（カメは地中に潜ってしまうので関係がない）。

食餌 葉野菜や野生の植物など、バラエティに富んだ植物性の餌を与える。重さの8〜10％のカルシウムが必要なので、粉末カルシウムを振りかけたり、細かく砕いたコウイカの甲を与える。果物類は多くても餌全体の15％に留める。動物性タンパク質は与えないこと。餌皿は平らな石の上に置く。

産卵と孵化 年2〜3回、1回につき卵6〜9個。孵化期間は、湿ったバーミキュライトの中で、湿度70〜80％、26〜33℃、120〜160日。

Q&A

●リクガメは冬眠する前にどのような準備をしますか？

秋になると餌を食べなくなります。動きも緩慢になり、地面に潜ろうとします。健康で、よく餌を食べていたカメだけを冬眠させてください。病気の個体や栄養不足の個体を冬眠させると死んでしまいます。

●チチュウカイリクガメにはどんな冬眠場所を用意したら良いですか？

地面が乾いているときは、霜や雨避けのカバーをかけます。あるいは、乾燥した泥炭を詰めた大きなプラスチック容器に移し、箱を土に埋め、その上に大きな撥水性のカバーをかけて雨を防ぎます。通気のため、カバーと土は密着させないでください。冬眠用の箱に入れて霜のかからない屋外の小屋も冬眠させられます。箱は60×60×60cm以上とし、その中に50×50×50cm程度の箱を入れ、外側の箱と内側の箱の透き間には木の屑や発泡スチロールを詰めます。内側の箱には乾燥した泥炭を入れ、全体を大きな発泡スチロール板の上に置き風通しを良くします。どちらも、カメの甲羅に屋外用の温度計を貼り付け、温度を監視します。

●冬眠期が終わったらどうしたら良いですか？

ぬるま湯を入れた浅い容器で入浴させ、口と内臓を潤すことができるよう、十分な飲み水を与えます。

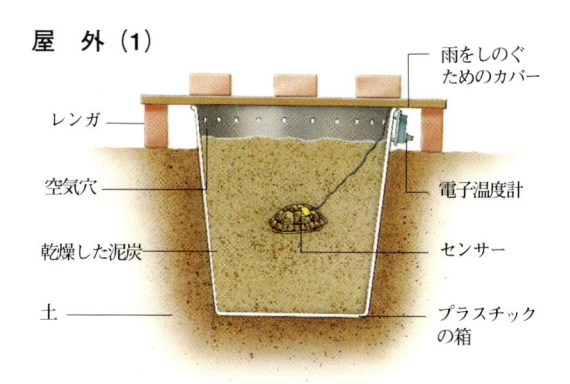

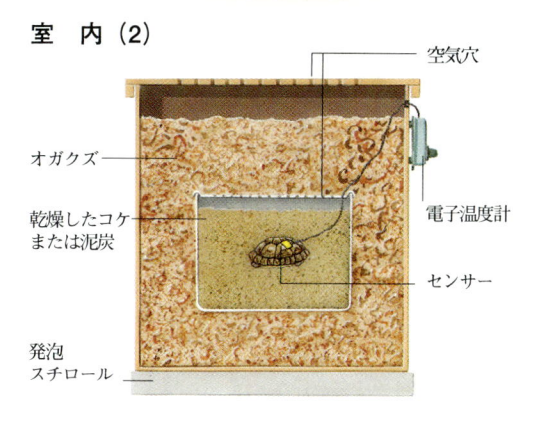

屋 外 (1)

- 雨をしのぐためのカバー
- レンガ
- 空気穴
- 電子温度計
- 乾燥した泥炭
- センサー
- 土
- プラスチックの箱

室 内 (2)

- 空気穴
- オガクズ
- 電子温度計
- 乾燥したコケまたは泥炭
- センサー
- 発泡スチロール

と雌は別々に飼育すること。

　産卵にあたって、厚さ30cmほどの粗い砂や土を用意する。

　雌は精子を体内に貯蔵することができるため、妊娠期間は2〜30カ月に及ぶ（2カ月が一般的）。

　気温を通常の適性気温域の最高気温に、地表温度を29.5℃に調整すると、産卵に最適な環境条件が整う。

　産卵に適した場所がないと、卵は雌の体内に残り、石灰化して卵塞dystociaを引き起こす（42〜43ページ「病気と治療法」参照）。鳥類用の孵化器（回転しないもの）を使って湿度を管理し、孵化させることもできる。

　孵化子は完全に卵から出てくるまで触らないこと。子は新聞紙を敷いた小さなケージに入れ、日光浴用のレフ球とフルスペクトルライトで照らす。

　幼体も成体と同じ気温で飼育する。餌も成体と同じもので良いが、細かく刻んでよく混ぜること。栄養剤、特にカルシウム剤が必要。週2回程度ぬるま湯に漬けると、甲羅の掃除にもなり、脱水症状を防ぐ意味でも役立つ。

アカアシガメ
(Red-footed Tortoise)

　学名 *Chelonoidis carbonaria*。かつて *Geochelone carbonaria* といわれていた南米産の人気種で、アンデス山脈をはさんで南米大陸の東西に広がる熱帯雨林に生息している。頭と四肢にある赤と黄色の鱗が特徴。甲長50cm近くまで成長することもあるので、ビバリウムではいずれ大きくなりすぎてしまう。乾燥した空気を好むので、多湿の土地では屋外で飼育するほうが良い。幼体や妊娠した雌は、カルシウム不足にならないよう気をつけること。

　雄は、深くえぐれた腹甲と、長くて太い尾を持つ。攻撃的な性格で、頭や四肢に噛みついたり、相手をひっくり返そうとするので、喧嘩にならない広さが必要になる。雄と雌をいっしょにしておくと、1年中時期を選ばず繁殖するが、北半球の温暖な気候域では、通例、8月から3月にかけて産卵する。雌は卵を産む前に、まず尿で地面をやわらかくし、その後深さ22cm程度まで穴を掘って卵を埋める。交尾後は、雄と雌を別々にする。仲間に喧嘩を売るような個体も、隔離して飼育したほうが良い。

■飼育の条件■
アカアシガメ、ヒョウモンガメ、パンケーキガメ

ビバリウムのサイズ　以下はペア1組あたりの大きさ。気候が適していれば、大型種は屋外で飼育したほうが良い。

パンケーキガメ　122×75×45cm。

その他　最低240×240×60cm。屋内の場合は、1部屋全体、または部屋の一部を利用するのが理想的。

床材　厚さ5〜8cm。

アカアシガメ　ローム土または枯れ葉。

その他　乾燥した埃のたたない砂。

居住環境　温暖な気候なら屋外で飼育する。寒くなったら、温かい室内に移す。

アカアシガメ　日陰や隠れ家を用意する。飲み水や入浴のための浅い水皿を置く。毎日水を吹きかける。

その他　複数の隠れ家を用意する。水を入れた小さなボウルを置く。多湿を避け、通気を良くすること。生きた植物は置かない。

気温　室内の場合、フルスペクトル（UVB）ライトと日光浴用のレフ球。

アカアシガメ　低温部で24℃、ホットスポットで32℃、夜間は22℃以上。光周期：12〜14時間。

ヒョウモンガメ　低温部で28℃、ホットスポットで35℃、夜間は18〜20℃。光周期：14時間。

パンケーキガメ　低温部で24℃、ホットスポットで32℃、夜間は13〜15℃。光周期：14時間。

湿度　アカアシガメのみ：85〜90％

ウィンタークーリング　ヒョウモンガメのみ：気温25℃で7〜8週間。光周期：10時間。

食餌　さまざまな草類（30〜31ページ「餌と給餌」参照）および最大20％の果物類。マッシュルーム、モヤシ、青豆、そら豆、アルファルファなど。屋外飼育の場合は、たまにビタミン剤を与える。

産卵と孵化　湿ったバーミキュライトの中で孵化する。

アカアシガメ　年2〜3回、1回につき卵3〜7個。孵化期間は、28〜30℃で120〜170日。

ヒョウモンガメ　年2〜3回、1回につき卵5〜12個。孵化期間は、27〜30℃で96〜180日。

パンケーキガメ　年2〜3回、1回につき卵1個。孵化期間は、29〜30℃で150〜200日。

↑ 特殊な飼育条件が必要なアカアシガメ Chelonoidis carbonaria は、初心者には向かない。写真は、孵化したての子。卵の殻を割るための卵歯が見える。この歯は孵化後、抜け落ちてしまう。

　孵化子はまとめて清潔なプラスチックの容器に入れて、卵黄嚢がなくなるまでいっしょにしておき、卵黄嚢が乾燥しすぎないよう、90〜95%の多湿状態を保つ。嚢が吸収された時点ですぐ、やわらかい果物や野菜をつぶして、なめらかなピューレ状にしたものにビタミンとカルシウムを添加した餌を与える。自分で餌を食べるようになったら、湿度90%のビバリウムに移し、以降は徐々に85%まで下げていく。成体は毎日30分ほど浅いぬるま湯に入れて入浴させること。同じような方法で飼育できる種に、キアシガメ Chelonoidis denticulata がいる。

ヒョウモンガメ
（Leopard Tortoise）

　学名 Geochelone pardalis。アフリカ東部および南部に生息し、特徴のある甲の模様からヒョウモンガメと呼ばれるようになった。欧州連合が、最近に

Q&A

●産卵には、床材をどの程度の厚さに敷けば良いですか？
粗い砂まじりの土を最低30cm以上（小型種の場合は15〜18cm）敷いてください。ふつうは後肢の長さと同じ程度の深さまで土を掘ります。

●アカアシガメの孵化子に必要な湿度は、どのようにして維持したら良いでしょうか？
孵化子を入れた容器ごと、別のビバリウムの中に置き、ヒーターマットの上に水を入れたボウルを置きます。

●アカアシガメは肉食ですか？
死肉を食べることで知られていますが、解凍した齧歯類やヒヨコを与えるのは、月に1回にしてください。

●アカアシガメとトカゲをいっしょに飼うことは？
やめましょう。アカアシガメは機会があればトカゲを食べます。イグアナの尾を食べた例もあります。

●生まれたばかりのヒョウモンガメには乾燥した環境が必要ですか？
ヒョウモンガメは乾燥した空気を好みますが、脱水症状を起こしやすいので、飲み水と湿気のある隠れ家を1、2カ所用意してください。週に2回、1頭ずつ、浅めのぬるま湯に入浴させるのも良いでしょう。

リクガメ

なって本種の取り引きを制限したため、ヨーロッパで入手するのはむずかしくなったが、すでにかなりの数が飼育されている。成体は甲長60cmに達し、小さなビバリウムではすぐに狭くなってしまうので、限られたスペースしか確保できない飼育者には勧められない。温暖で乾燥した地域であれば、屋外でも飼育できるが、寒冷多湿な地域は適さない。日光浴を好むが、日陰も用意してやること。狭い場所では、雄同士いっしょに飼育しない。また、妊娠した雌にも専用の住み処が必要になる。立派な甲羅をつくるには、カルシウム豊富な餌が必要で、総合ビタミン剤を与えるのも良い（30〜31ページ「餌と給餌」参照）。ただし、屋外の自然光の下で飼育する場合は、ビタミンの量を控えること。ほとんどの個体は死肉を食べるが、成体には、解凍した齧歯類、解凍したヒヨコ、低脂肪ドッグフードの180g缶のいずれかひとつを1カ月に1回与える程度に留めること。孵化子には1カ月に、ピンクマウス1/4または缶入りペットフード小さじ1/2以上与えてはならない。雄は尾が太くて長く、腹甲がくぼんでいる。「飼育の条件」に示した最小サイズよりも小さなビバリウムでは、繁殖はほとんど行われない。卵から出てきた孵化子は、卵黄を吸収し尽くすまでの数日間はじっとしているが、自分で動き出すようになるまで手を出さないこと。動き始めたら、卵黄嚢が完全になくなるまで、湿ったペーパータオルを敷いた通気性のある容器に入れておく。容器の中は、低温部で25℃、ホットスポットで30〜32℃になるように調整する。気温が21℃以下の場合は、ワット数の低いヒートマットを敷き、夜間はその上ですごせるようにする。フルスペクトル（UVB）ライトもつける。餌は細かく刻んでよく混ぜること。カルシウム不足にならないよう注意し、総合ビタミン剤を週1回程度与えても良い。

パンケーキガメ
（Pancake Tortoise）

学名 *Melacochersus tornieri*。別名Tornier's Tortoiseの名でも知られる。アフリカ南東部に生息し、この種だけでひとつの属をなしている。平べったい形をしているところから、パンケーキガメと呼ばれるようになった。甲長15〜18cm、高さ約4cm。薄くて柔軟性のある腹甲があることで、乾燥した岩の多い環境の中で、体を広げて岩の裂け目などに体を押し込むことができる。

甲羅が軽いので、ほかのカメ類より素早く動いたり、じょうずに岩に登ることができる。存分に動けるよう、広いビバリウムが必要。体色には個体差があるが、年とともに薄れていく傾向がある。が、多くの個体に明暗の線が放射状に広がった美しい模様がみられる。この模様は、野生では立派なカモフラージュ効果を果たす。一定の気温を維持していれば、時期を選ばず繁殖し、飼育下でも成功する。ただし、年末近くに生まれた卵は、無精卵の場合が多い。繁殖を中断させたい場合は、気温を24〜26.5℃以下、光周期を10時間に保つ。妊娠した雌は雄から隔離し、卵は巣から取り出して別の容器で孵化させる。孵化子は隠れ家がたくさんある専用ビバリウムで飼育する。

← パンケーキガメ *Malocochersus tornieri* の成体の特徴は、平べったい大きな甲羅。孵化したばかりの子の甲羅は、成体よりこころもち盛り上がり、丸みを帯びているが、成長するにつれて形が変わっていく。完全に成長した甲羅でも、非常に軽いので素早く動くことができる。

Common Musk Turtle
ミシシッピ ニオイガメ

ドロガメ科　FAMILY: KINOSTERNIDAE
　　　　　SPECIES: *STERNOTHERUS ODORATUS*

　甲長13cmほどで、英名Stinkpot Turtle（悪臭つぼのカメの意）とも呼ばれ、北米カナダのオンタリオ州からアメリカのフロリダ州に続く東海岸、西はウィスコンシン州からテキサス州にかけて生息している。頭の2本の明るい色の縞条と顎髭で、ほかのニオイガメ類と区別できる。成体の腹甲はかすかだが蝶番構造になっている。自分の後肢のあたりまで頭を伸ばすことが可能で、特に雄は噛みつく習性がある。主に水棲で、日光浴することもあるが、たいていは甲羅を水面上に出したまま、浅瀬にじっとしている。体の小さな個体は、泳ぐよりも水底を歩くことが多いので、水深に注意すること。雄は雌よりも尾が長く、尾の先端と脚の内側のざらざらした鱗の2ヵ所に固いトゲがあるが、それほど鋭くはない。雌は卵をやわらかい土の中に埋めるので（室内の場合はトレーを用意する）、取り出して別の場所で孵化させる。孵化子は浅い水場のある個別のビバリウムで、成体と同じ環境条件、同じ餌で育てる。ドロガメ*Kinosternon*も同じ方法で飼育できる。アメリカではドロガメ属とこのニオイガメ属は、いずれも法的規制の対象となっているので、飼う前に州法や地域法を参照すること。

↑　ミシシッピニオイガメ*Sternotherus odoratus*は、飼育しやすいため、腹甲の下にある臭腺から悪臭のする液を分泌するにもかかわらず人気が高い。

■飼育の条件■

アクアリウムのサイズ　室内の場合は最低120×38×38cm、屋外の場合は大きな池。

床材　室内の場合はなにも必要ない。屋外では土。

居住環境　主に水棲だが、乾いた陸地も必要。岩を配した、水深13cmほどの浅い水場。

気温　室内の場合：日中の水温は25.5〜29℃、夜間は15〜18℃。光周期：14時間。フルスペクトル（UVB）ライトと日光浴用のレフ球が必要。

ウィンタークーリング　気温7〜10℃で8〜12週間。水中や湿った枯れ葉や苔のある箱の中で過ごす。

食餌　基本的に肉食。ミミズ、ザリガニ、水棲昆虫類、エビ、ペレット状餌。

産卵と孵化　年1回、卵1〜9個。孵化期間は、バーミキュライトの中で、25〜29℃、60〜109日。

Q&A

●複数のニオイガメをいっしょに飼っても良いですか？
雄は攻撃的で体の小さい仲間をいじめます。ただし、屋外の広い囲い込みなら6〜8頭いっしょに飼ってもかまいません。カメがよじ登って逃げ出すといけないので、外に出られない構造にしてください。

●屋外の水場の広さはどれくらい必要ですか？
成体用の水場は75×40×15cm、孵化子用は45×30×5cm程度が適当です。部分換水を行うか、濾過装置を付けてください。

●ニオイガメは屋外でも冬眠しますか？
屋外でも冬眠しますが、霜がよく降りる地域では少し湿ったコケを敷いた箱の中で冬眠させたほうが良いでしょう。

●カメの池でカエルを飼っても良いですか？
いけません。カエルやオタマジャクシ（特にオタマジャクシ）はカメの格好のご馳走になってしまいます。

●カメの甲羅に生えた藻類は、取り除いたほうが良いのですか？
その通りです。水棲の場合、当然、藻類が付着しますが、感染症を引き起こすので、歯ブラシなどで甲羅をこすって取り除いてください。

両生類の飼育方法

　両生類は環境の変化に非常に敏感で、私たちの地球の健康状態を教えてくれる「環境指標生物」として広く認められている。飼育条件は爬虫類より厳しいうえ、現状では種を問わず、研究資料がきわめて少ない。健康面や病気についてはいわずもがなで、この分野に詳しい獣医師を見つけるのはなかなかむずかしいだろう。

　両生類は暑さに弱く、ほとんどの種は低めの気温での飼育が望ましいが、なんといっても最重要ポイントは湿度である。湿度こそが、皮膚呼吸の必須条件となるからだ。なかには土中に潜るなどの方法で乾期を乗りこえる種もいるが、陸棲種も含め、両生類には程度の差こそあれ、湿気が欠かせない。さらに、半水棲種や水棲種にとっては、水質も問題になってくる。ひとことに水質といっても、水温はもとより、pHバランス（酸度やアルカリ度）、塩素、水の硬度（カルシウムやマグネシウム塩の溶存度）、ほかのミネラルや汚染物質の有無なども関係してくる。水場に使う水は、十分な水質チェックを行うこと。幼体は成体以上に敏感なので、特に注意してほしい。

　また、カエルやサンショウウオの場合、水場が小さいと排泄物で水質が劣化し、病気になることがあるので、こまめに水を換えなければならない。

　　　両生類とは？ ──────── 140
　　　住み処：ビバリウム ──── 142
　　　保温、照明、湿度 ────── 144
　　　ビバリウムをつくる ──── 148
　　　餌と給餌 ──────────── 150
　　　繁　殖 ──────────── 152
　　　病気と治療方法 ──────── 156

➡ マダライモリ *Triturus marmoratus*の雌。197ページ参照。

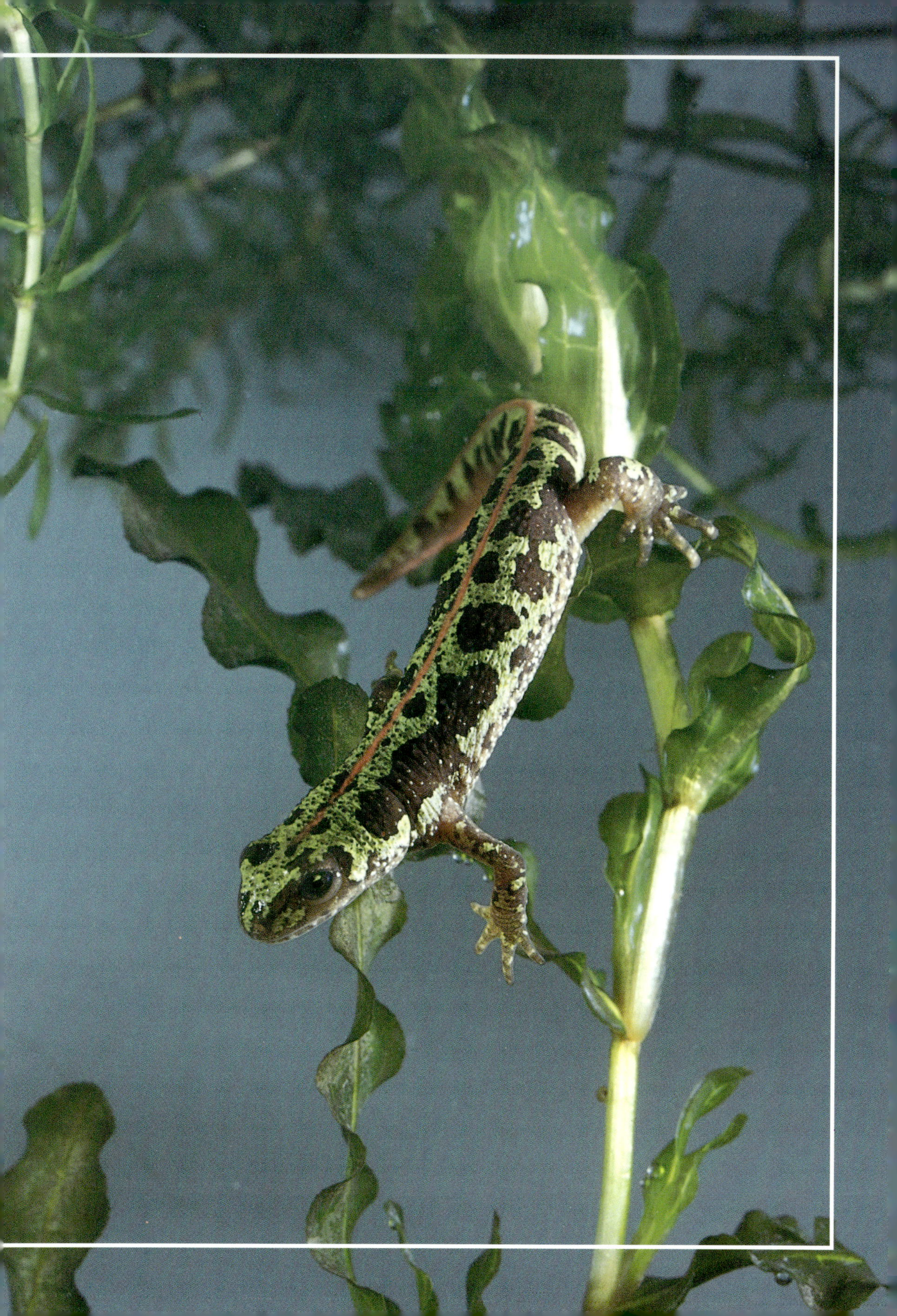

両生類とは？

　両生類は脊椎動物門に属し、陸上生活に適応した爬虫類へ原始的な先祖から進化した。水陸両方で暮らすことから両生類と呼ばれているが、なかには陸地だけで暮らす種や水中だけで暮らす種もいる。両生類はさらに3目に分かれ、どの目にも水棲、陸棲、半水棲の3タイプがある。が、いずれも湿度に依存している。

　生息する環境は広範で、イモリやサンショウウオの仲間は低温多湿な地域にしか分布していないが、カエルは、あらゆる環境に適応し、乾燥した砂漠に暮らす種さえいる。爬虫類とは異なり、両生類には幼生段階があって、卵で生まれ、何段階もの変態を経て成体に成長する。なかにはアルプスサラマンダー *Salamandra atra* のように、雌の体内で卵が孵化し、成長した幼生あるいは完全な幼体の姿で誕生する種もなくはない。

皮膚の透過性

　両生類のやわらかい皮膚には粘液腺というのがあって、ここから分泌物を出して湿り気を保っているため、両生類といえば皮膚のヌルヌルした種が多い。さらに、皮膚には透過性があり、皮膚を通してガスと水分の交換が行われる。呼吸は口腔内皮でも行われ、有尾類最大の科であるムハイサラマンダー科 *Plethodontidae* には肺がなく、もっぱら体表面と口腔内皮を通して酸素を取り入れている。透過性を持つ皮膚の用途は、呼吸だけではない。たとえば、砂漠に生息する種などは砂中に潜りこみ、皮膚ごしに湿った砂から水分を確保する。また、一部のカエルやある種の有尾類は、大気が乾燥すると、水分が失われないように被膜（繭）で体を覆い、長期間砂中に潜っていられる。樹上生活を送るカエルの中には、暑く乾燥した環境で湿め気を保つために、体表が蝋質の分泌物で覆われているものもいる。また、皮膚や口腔内皮の透過性を逆方向に働かせて、体内

← ベルツノガエル *Ceratophrys ornata* の雌。皮膚のイボから「toad」に見えるだろうが、実際のところ、frogとtoadに相違点はない。

両生綱の分類

目	総称	科	属	種
有尾目 （イモリ目）	サンショウウオとイモリ	9	60	360
無尾目 （カエル目）	カエル	20	303	3495
無足目 （アシナシイモリ目）	アシナシイモリ	5	34	163

*本書では、地中または水中に生息するミミズのような両生類、アシナシイモリ類は扱っていない。飼育は非常に難しく、ペット市場で入手できる種はごく限られている。

両生類の飼育方法

Q&A

● frogとtoadはどこが違いますか？

一般的には、体がずんぐりとしていて、皮膚にイボのあるものが「ヒキガエルtoad」、皮膚のなめらかなものが「カエルfrog」と呼ばれています。しかし、どちらにも両方の皮膚のタイプがあって、学問的な「カエルfrog」は、両者ともに含みます。

● 飼育した場合の寿命はどれくらいですか？

ヨーロッパヒキガエル*Bufo bufo*とファイアサラマンダー*Salamandra Salamandra*は20年以上、オオサンショウウオ*Andrias japonicus*は52年間飼育した記録があります。野生での寿命はわかっていません。

● 眼が見えない有尾類がいるって、本当ですか？

本当です。暗い穴の中で暮らす種は眼が見えません。ほかのものでも眼は小さく、光を感じる程度の視力しかありません。

● 両生類はすべて毒を持っていますか？

すべての種の毒性については、まだわかっていませんが、毒性については、一部は非常に有毒で、ほかは食べたときに嫌な味がするといった程度です。

● 両生類は手で触っても大丈夫ですか？

手で触れるのは掃除や移動のときだけにします。人間の手は両生類には熱すぎ、短時間でも死ぬことがあります。動物の皮膚を傷めないよう、手か手袋を濡らします。かならず使い捨て手袋をはめて、終了後手をよく洗います。子供には絶対に触らせないでください。

↑ アナナスの中にいるイチゴヤドクガエル*Dendrobates pumilio*。捕食者を威嚇する鮮やかな体色のおかげで日中に活動できる。

から水分を蒸発し、体温を下げている種もある。

一方、皮膚の色素体（12〜13ページ「爬虫類とは？」参照）によって体色が変わり、熱を反射して乾燥を防ぐカエルもいれば、自己防衛の手段として、皮膚の毒腺から毒を分泌するものもいる。が、もっとも毒性の強い両生類でさえ、平気で餌にしてしまう捕食者もいる。

警告色と体型

体色も防御手段のひとつで、毒性の強い種は、その鮮やかな体色で敵に警告を発している。かたや、あまり派手ではなく毒性も弱い種の場合、体色はカモフラージュの役割を果たし、なかには有毒種の体色をまねて（擬態）身をまもるものもいる。また、2つの色を合わせ持ち、腹面が警告色、背面がカモフラージュ色という種もいて、体をよじって、いわゆる「反り返り反射」をして、相手を威嚇する。魚によくみられるように、腹部が明色で背部が暗色という組合せは、水中で産卵するカエルに多いが、これで上方あるいは下方にいる捕食者もしくは自分の餌の対象に、こちらの姿が見えにくくなる。

カエルは、変態の過程で尾がなくなり、短い体に4本肢の成体となる。また、環境に適応した結果、ジャンプしたり泳いだりする種は、体が流線型で強力な後肢を持ち、かたや土中に潜る種はずんぐりした体型で四肢は短く、樹に登る種は偏平な体に「吸盤」といわれる吸着力のある指と長い足、といった具合にそれぞれの特徴を発達させた。イモリやサンショウウオの仲間は、体が長く、4本の肢と尾がある。オルム（ホライモリ）類やアンフューマ類などの水棲種は、四肢がかなり退化してウナギのような体型になり、やはり水棲のサイレン類になると、後肢が完全になくなっている。

141

住み処：ビバリウム

　両生類を家に連れてくる前に、迎え入れる準備を整えておかなくてはいけない（5〜9ページ「飼育を始める前に」参照）。飼育したい動物の基本知識を仕入れておけば、ビバリウムのタイプや設備を選ぶときの助けになる。樹上棲なのか？ ぴょんぴょん跳びはねるのか？ 水場は必要なのか？ 必要ならば、深さや大きさはどれぐらいか？ 床材の種類と深さは？ 水場を覆う葉や枝が必要なものもいれば、葉陰になった地面で産卵するもの、植物が欠かせないものもいる。植物があると、ビバリウムの見栄えも良くなる。水生植物の中にも利用できるものがあるので、その分野の資料を読めば水中でなくても育つ種類が詳しくわかることと思う。

　いうまでもなく、水質には注意を払わなければいけない。この点については、魚の飼育に関する文献を参考にすると良い。熱帯魚関係のものには、水質維持に関する詳しい情報が載っている。

　さらに、湿気に頼って生きる両生類にとっては、水道水の質が問題になってくる（「水道水の注意点」参照）。最後の手段として、雨水や池の水を沸騰させて有害な微生物を殺してから使ってもかまわないが、雨水にさえ不要物質は含まれていて、酸性雨などは、生物の種類を問わず、健康に害をおよぼす。

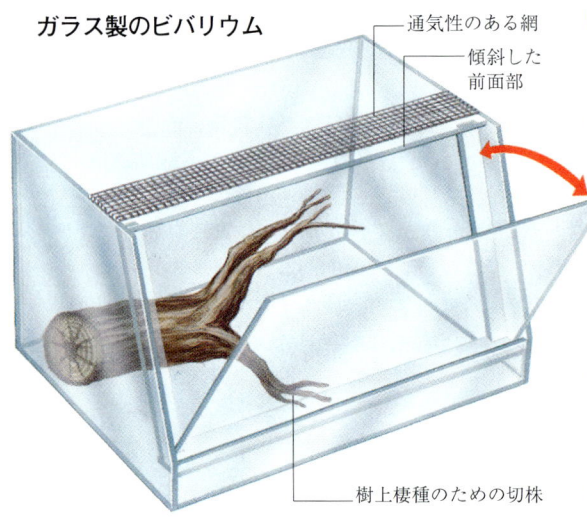

水道水を使うときの注意点

塩素
水道水に含まれている塩素は、広口容器に入れて24時間以上放置しておけば消散する。

pHバランス
両生類のほとんどは、中性から弱酸性の水を好む。酸度とアルカリ度（pH）は、0から14までの数字で表し、7が中性で、7以下は酸性、7以上はアルカリ性となる。両生類にとっては最低5.9、最大は7.6。ただし石灰質の地域に生息する種は、アルカリ度の高い水質を好む。

硬度
ミネラル分の多い硬質の水は、特に幼生に有害だが、かといって家庭用の水質軟化剤は使わないこと。硬質の水は、一度沸騰させ、広口容器に入れて24時間以上放置したあと、上半分だけをすくって用いる。

湿気に強く、脱走できないビバリウム

　両生類用のビバリウムは、湿気に耐える素材でなくてはいけない。ファイバーグラスやプラスチックでも良いが、標準的なガラス製アクアリウムに、脱走防止用の蓋を付けたものを使う人が多い。上部が開くタイプのものは、完全な水棲種にしか使えないが、それでも問題が生じることもある（14〜17ページ「住み処」参照）。地上棲種や浅い水場しか必要ない種には、開き戸の付いた組立式ガラス製が適している。

　この場合、小さな両生類や餌用の虫が2枚の戸の隙間から逃げ出さないように注意すること。スライド扉でも良い。また、人気の高いもうひとつの型は、傾斜した前面部を手前に引き出して開けるタイプで、これも浅い水場しか必要ない動物に適している。

ガラス製のビバリウム
- 通気性のある網
- 傾斜した前面部
- 樹上棲種のための切株

← 小型の地表棲両生類には、世話しやすい前面開口式の総ガラス製ビバリウムが適している。半水棲種の場合は、これに浅いプールかトレイを置く。

両生類の飼育方法

いずれにしても、自分でつくれば、床材や水の手入れをするときに開くパネルの高さを調節することができる。パネルは頑丈で、中から押した程度でははずれないものにすること。また、小さな間隙がないかどうか、点検する。両生類は脱走の名人なので、ガラスを登って、ちょっとした隙間からでも身をよじって逃げ出してしまう。

飼育数と病気

ビバリウムの飼育密度が高すぎると、伝染病が発生するので注意すること。カエルは相当量の液体および固体の排泄物を出すため、頻繁に床材を換えないとすぐに汚染されてしまう。

適切な設備を揃えたビバリウムで、飼育個体数も限定しておけば、調和のとれた生態系を維持することができる。

植物を植えたヤドクガエル用ビバリウムで、最低限の手入れだけで17年間完璧に機能した例もあるが、それでも飼育数は4頭以下にすること。飼育数が多すぎると、排泄物に対応しきれなくなり、衛生面の問題が生じる。

新しい動物を飼い足すときは、病気を防ぐために、最初のうちは別の場所で隔離すると良い。

Q&A

●種類の異なる両生類を同居させるメリットはありますか？

一般的にみてメリットはありません。両生類の多くは肉食で、幼生を食べてしまう可能性があります。また、生息地固有の病気を抱えている場合もあって、自分たちには免疫があっても、飼育仲間にはないというケースも考えられます。また、有毒種の毒でやられてしまうこともあって、特に野生で捕獲された有毒個体と養殖した無毒個体をいっしょにすると危険です。また、同居させると異種間繁殖し、固有の遺伝子が失われてしまうこともあります。

●水道水の水質は、どのようにして調べたら良いですか？

熱帯魚ショップにサンプルを持ち込めば、水質テストをしてくれるでしょう。硬度やpH、アンモニア、亜硝酸、硝酸などを調べるキットも売っています。塩素と硬度の調整は自宅でもできます。また、熱帯魚ショップでは、有毒物質を除去する製品も扱っているはずです。

●繁殖には特別なビバリウムが必要ですか？

繁殖条件は、通常の飼育条件とは異なります。1年の大半をテラリウムで暮らす個体でも、繁殖期間はアクアリウムに移すほうが良いものもいます。水場と陸場を仕切で分けた水槽もあります。仕切板は、シリコンシーラーで固定する前に、縁を磨いてなめらかにしておきましょう。

●半水棲種にはどんなビバリウムを使用したら良いですか？

適当なサイズがあれば、総ガラス製の水槽で良いでしょう。中は上述のように仕切板で区切ったり、水場としてプラスチック製のトレーを置きます。トレーは水を取り換えやすいので便利です。

●どんな濾過システムが良いですか？ 濾過システムはかならず必要ですか？

半水棲種のように水場が浅い場合は、少なくとも週に1回は部分的に水を換えてください。水生植物はある種の窒素老廃物を浄化する役割を果たしますが、十分とはいえません。濾過システムには、タイプによって一定の深さが必要なので、小さな浅い水場には向きません。からだが大きい、あるいは完全な水棲種用の深い水場の場合、外置式箱形フィルターや内置式パワーフィルターを使うと、水流が強すぎ、卵やオタマジャクシ、幼生などが吸い込まれる危険があります。底面フィルターや、スポンジフィルターを使うと良いでしょう。

← ビバリウムの池から這い上がるファイアサラマンダー *Salamandra salamandra*。多くの両生類と同様、游泳力は弱いので、水深は浅くして、水から上がりやすい足場も確保しておくこと。

保温、照明、湿度

　両生類の多くは保温を必要としない。それどころか、温度が高くなると、特に暑い夏は、さまざまな問題が生じる。野生で暮らす両生類には、暑さから逃れる手段があるが、スペースの限られたビバリウムではむずかしい。

　暑い地域では、冷却装置を導入しない限り、温帯種の飼育は避けたほうが良い。保温装置が必要な場合でも、ビバリウム内部に設置する強力な集中保温装置は使わないこと。乾燥しすぎて、皮膚の湿り気を保持できなくなる。

　ビバリウム内の温度は室温の影響を受けるので、日当たりの良い窓辺や暖房器具の近くには置かない。先にも触れたように、ビバリウムを設置する際には、実際に動物を入れる前に、あらかじめ日中と夜間の温度を点検しておく必要がある。熱帯棲種の場合、夜間の温度が極端に低くならないようにする。気温が多少下がる程度なら生物も対応できるが、寒すぎるようなら断熱材などを工夫する。床材をたくさん入れたビバリウムは、いったん暖まると、床材が蓄熱してくれ、夜になると放熱して、一定の温度を保つことができる。

　床材の深いビバリウムには、ヒーターマットは使わないこと。床材に蓄積された熱でマットがダメージを受け、ビバリウムの底面ガラスにひびの入るおそれがある。2つのビバリウムを並べて設置する場合は、触れあう側面にマットを挟み込む、あるいは一方の側面に、テープで断熱材を貼り付ける。ヒー

↓　湿った苔に埋もれるアマゾンツノガエル*Ceratophrys cornuta*。保水性のあるミズゴケが体の水分をまもってくれる。

両生類の飼育方法

保温ケーブル

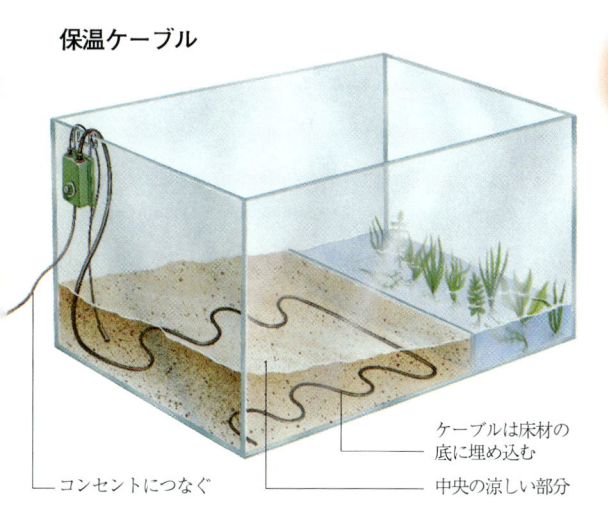

コンセントにつなぐ
ケーブルは床材の底に埋め込む
中央の涼しい部分

↑ 埋め込み式ケーブルを使う人が多いが、床暖房は両生類には不自然だという意見もある。地中に潜る種には、保温ケーブルは使わないこと。

ターマットは湿気には強いが防水されていないので、水の下では使えない。が、水面より上であればビバリウムの中に置いても特に問題ない。

湿気のある狭いスペースで電気器具を使うと、事故が起こりやすいので、保温装置を使う場合は、細心の注意を払うこと。電気器具の中には、結露になりやすいものもあるので、導入前に専門家に相談したほうが良い。

保温装置は、熱くなりすぎないよう、かならず高品質のサーモスタットで管理する。強力なヒーターを1台入れるより、ワット数の低いヒーターを複数入れたほうが良い。

換気と湿度

主に地表棲のイモリやサンショウウオは、空気中の湿度には左右されず、床材さえ湿っていれば問題ない。樹上棲のミットサラマンダー *Bolitoglassa* のような熱帯雨林棲種には湿った環境が必要で、大気の湿度も高くなければならない。

カエルも、種によっていろいろと条件が変わる。熱帯雨林に棲む野生種は、湿度100％の環境で暮らしているが、ビバリウムで同じ環境をつくるとなると、密閉するしか方法がないだろう。が、一方で新鮮な空気も必要なので、現実には不可能に近い。換気と高湿というと矛盾して聞こえるが、ともかく両

Q&A

●土中に保温ケーブルを使っても良いですか？

大丈夫です。ケーブルは床材を入れる前に設置します。このとき、動物が温度を選べるよう、ケーブルを適当に曲げて、熱が行き渡らない部分もつくってください。

●水場のあるビバリウムの場合、水の保温はどうしたら良いでしょう？

安全性が確保されていれば、サーモスタット付きのアクアリウム用ヒーターが良いでしょう。水の蒸発を促進して湿度が上がる利点もあります。しかし、ビバリウム全体の保温には不足する場合、別の保温装置も導入しなければなりません。熱を遮断する床材を使っていなければ、水場の底のガラス面の下に保温マットを置くという方法もあります。

●カエルを飼育していますが、ビバリウムの正面ガラスが湿気でいつも曇ってしまいます。どうしたら良いでしょう？

高湿の環境が必要な種では起こりがちな問題です。しかし、住人の快適な環境をまもるには、多少見ずらくても我慢するべきです。上面の、正面ガラスに近い部分を換気のため細く開けたり、やはり正面の床材より少し上の部分に隙間をつくると、結露の逃げ道ができます。また、スプレーした直後は、どうしても曇りやすくなります。

●湿度を保つために、霧発生装置を使っても良いでしょうか？

もちろん使えます。特に熱帯種のカエルの場合、繁殖行動を促進する効果があるといわれています。目的によってさまざまな装置が入手できます。また、使い方さえわかっていれば、喘息用の吸入器で代用することもできます。

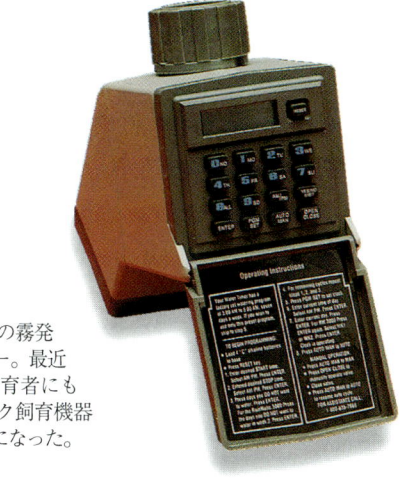

➡ アメリカ製の霧発生装置用タイマー。最近では、一般の飼育者にもこの種のハイテク飼育機器が手に入るようになった。

保温、照明、湿度

者とも必要不可欠な要素だ。

とはいえ、熱帯雨林棲種の多くは、湿度が生息地より低くても実際には生きていけるので、適度な換気を心がけながら、必要に応じて霧吹きで湿気を補給する方法をとると良い。

ビバリウムに空気を送り込むには、小型アクアリウム用のエアーポンプ、あるいは自動制御のファンを使うこともできる。ビバリウム内の湿度は、床材や植物の量によっても変わってくるので、湿度計でチェックすること。

毎日、スプレーや霧発生装置で水分を補給するが、一方で、あふれないよう余分な水を吸い上げることも必要だ。もしくは排水孔を設置する。水場は定期的に換水すること。大規模なビバリウムには濾過システムを導入する。スプレー用、換水用の水は、生物が冷えないよう、ビバリウムと同じ水温に調整しておく。

照 明

昼行性の両生類の数は限られているので、繁殖期を除いて、特別な照明設備は必要ない。

両生類はその多くが完全な夜行性で、真っ暗にならないと行動を開始しない。薄明薄暮性は、薄暗くなると餌を探しに隠れ家から出てくるが、激しい雨が降ると、日中でも姿を見せることがある。

↑ 光に照らされたアカガエルRana属のオタマジャクシ。オタマジャクシは自然光でも十分育つが、水槽の上から照らすと、藻やインフゾリアがよく育つ。スポットライトは水温が上がるので使わないこと。

→ アカメアマガエルAgalychnis callidryasの抱接。両生類はほとんどが夜行性で光を必要としないが、植物を植えたビバリウムには必要だ。飼育者にとっても、照明があると観察しやすい。

この種の生物が昼間に行動するのは湿気を求めるためだが、一般に乾燥状態を避けるときは、隅にごそごそと集まってくる。

また、病気にかかって動けないほど弱っていると、日中でも外に出たままじっとしていることがある。

基本的に照明は、動物よりもむしろ飼育者のために設置するわけで、その場合、できるだけ余分な熱を発しないものを使うこと。熱が強すぎると、動物に悪影響を及ぼす。

照明には、タングステン電球を使ったスポットランプを使い、ガラス蓋の上から照らす。大型ビバリウムになると複数のランプが必要になる。40ワットの電球なら、厚さ6mmのガラス蓋から少なくとも10cm以上離すこと。

電気の浪費のようにも思えるが、安全性を優先しておく。電球を始終つけたり消したりするよりも、薄暗い光にさせるサーモスタットを付けると良い。夜間に、「無光性non-light」の保温器具が必要な場合もある。

植物を植えたビバリウムには、光が絶対条件となる。できるだけ日陰でも育つ植物を選び、比較的明るい場所にビバリウムを設置する（ただし、高温は両生類に良くないので、日当たりの良い窓際などは避けること。144～145ページ「保温」参照）。

光周期と繁殖期

日々の明期の長さを表わす光周期は、両生類の行動、特に繁殖期の行動に影響を与える。

たとえば、温帯種を照明なしで飼育すると、その行動は自然の太陽の動きで決まってくる。そこで、人工的な照明を施す場合は、春から夏にかけては徐々に長く、冬に向かっては徐々に短くというように、タイマーを使って光周期を調整しなければならない。

亜熱帯棲種や熱帯棲種については、光周期の変化は年間を通じて比較的安定しているが、それでも環境に合わせて明期は調整すること。が、かといって光周期を頻繁に変えると、動物が混乱し、悪影響を及ぼすことになる。

両生類の飼育方法

●紫外線は両生類に良くないのですか？

大量の紫外線を照射するのは、非常に危険です。オタマジャクシが死んだり、奇形になるという研究報告もあります。また、標高の高い地域に暮らす両生類の一部が絶滅したのは、オゾン層の破壊によって、地表に到達する紫外線（特に波長の短い紫外線は危険。20〜21ページ「爬虫類の飼育方法、保温と照明」参照）の量が増えたことと関係があるともいわれています。

●昼行性のカエルには、フルスペクトルの中波長紫外線（UVB）蛍光灯が必要ですか？

飼育用蛍光灯は、何種類か出ています。イグアナや太陽熱を好むトカゲ用の蛍光灯もあります。中波長と長波長（UVA）紫外線の量は、総光量から割り出したパーセンテージで示されています。昼行性カエルの場合、この割合が高いと有害ですが（2％以上）、2％なら問題ありません。ヤドクガエルとアデガエルの仲間も、低ければまったく影響はありません。

●カエルに紫外線は必要ですか？

必要かどうなのかは、今のところまだ結論は出ていません。野生の両生類の多くは、餌だけで必要な栄養素をすべて摂取することができるようになっています。しかし、カエルの幼体などには、ある程度の中波長紫外線が有益だとする説もあります。ヤドクガエルの幼体やヨーロッパアマガエル、アデガエルの仲間などは、餌によって、栄養素が十分にとられていても、クル病や痙攣におそわれることがあり、治療にはフルスペクトルの照明が効果的だというのです。

●蛍光灯はビバリウム内部に設置したほうが良いでしょうか？

紫外線はガラスに吸収されてしまうので、効果を狙いたいというなら、内部につけてください。ガラス蓋の代わりに網を使うと、紫外線は通りますが、湿度が下がり、餌になる羽虫なども逃げてしまいます。耐湿性のキャップが付いたアクアリウム用蛍光灯を用い、スイッチはビバリウムの外に付けましょう。ビバリウムの中に手を入れるときは、かならず蛍光灯を消してください。

ビバリウムをつくる

　陸棲種の多くは、適切な床材と隠れ家をいくつか用意するだけで、十分飼育できる。ほかの調度品は飼育者の好み次第だが、切株や岩、植物などがあると良い。切ったコルクバークなどは格好の隠れ家になり、適度な湿気とプライバシーを提供してくれる。ツノガエルなどの大型種には、衛生上の観点から自然物を利用したビバリウムを嫌う人が多い。この種のカエルは、1日中、体の一部を土に埋めて過ごすうえ、大量の排泄物を出すため、すぐに周囲が汚れてしまう。そこで、フォームラバーや濡らしたペーパータオルといった、使い捨てタイプの床材を敷いた衛生的なビバリウムで飼育するケースが多い。潜りこむ土がなくても、特に問題はないと思われる。

　むろん、普通の床材を使ってもかまわないが、その場合は頻繁に取り換える。いずれにしても、清潔な水を入れた皿はかならず置いておくこと。

　繁殖期になると、水場が必要になる種もいる。水場といっても、完全なアクアリウムから浅瀬、あるいは産卵するための物陰の湿地帯といった程度まで、さまざまある（水質については、142〜143ページ「住み処」参照）。

↑ 苔の床材に植えたヒメカズラ Philodendron scandens に登っているのは、熱帯雨林型ビバリウムに暮らすアイゾメヤドクガエル Dendrobates tinctorius。

Q&A

●ビバリウムにアナナス科の植物を植えても良いですか？
　アナナス類（ただし、葉に棘のないもの）は、湿度の高いビバリウムに最適の植物といえるでしょう。ただし、葉腋に殺虫剤が残留しているといけないので、植える前に、水を吹きかけてよく洗い流すようにしてください。

●樹上棲のカエルにはどんな植物が良いですか？
　かれらに適した攀援植物を3つあげておきます。ポトス Scindapsus aureus、ヒメカズラ Philodendron scandens、オオイタビ Ficus pumila の3種類です。いずれも斑入りの種もあり、かなり湿度の高い環境でもよく育ちます。ほかにも、ドラセナ Cordyline と Dracaena、クズウコン Maranta、ササウチワ Spathiphyllum、リュウキュウアイ、サクララン、アサバソウ Pilea、アミノグサ Fittonia、一部のサダソウ Peperomia（無毛葉タイプ）などがあります。アカザ類や Arrowhead Vine には大型のビバリウムを必要とするでしょう。熱帯性のシダ類も向いていますが、露地性のものの多くは涼しい環境が条件です。

●湿気の多い土でも育つ水生植物には、どんなものがありますか？
　アマゾンソードの小型種 Echinodorus paniculatus、アヌビアス Anubias nana、セキショウ Acorus gramineus、ピグミーチェーンソード Echinodorus tenellus、一部のクリプトコリネ Cryptocoryne nevillii など、リョクチク Aglaonema simplex、レッドハイグロフィラ（ツルノゲイトウ属）などがあります。注意：水生植物を選ぶときは、若いものを選ぶようにしましょう。十分成長したものを水から土に移植すると、根づかない場合があります。

両生類の飼育方法

床材の選び方

　床材は、ビバリウム内の湿度にかかわらず一定の湿気を保持できるものにする。カビが生える素材は避けること（22〜23ページ「爬虫類の飼育方法、ビバリウムをつくる」参照）。ミズゴケは汚れたら洗い流せるが、いずれは交換すること。苔類は「神経質」で、適切な光と床材がなければ枯れてしまい、水が硬質または強アルカリ性でも維持できない。ところが、いつのまにか芽を吹き返したり、枯れた苔の上に新しいかたまりを乗せてやると生き返ったりもする。地中に潜る種には、泥炭質の土に、細かく刻んだミズゴケ、ランの皮、落ち葉、ヒカゲノカズラ類の樹皮などを混ぜ合わせた、ふっくらとした床材を用意する。同じ地中に潜る種でも、乾燥した地域に生息する種には、砂を混ぜて砂地風の床材をつくる。普通の建築用の砂は、乾くと埃っぽくなり、濡れると固まるので使わないこと。埃のたたない砂にヒカゲノカズラ類の樹皮、またはランの皮を混ぜて使う。部分的に湿った場所が必要な種には、プラスチック製の容器に湿った苔などを入れておく。ともかく、両生類にとっては湿気のある場所が、生死にかかわる要件であることを心しておく。床材に水槽用の砂利を使っている飼育者もいる。どんなタイプでも使えるわけではないが、角ばっていない砂利なら動物の皮膚を傷つけることもなく、排泄物が隙間を通って下の土に吸収されるので、衛生上も望ましい。ただし、地中に潜る種の場合は使わないこと。小型両生類、特に樹上棲の場合は、植物が豊富に必要だが、基本的に熱帯雨林棲種と同じ環境で良い（24〜25ページ「爬虫類の飼育方法、ビバリウムをつくる」参照）。また、テラスがあると、ビバリウムの見栄えが良くなるうえ、よじ登る場所も増えて良い。流木や木の枝、コルクバークなども使える。ビバリウムの背面にコルク板を貼ると、ツタなど攀援植物の足場になり、緑に彩られた美しい背景ができる。

植物を植えるときの注意点

- ビバリウムを整え、植物を植えたら、ある程度時間をおいて落ち着いてから動物を入れること。
- 植物にナメクジなどの害虫がついていないかどうか、よく点検すること。
- ヒョロヒョロと徒長し始めたら、取り換えること。
- 鉢植えのまま植え込むと、簡単に取り換えることができる。
- 高い乾いた場所のほうが育ちが良い植物もある。
- 種類によっては、延びた枝を刈り込まないと、隣の植物にからんで締めつけることがある。
- 室内植物の多くは、ビバリウムに適している。
- 水生植物の中には、湿原に生える種もあり、湿気の多い低地で良く育つ。
- いろいろな種類を植えると形や質感、色の変化を楽しめる。
- ビバリウムの前面には何も植えず、餌場として空けておくこと。

← 飼育数を数頭に限定し、バランス良くセットすると、人間にとって手のかからない生態系ができあがる。ヤドクガエル類をはじめ、さまざまなカエル向き。生きた植物を植えて、十分茂らせる。スプレーで水を吹きかけると、排泄物が土中にしみ込み、植物の肥料になる。

バランスのとれたビバリウム

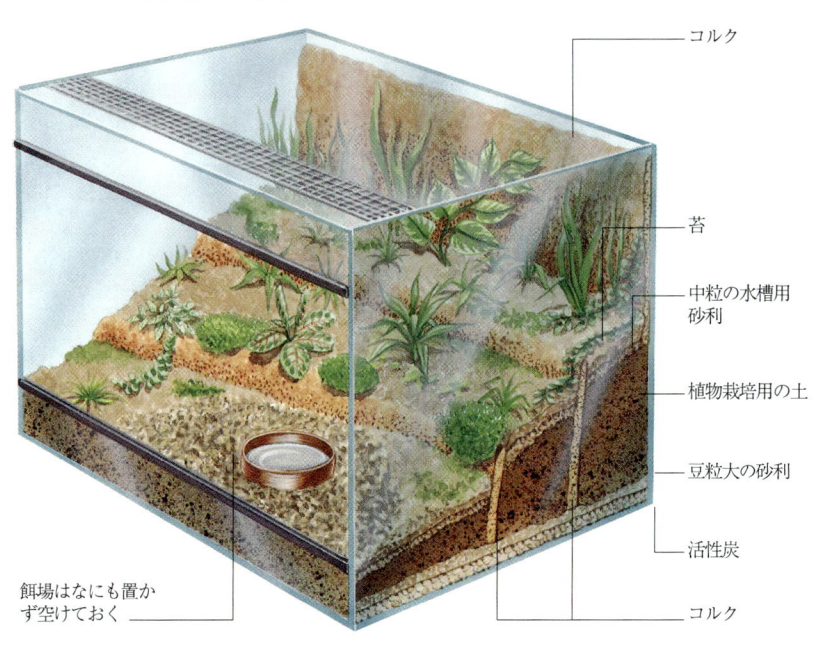

- コルク
- 苔
- 中粒の水槽用砂利
- 植物栽培用の土
- 豆粒大の砂利
- 活性炭
- コルク

餌場はなにも置かず空けておく

餌と給餌

すべての両生類は昆虫を食べるが、大型のカエルは小さなラットやマウス（ハツカネズミ）、生まれたてのヒヨコ、ウズラのヒヨコなども食べ、大型有尾類はピンクマウス（28～29ページ「爬虫類の飼育方法、餌と給餌」参照）も食べる。いずれにしても生きたまま与える必要はなく、解凍してピンセットで挟んで揺らすと、生き餌のようにみえる。また前述の餌は、どれも完全食なので、栄養分を補う必要はない（栄養補給については、28～29ページ「爬虫類の飼育方法、餌と給餌」参照）。大きなコオロギやバッタなども与えると、餌に変化がつく。これ以外の両生類には、さまざまな生きた昆虫類を与える。ミミズ（Lumbricus属）は格好の餌で、イエバエやキンバエといった羽虫類はカエルが喜んで食べる。釣り道具屋で売っているハエの幼虫（ウジ虫）を買って成虫に育ててから与える飼育者もいる。ウジ虫自体は消化不良を起こすので与えないこと。

汚染されていない水生の生き餌を確実に与えていくには、日当たりの良い場所に小さな水溜めをつくり、そこにミジンコを入れれば家庭でも養殖できる。適宜ドライイーストや稚魚用の液体餌、ウマやウシの糞を溶かしたものなどを与えるとよく育つ（やりすぎると水質が劣化する）。

口の小さな両生類の餌

口の小さなカエルには、ショウジョウバエ（Drosophila属）やアブラムシ、小型のコオロギといった小さな餌が必要になる。アブラムシ（羽のある種とない種がある）は非常に栄養価が高いが、ふつう、黒色や毛の生えたアブラムシは受けつけないので、餌としては緑色のものしか使えない。ビバリウムにアブラムシのたかった若枝をそのまま置いたり、長い葉についているアブラムシを目の細かい網でかき集めたり、葉を押し上げて食べさせる。

カエルの小さな幼生には、枯葉の裏についているトビムシが良いだろう。トビムシは、湿った泥炭を入れた桶に放し、キノコや魚のフレーク餌、新鮮な野菜を少量与えて養殖することもできる。水棲段階

Q&A

●餌用にハエやアオバエを養殖するには、どのようにしたら良いですか？

幼虫をきれいなおがくずに入れ、蛹になるのを待ちます。蛹になったら、少し湿らせた新しいおがくずを入れた小さな瓶に移します。蓋には穴を空け、綿で栓をしておきます。ハエが孵化したら、瓶をビバリウムに入れ、栓をはずしてください。ビタミン剤をまぶすときは、いったんハエを冷やしてからにしてください。

●インフゾリアはどうやって入手したら良いですか？

飼育魚店の中には、養殖したインフゾリアを売っているところもありますが、蓋のない瓶に水と傷んだレタスの葉を入れ、日の当たる場所に置いておくと、簡単に養殖できます。インフゾリアが発生すると水が緑色になります。オタマジャクシを飼育する水槽の水が緑色になるまで放置すると、インフゾリアに酸素をとられて酸素不足になるので注意してください。

●両生類はナメクジを食べますか？

ナメクジはサンショウウオの好物です。殺虫剤などで汚染されていないものを与えてください。ナメクジにもさまざまな種類がいますが、嫌いなものは食べません。よく庭などにいる、小型で体のやわらかい、白、明るい灰色や茶色などの種類は、喜んで食べます。

●餌にコオロギを与えていますが、かならず何匹か水場に飛び込んで溺れてしまいます。防ぐ方法はありますか？

コオロギやバッタが飛び移れるように、池や水場に小さな浮島をつくっておきましょう。

●食べきれなかったコオロギは、次の餌用にビバリウム内に放置しておいて良いですか？

数匹なら特に問題はないと思いますが、原則としては残さないほうが良いでしょう。というのも、コオロギは両生類の目に噛みつくなどして、ダメージを与える可能性があるからです。コオロギの数が多いと、非常に危険です。どうしても何匹か残ってしまうようなら、コオロギ用の餌も入れてください。また、死んだコオロギが残っていると、衛生上問題があるので、かならず取り除いてください。

クロコオロギの成虫
（×125％）

両生類の飼育方法

のイモリは特にミミズ類を好むが、プランクトン（ミジンコDaphniaやケンミジンコ）、アカムシ（*Chironomous*の幼生）、ボウフラ（*Culex*属）、イトミミズといった水中の虫やその幼生など、さまざまな小さな餌を食べる。イトミミズは、冷たい流水の下に数時間放置し、腸をきれいにしてから食べさせること。水生の餌の中には、飼育魚店で手に入るものもある。イモリはオタマジャクシを食べ、産卵中のカエルの卵を食べようとすることがあるので、繁殖期のカエルとイモリは同じ水槽で飼育しないこと。

　両生類の多くは夜行性なので、ミミズなどの餌を放すと、彼らが食べる前に床材の中に隠れてしまう。そこで、餌をやるときは、ピンセットを使って顔の前に差し出してやる。ミールワームやハチノスツヅリガの幼虫は、体が濡れるととたんに死んでしまう。ミールワームは小さな皿に置いて、ハチノスツヅリガの幼虫はピンセットで挟んで与える。

↓　ここに示した水生の餌はイモリの幼生に与え、これ以外は変態後のカエルやイモリに与える。コオロギは、飼育動物に合った大きさのものを与えること。

両生類の幼生の餌

　オタマジャクシは基本的に草食だが、かたやサンショウウオの幼生は肉食というように、両者の食性はまったく異なる。オタマジャクシは、細かい粉状に砕いた魚用フレーク餌も食べるが、もっぱらガラスの内側についた苔などをかじりとって食べている。ある程度成長すると、糸に結んで垂らした、牛肉の赤身片を食べるようになる。この肉片は、水が汚れないよう毎日取り換えること。肉食で共食いするオタマジャクシの場合は、1頭ずつ個別に飼育すること。サンショウウオとイモリの幼生には、毎日、インフゾリア（緑藻の繁茂する水にすむ小さな微生物）などの小さな生き餌を食べきる量だけ与える。成長すると、次第にミジンコ、アカムシ、ホワイトワーム（*Enchytrea*属）、grindal worms、microworms、小さなミミズ類などを食べるようになる。ミジンコを欠かさず定期的に与えるには、専用の容器でストックを用意しておく（ミジンコもインフゾリアを食べるので、インフゾリアも十分与えること）。プランクトンやミミズ類は、飼育魚店で購入できる。ホワイトワームは栄養価が高すぎるので、かならずほかの餌と混ぜて控え目にすること。

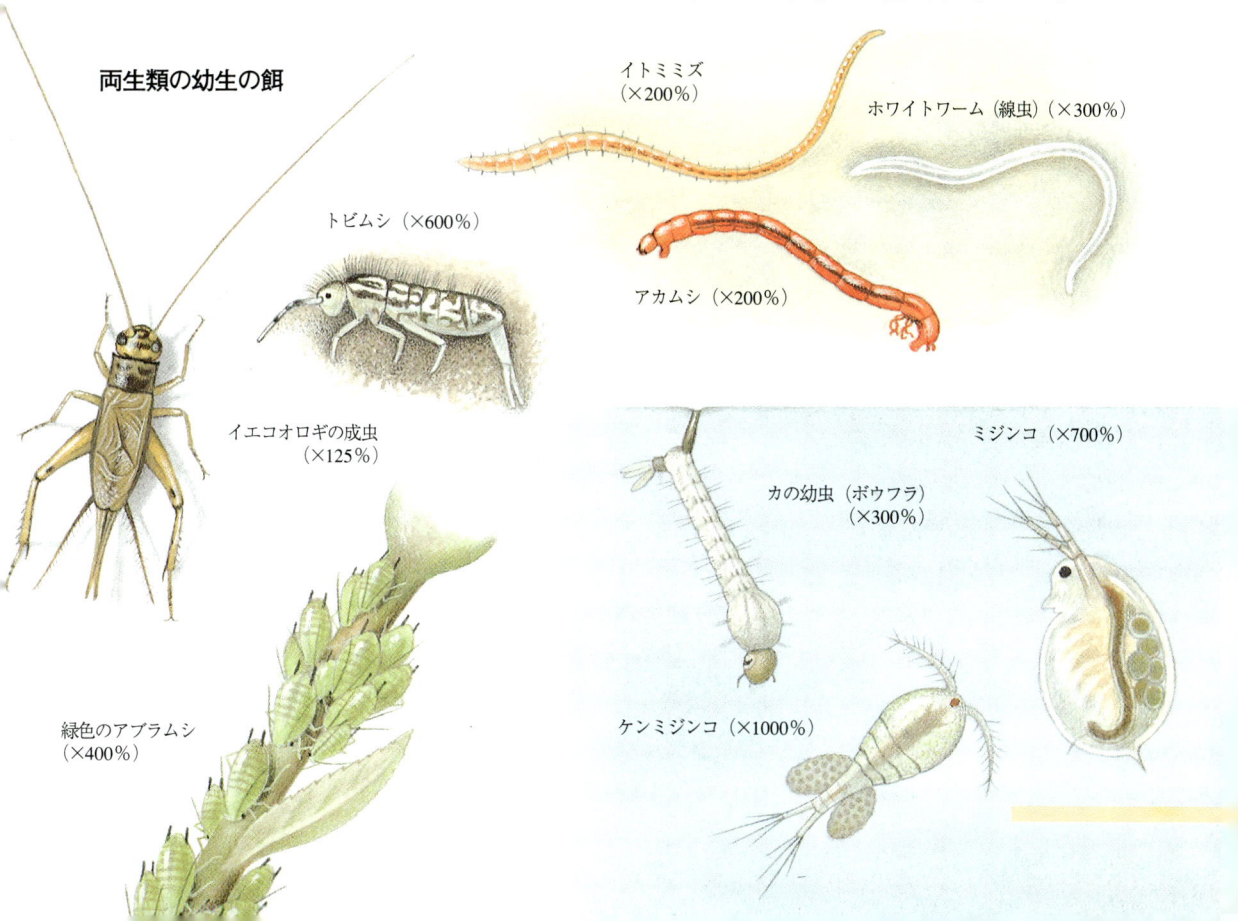

両生類の幼生の餌

イエコオロギの成虫（×125％）

トビムシ（×600％）

緑色のアブラムシ（×400％）

イトミミズ（×200％）

アカムシ（×200％）

ホワイトワーム（線虫）（×300％）

カの幼虫（ボウフラ）（×300％）

ミジンコ（×700％）

ケンミジンコ（×1000％）

繁　殖

　両生類には、驚くほどさまざまな繁殖方法がみられる。カエルは体外受精、有尾類は体内受精というのが一般的だが、もちろん例外もある。また、ほとんどの両生類は卵生だが、なかには幼生で生まれるものもいる。

　カエルの産卵数は、たった1個から2万個以上まで、種によって大きく異なり、1個ずつ産みつける種もいれば、塊や紐状に産みつける種もいる。卵はゼラチン質で保護されている。有尾類の産卵数は、水棲種で1回に400個というケースもあるが、一般にカエルよりは少ない。また、適度な湿り気のある場所や水辺の土など、地上に産み落とす種が多いが、なかには産卵にまったく水を必要としない種や深い大きな池が必要な種もある。

性別の見分け方

　カエルの場合、性的二型（体色の性差）はまれで、特に未成熟な個体の場合は判別がつかないため、体色以外の方法で識別するほうが良い。全般に、雌の成体は雄に比べて大きく丸みを帯びている。また、雄の成体は、頬の下に畳み込んだ皮膚、いわゆる「鳴嚢」や喉盤を持ち、鳴嚢を膨らませたときに見える斑点を持つ種もいる。

　水中で交配する種では、雄にみずかき、あるいは指や前肢、胸部、腹部、頬などに婚姻瘤がみられ、腹部の色が薄い雄は、皮膚のすぐ下に2本の細い管が透けて見える場合もある。透明な容器に入れて、光にかざしてみるとわかる。

　有尾類の雄は、くすんだ色の雌とは対照的に鮮やかな体色をしている。雌は一般に雄より丸みを帯び、ふっくらとしているが、雄のほうが四肢が太かったり、繁殖期に入ると、総排出腔が膨れるものもある。水棲イモリの場合は、雄の背中にトサカや尾まで続くヒレ状の隆条が現れたりする。トウヨウイモリ*Cynops*などの雄は、尾の幅が広くなってくる。また、サンショウウオの中にも、カエルにみられるような婚姻瘤が現れる種もいる。

　こうした特徴が観察できない場合は、鳴き声を出す（カエル）、縄張り行動をとったり、体を擦りつけたり頭を打ちつけたりする（サラマンダー）、抱接したり尾を揺らす（水棲種のイモリ）個体が雄だと判断して良い。

求愛行動と抱接

　多くの両生類は産卵数が多く、春になると池におびただしい数の卵がみられる。カエルの雄は、鳴き声で雌を引きつけたり、ほかの雄を追い払ったりする。雄は雌を抱きかかえる「抱接」と呼ばれる行動をとり、雌の産卵を促す。抱きかかえる場所は、腕の付け根や腰、首（一部のヤドクガエル）など、種によって異なる。

　抱接を行わない種は、卵を産み落とした雌が立ち去ったあと、受精する。粘液を出して体を密着させる抱接は、ジムグリガエル*Kaloula*、コクチガエル*Gastrophryne*、フクラガエル*Breviceps*といった、四肢が短く体がずんぐりとしたカエルにみられる。

← 背にはっきりとしたヒレ状の隆条が現れたマダライモリ*Triturus marmoratus*の雄。この隆条は繁殖期がすぎると消えるが、背に短い横縞が残るので雄雌の識別に役立つ。

両生類の飼育方法

↑ ブチイモリ*Notopthalmus viridescens*の求愛行動。雄は水中で入念な求愛ダンスをして、排泄済みの精包を雌が受け取るのを促す。

この分泌物は雄の腹部の細胞から分泌され、行為が完了するまで、しっかりと雌を抱えこむ役割を果たす。有尾類も、複雑な求愛行動をとるものが多い。原始的なサンショウウオの中には、体外受精を行うものもいるが、大半は雄が雌に精包を受け渡す体内受精の形をとっている。

一般的にサンショウウオも、四肢（一部には尾も）で雌を抱えこむ抱接を行う。

また、匂いも大きな役割を果たし、抱接を行わないイモリの場合、尾を振って雌に匂いを送る。自分の匂いを雌の体に擦りつけることもある。

子育て

大量の卵を産む両生類の場合は、卵をそのまま放置しても、ある程度生き延びる可能性が高いが、卵の数が少ない種は、生存率を高めるために何らかの方法で卵をまもらなければならない。たとえば、雄が卵を後肢の間にからませてまもる、背中や鳴嚢、あるいは保育嚢に入れて運ぶ、雌が飲み込んで胃の中で育てるなどである。さらに、幼生を小さな水たまりに運んで育てる親もいれば、孵化したオタマジャクシを背中に乗せて移動する親（雌とは限らない）もいる。

こうした方法はカエルによくみられるが、有尾類の中にも、卵をまもり世話をする種がいる。魚類や両生類には、ほかの脊椎動物に比べて雄が世話をするケースが多い。

繁殖

↓ 繁殖のために、熱帯の雨期を模倣して、激しく水を吹きかけるか、霧を発生させる。撒水装置を使っても良い。いくつか方法はあるが、種によって条件が異なるので前もって調べておくこと。図のように内部にポンプを設置するときは、浮遊性の卵が吸い込まれない工夫をしておく。

手づくりのレインチェンバー

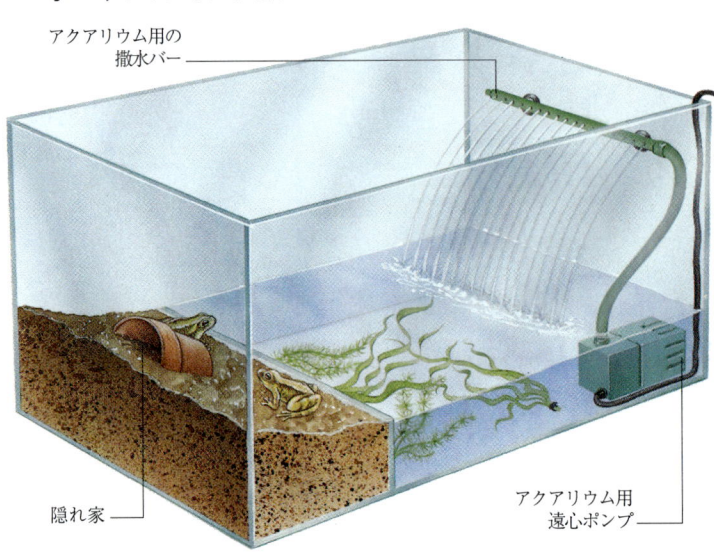

アクアリウム用の撒水バー

隠れ家

アクアリウム用遠心ポンプ

レイン・チェンバーのつくり方

まず、石などの這い上がれるものを入れた水槽に、カエルを移す。水位が一定レベルを越えないよう調整できるようにしたうえで、以下の方法で雨を降らせる。

- 底にいくつか小さな穴を空けた容器に水を入れ、網の蓋の上に置き、水滴をポタポタと垂らす。

- アクアリウム用の外置式箱形フィルターを設置して水を汲み上げ、穴を空けたプラスチック製の蓋から水を落とす。

- ポンプを使って水を汲み上げ、水槽側面の上部に設置したアクアリウム用の撒水バーを通じて、水を撒く。

- 霧発生装置を導入する。

このような環境で1週間以上飼育すると、繁殖行動を開始する可能性が高い。注意：普段のビバリウムに撒水する場合は、陸地の土が流されるので、「雨」は水場だけにかかるようにすること。

ビバリウムでの繁殖

野生では、繁殖期になると雄があぶれ、繁殖行動の前に雄同士の戦いが避けられない場合が多い。飼育環境では、1組のペアですぐに成功することもあるが、うまくいかない場合は、雄の数を増やすと良い。種によっては、いち早く繁殖に成功したカップルに刺激されて、ほかのペアが成功するというケースもあるが、雄の数が多すぎるとむずかしい。

また、逆に雌が多すぎても産卵が抑制されてしまい、カエルの場合はほかの雌の卵を食べてしまう。熱帯種は、条件さえ揃えば、ほとんど時期を選ばず産卵する。

温帯種には、一定の季節周期、特に低温期を必要とするものが多い。低温期は、通常、7〜8℃で2カ月が目安になる（冬眠については、34〜37ページ「爬虫類の飼育方法、繁殖」参照）。

陸棲種は、この時期、少し湿らせた苔といっしょに箱に入れ、霜の降りない場所に置くと良い。普段のビバリウムで低温期を過ごす場合は、水場の水を抜き、床材の一部に苔を敷いておく。水棲種も、普段のアクアリウムに入れたまま、低温期を迎えることができる。

低温期を前にして、自然に食欲が落ちないようなら、冬眠の前、最低1週間は、餌を控える。冬眠期が終了したら、徐々に気温を上げていく。温帯種は、春になって次第に気温が上がり、日が長くなると、自然に反応するので、この時期がきたら水場を用意すること。水は繁殖行動を促すため、春の雨を模して、スプレーで水をかけてやると良い。

乾期と雨期のはっきりした地域に生息する種は、雨期のあとに繁殖期を迎える。この場合、スプレーで水をかけるだけでは足りないので、雨期を模した環境をつくらなければならない。

たとえば、通常のビバリウムとは別に、雨を降らせるレイン・チェンバーを用意する。このチェンバーには、飼育動物の習性に合わせた産卵場所を用意する。

産卵場所は、地面の穴、木の枝につくる泡の巣、水の上に張りだした葉、水面から突き出した草の茎、

両生類の飼育方法

アナナス類の葉腋の水溜まり、丸太の下など、種によって異なる。

産卵が続いて起こるようなら、そのつど卵を別の場所に移し、産卵が終了したら、親か卵のどちらかを別の場所に移す。

卵と幼生の飼育

両生類の成体には共食いするものが多く、卵や幼生は別の場所で飼育しなければならない。幼生同士が共食いする種の場合は、個別に飼育することになる。長い繁殖期の終わり頃になると、成体が孵化したての幼生を食べてしまうこともある。

水棲種のイモリの中には、植物に卵を産みつけて葉をかぶせておきながら、自分の卵を食べてしまうものもいる。

これを防ぐには、卵がついた植物を移すか、イモリに十分な餌を与えるしかない。地面に産みつけられたサラマンダーの卵は、土といっしょに小さな容器に移し、地面に卵を生むカエルも、同じようにして卵を移すと良い。

ただし、水辺のすぐそばに置かないと、孵化したオタマジャクシが水に入れないので、濡らしたペーパータオルで水の中に小さな丘をつくり、その上に卵塊を置くと良い。

ヤドクガエルの場合は、卵の一部を別の場所に移して人工飼育し、あとは親のために残しておくという特別な処置が必要になる。

↑ ヤドクガエル類のオタマジャクシは、1頭ずつ個別の容器に入れて育てる。水は汲み置きしたものを使い、容器は2セット用意して、毎日取り換えること。手間はかかるが、共食いはまぬがれる。

Q&A

●親と卵を別々にする場合、どちらを移せば良いですか？

成体が普段のビバリウムで産卵した場合は、卵を別の水槽に移して孵化させます。産卵用の飼育器で産んだ場合は、成体を普段のビバリウムに帰してください。成体は泳げない種もいるので、水かさを増やすのは成体を移してからにしましょう。

●両生類にも精子を体内に貯蔵する種がいますか？

体内受精を行う一部のサラマンダーにみられます。精子は体内に蓄えられ、後日受精します。

●孵化や変態には、どのくらい時間がかかりますか？

気温や種によって異なります。たとえば、砂漠にすむカエルのオタマジャクシの場合、数日で変態が完了するので、卵やオタマジャクシ用の池が必要な期間はごくわずかです。寒い地域のオタマジャクシや幼生は、そのままの状態で冬越しし、変態は翌年になります。

●変態によって、どんなことが起こりますか？

有尾類の幼生は、変態によって外鰓と側線の感覚器官を失い、骨格も一部変わり、尾鰭が吸収され、皮膚の透過性も変化します。カエルの場合は、尾鰭が吸収され、オタマジャクシ特有の餌をかじりとることができる歯が消え、口が大きくなります。また、植物食に適した長い腸が肉食に合わせて短くなり、後肢、前肢の順で四肢が形成されます。

●オタマジャクシは、どのように育てたら良いですか？

孵化する前に、オタマジャクシ用の水槽を準備します。ふつうの水槽でかまいませんが、集団で飼育する場合は、十分なスペースを確保してください。水面の面積60cm×30cmに対してオタマジャクシ20～30頭が目安です。水質については、142～143ページの「住み処」を参照してください。週に1回、25％の換水を行い、塩素を抜くために、蓋のない容器に入れて24時間放置した水を使います。オタマジャクシがかじりとって餌にする藻は、日光があれば育ちます。放っておくと、浮遊性の藻が繁茂して水が緑色になりますが、これを防ぐためにミジンコ（150～151ページ「餌と給餌」参照）を入れます。ミジンコは中で増殖するので、イモリの幼生（または成体）の餌にすることもできます。変態したオタマジャクシが這い上がれるように、小さな流木なども入れておきましょう。ビバリウムに移すときも便利です。

●サンショウウオやイモリの幼生には、カエルのオタマジャクシとは別の餌が必要ですか？

「オタマジャクシ」というのは、水中で変態するカエルの幼生のことです。地上で変態する幼生は虫やミミズを食べ、藻をかじりとったり、インフゾリアを食べる時期はありません。餌については、150～151ページ「餌と給餌」を参照してください。

病気と治療方法

病気やけがの心配がない健康な両生類を選ぶのはむずかしい。捕獲時や運送時の外傷が悪化することもあれば、飼育密度が高いと、排泄物のアンモニアに毒される危険もある。ただ、ほとんどの両生類は夜行性で、日中は草陰などに隠れていることが多いので、購入時に普段の動きを観察することはできない。とはいえ、不潔で収容数の多いビバリウム、死んだ個体がいるようなビバリウムからは、絶対に買わないこと。痩せ衰えていたり、吻が擦れて傷んでいたり、皮膚に傷がある個体も避ける。もともとほっそりした体つきの種もいるが、痩せると、極端に骨張っていたり、腹部がへこんでいる。健康であれば、ヒキガエルを除いて、皮膚は湿り気がありツヤツヤしているので、皮膚に皺が寄ったり、突っ張っている、あるいは四肢の筋肉が落ちているのは、脱水症状が現れていると考えて良い。

予防と衛生管理

以前に、魚やほかの動物を飼育していた水槽を使う場合は、かならず殺菌消毒し、十分に洗い流す。床材に使う素材は熱消毒する。ただし、苔は熱に弱いので、流水でよく洗うか、できれば4、5週間冷凍すると良い（植物の扱い方については、22～25ページ「爬虫類の飼育方法、ビバリウムをつくる」参照）。アナナス類などの植物は、葉腋に水が溜まっているので、きれいな水で何度も洗うこと。水生植物は飼育魚店などで購入し（野生で採ってきたものは使わないこと）、よく洗ってから水槽に入れる。衛生状態が悪く飼育数が多いと、動物の健康に悪影響を与える。不潔にしていると、有毒なアンモニアが溜まり、病原体や寄生虫が発生し、床材の土などを入れ換えるだけでは対処できなくなる。このような場合は、3％に薄めた漂白剤でビバリウム全体を

両生類の一般的な病気

治療法の中には、法的に専門医にしか認められていないものもある。自分で治療するときは、獣医師に問い合わせること。

潰瘍性皮膚炎

症状：「アカアシ病」とも呼ばれ、腿や腹部の後ろの方が出血し、ただれて潰瘍になる（注意：種によっては、もともと体色の一部としてこの部分に赤い斑があるものもいる）。

コメント：もっとも一般なバクテリアによる感染症。非常に伝染しやすく、体のどの部分にもでき、敗血症を併発して死に至る。抗生物質の経口投与または患部への塗布が必要。応急処置には、魚の治療に使われる銅ベースのキレート化剤chelated copper-based fish remedyが効果的（メーカーの注意書きを参照すること）。

バクテリア性結核症　Bacterial Tuberculosis

症状：末期になると、皮膚がこぶ状の腫れ物で覆われ、最終的に破裂する。眼も膨れあがる。

コメント：衰弱した個体に発病することが多く、最初に内臓を侵される。効果的な治療法は見つかっておらず、一般に、外部に症状が現れたときにはかなり病状が進んでいる。

ベルベット病（熱帯魚と同様の病気）

症状：水棲種にみられ、体表が灰色の粘液で覆われる。

コメント：ウーディニウムやTrichodinaなどの原生動物が寄生することによって生じる。治療薬は、飼育魚店で入手できる。

腕細症候群　Spindly Leg Syndrome

症状：変態を終えたばかりのオタマジャクシ（ヤドクガエルなど）にみられる。前肢が細く、まったく機能せず、位置がずれている場合もある。

コメント：原因は不明。産卵数が極端に多かったときに生じる場合が多い。一番可能性の高い原因としては、母体の何らかの栄養不足があげられる。治療法はない。

← バクテリアに感染して、吻に潰瘍ができたモトイヒシメクサガエル*Heterixalus madagascariensis*。ガラスにぶつかり、皮膚が破れてこのような状態になる場合が多い。

栄養不足

症状：骨の代謝障害（44～45ページ「爬虫類の飼育方法、病気と治療」参照）、生殖能力の低下、眼の病気、食欲不振、元気がない、成長がみられないといったさまざまな問題を引き起こす。

コメント：栄養不足を防ぐには、適切なビタミンやカルシウムなどの栄養剤を与えると良いが、どの栄養素が不足しているのか判断できないことが多い。ミールワーム、生の牛肉、ハチミツガの幼虫など、栄養の偏った餌を与えすぎてもいけない。また、大型種を狭い容器で飼育し、高蛋白、高脂肪の餌を過剰に与えると肥満をもたらす。

脱　腸

症状：腸が体外に脱出する病気で、主に肥満気味の大型種カエルの雌にみられる。総排出腔からピンク色の肉塊が突出する。

コメント：獣医師による治療が必要。患部に外科用ゼリーを塗り、乾燥しないように病人を濡れたペーパータオルでくるむ。

中　毒

症状：活動亢進状態から、後肢の麻痺まで、さまざまな症状が現れる。毒にやられた動物（特にカエル類）は、動こうとしても後肢を伸ばした状態でへたりこんでしまう。

コメント：原因は、消毒殺菌薬、不適切な薬物、蓄積したアンモニア（不潔な環境）、水質の劣化（特に幼生の場合）、他種の皮膚毒などが考えられる。また、病気や内部器官の損傷も原因となる。元気を取り戻し、餌を食べるようになるまで、病人を別の容器に隔離し、塩素を抜いた適温の清潔な水が常時対流する環境をつくる。中毒を防ぐには、何よりも予防を心がけること。

一般的な菌類による感染症

症状：水棲種の場合は白い苔状のもの、陸棲種の場合は茶色っぽい粘液で覆われ、いずれも患部が潰瘍になる。

コメント：両生類の皮膚は非常に感染しやすい。特にケガなどでダメージを受けた部分が感染しやすい。不潔な環境も一般的な原因のひとつ。

病気と治療方法

拭き、その後、漂白剤が残らないように洗い流す。家庭用やビバリウム専用の殺菌消毒薬は、少しでも残っていると危険なので、完全に洗い流すこと。

環境への不適応と予防隔離

個体が飼育環境に順応しない場合、まず、ビバリウムの大きさやレイアウトを見直してみる。隠れ家はかならずつくっておくこと。特に跳躍力のあるアカガエルRana属のカエルなどは、ガラス製の水槽に戸惑い、ぶつかって吻が擦れたりけがをすることがある。新しい飼育環境に慣れるまでは、できるだけ邪魔をしないで、必要なら落ち着くまで周囲を覆って暗くしてやる。餌を与えても食欲がなく、体重が減っていくのは、なにか問題がある証拠なので、環境条件（気温、湿度、照明、水質など）を点検してみる。特に問題がなければ、寄生虫、あるいは仲間によるいじめ、別種の持つ皮膚毒などの原因が考えられる。また、餌が合わない、給餌の時間帯が間違っている場合もある。養殖された個体は比較的健康状態が良いが、それでもビバリウムに収容する前に、30日間の予防隔離を行うのが望ましい。野生で捕獲された個体であれば、病原体の寿命が長い場合もあるので、基本的に60日以上の隔離期間が必要になる。すでに先住者がいるビバリウム、特に養殖個体が住んでいるビバリウムに新たに飼うときは、かならず予防隔離してから加える。これを怠って病気が伝染すると、せっかく慣れていた先住者も一新しなければならず、経済的な損失にもなる。

病気の治療

飼育初心者にとっては、病気の診断がいちばんの問題だろう。両生類の病気については、あまり研究が進んでいないこともあって、詳しい資料の入手もなかなかむずかしい。病気によっては、法的に勝手な治療が認められていないものもあるので、やはり獣医師に相談するのが良い。病気にはそれぞれに対応した治療法があり、綿棒で集めた標本を培養して、病原体を特定する必要がでてくる場合もある。たとえば、口の周りに白い「綿状」のものが発生したら、菌性またはバクテリア性、あるいはこの両方の可能性がある。両生類飼育者の多くは、飼育魚の治療法を応用しているが、経験のない初心者は真似しないこと。病気の兆候が現れたら、その個体をすぐに別

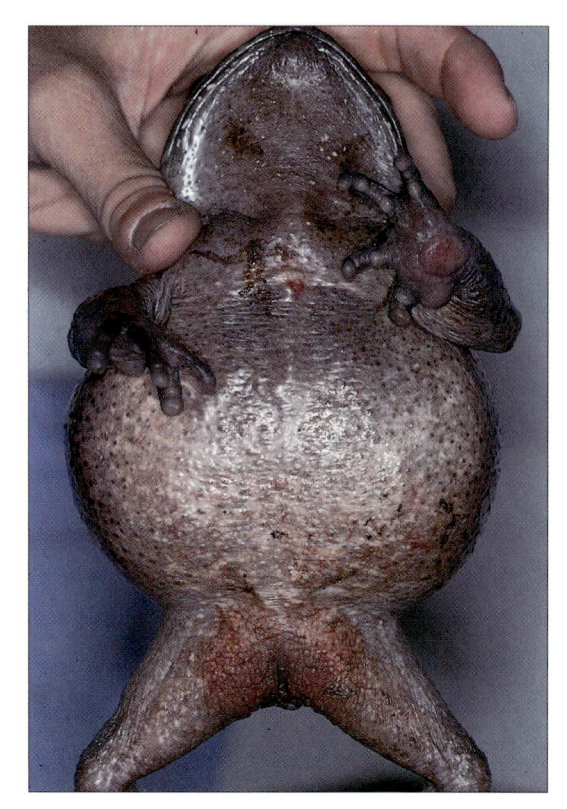

↑ 後肢の内側が「アカアシ病」にかかったブロンベルグヒキガエル Bufo blombergi。この病気は体のどの部分にも現れ、伝染しやすく、死んでしまうこともある。

の容器に移し、残りの住人もビバリウムから出して中をきれいに掃除し、できるだけ感染を防ぐ。

両生類も爬虫類と同様に寄生虫がつきやすい（40〜43ページ「爬虫類の飼育方法、病気と治療法」参照）。一般的な予防策としてはフェンベンダゾールfenbendazoleが有効だが、サナダムシには効果がない。サナダムシの駆除法の中には、両生類には危険なものもあるので、専門家の指示に従うこと。寄生虫は、かならず予防隔離の際に駆除しておく。

両生類の腸の中には、さまざまな原生生物が住み着いている。ほとんどは無害だが、なかには動物がストレスにかかったときに有害化するものもいる。そのような場合、副次的にバクテリアや菌類、ウイルスなどに感染しやすくなる。陽性かどうか検査するには、糞のサンプルが必要になるだろう。ふつう原生生物の処置には、獣医師に処方してもらったメトロニダゾールを使う。また、原生動物が腸炎などの腸障害を招くケースもある。

両生類の飼育方法

Q&A

●薬はどのようにして投与すれば良いですか？

小型種に経口投与する場合は、プラスチック製のピペットを使いますが、顎が壊れやすいので慣れた人にやってもらったほうが良いでしょう。大型種の口を開けさせるには、クレジットカードが便利です。水棲種の場合は水に薬を落とします。陸棲種に塗布する場合は、粉末薬品のほうが効果的です。

●どのような方法で隔離したら良いですか？

病気にかかった個体は、ほかへの感染を防ぐためにかならず隔離します。同じ病気にかかっている場合でも、別々に隔離してください。隔離容器には、軽くて掃除が簡単なプラスチック製の水槽が良いでしょう。設備は、使い捨ての床材、使い捨てあるいは簡単に消毒できる隠れ家用の箱、隠れ家を覆うためのプラスチック製の植物（洗浄できる）など、必要最低限のものだけにします。濡らした無漂白のペーパータオルを何枚も厚く重ねた床材なら、糞の様子をみるのに便利です。糞はかならず観察してください。水槽内が乾燥しないように気をつけ、必要に応じて床材に水を吹きかけます。塩素を抜いた清潔な水の浅いボウルを、動物が簡単に近づける場所に置きます。隔離中、動物になるべくストレスが溜まらないよう、水槽は覆って暗くしておきます。

●カビなどの菌類による感染症は、自宅で治療できますか？

可能です。この種の病気の応急処置には、過酸化水素の50％溶液を患部に塗る、水棲種に対しては、マラカイトグリーンの0.05％溶液に10分間薬浴（飼育魚用治療法）させるといった方法があります。

●腕細症候群の治療法はありますか？

いったんこの症状が現れたら、どうしようもありません。予防策として、毎回、餌にビタミン豊富な昆虫を与える、オタマジャクシに中波長紫外線をあてる、オタマジャクシの餌に粉末状のiodine bird blockを混ぜる、オタマジャクシに高蛋白餌を与えるといった方法が良いといわれていますが、実際に試してみて確実に効果があがったものはありません。また、そもそも対処できる病気なのかどうかもわかっていません。連続して産卵した卵塊からも、単独の卵塊からも発症例があります。

●カエルの体が膨張して死んでしまう原因はなんでしょうか？

腹部（と四肢）が異常に膨張する原因としては、一般的に腎臓障害などの代謝異常が考えられます。こうした異常の原因は、バクテリアによる感染症、寄生虫、化学物質、そして、ビタミンD_3の過剰投与などがあげられます。不潔な環境も要因のひとつといえるでしょう。この病気は治療がむずかしく、死んでしまうことが多いようです。

●誤って餌といっしょに石を食べてしまった場合、何か害がありますか？

両生類は、舌や餌にくっついた石などを食べてしまうことがありますが、この場合は自然に排出されるので問題はありません。しかし、小型種でかなり大きなものを飲み込んでしまったときは、外科的な処置が必要です。こうした事故は、適切な床材を使う、餌を直接床材に置かないなどの予防策で防ぐことができます。

●人間用の消毒薬を使ってもかまいませんか？

使わないでください。人間用の薬の大半は両生類には有害です。小さな傷なら、獣医師に相談して、0.75％のクロルヘキシジン溶液などの安全な非細胞毒性消毒薬をもらってください。

●寄生虫はどのようにして駆除すれば良いのでしょうか？

回虫には、普通フェンベンダゾールfenbendazoleを使います。獣医師に処方してもらって、指示に従って投与してください。サナダムシの一般的な治療薬の中には、両生類に有害なものもあるため、これも獣医師の指示に従うこと。薬がビバリウムに残留するおそれがあるので、治療は隔離水槽で行ってください。

➡ 「腕細」症候群にかかったヤドクガエルの変態中幼体。皮膚の模様が「8の字」型の個体に多く、症状は前肢が完全に生える前に現れる。

両生類カタログ

　両生類はほとんどが夜行性で、こそこそ隠れてばかりだし、外見も地味だったりする。とてもビバリウムの理想的な住人とはいえない。ところが、その繁殖行動には人を魅了するものがあって、そこに惹かれて飼育する人も多い。ひとつひとつの種が独自の魅力を持ち、まさに「宝石」としか表現しようのない種もいる。皮膚がヌルヌルした感じ（爬虫類や両生類すべてにこのことばを当てはめるのは間違っている）の種が多いが、これも乾燥から、ときには捕食者から身をまもるためである。

　両生類の場合、大きく成長する種はめったにいない。イモリの仲間でも体長20cm以下、カエルではせいぜい10cm程度だろう。もっとも、カエルやヒキガエルの場合、体長といったところで、ほとんどうずくまっていてよくわからない。とはいえ、いくら小さくても、ジャンプ力のある種には、かなりの飼育スペースが必要になる。そのため、アカガエル属をはじめとする一部の種は、飼育を見合わせたほうが良いだろう。両生類はほかにも種類がたくさんあるのだから。人が適切なケアさえ怠らなければ、多くは10年以上生き、なかには20年も長生きすることがある。

　両生類には、皮膚から毒を分泌するものが多く、ヤドクガエルのように野生で捕獲するととりわけ毒性が強い場合もある。飼育にはくれぐれも注意して、子供や幼児には絶対触らせないようにすること。いずれにしても、人間の体温は彼らには熱すぎるので、どうしても必要なとき以外、直接手で触らないようにする。

ヒキガエル	162	スキアシガエル	182
ヤドクガエル	166	ツメガエル	184
スズガエル	172	アデガエル	188
アマガエル	174	アオガエル	190
ツノガエル	178	クサガエル	192
ヒメガエル	180	イモリ	194

➡ コバルトヤドクガエル *Dendrobates azureus*。166ページ参照。

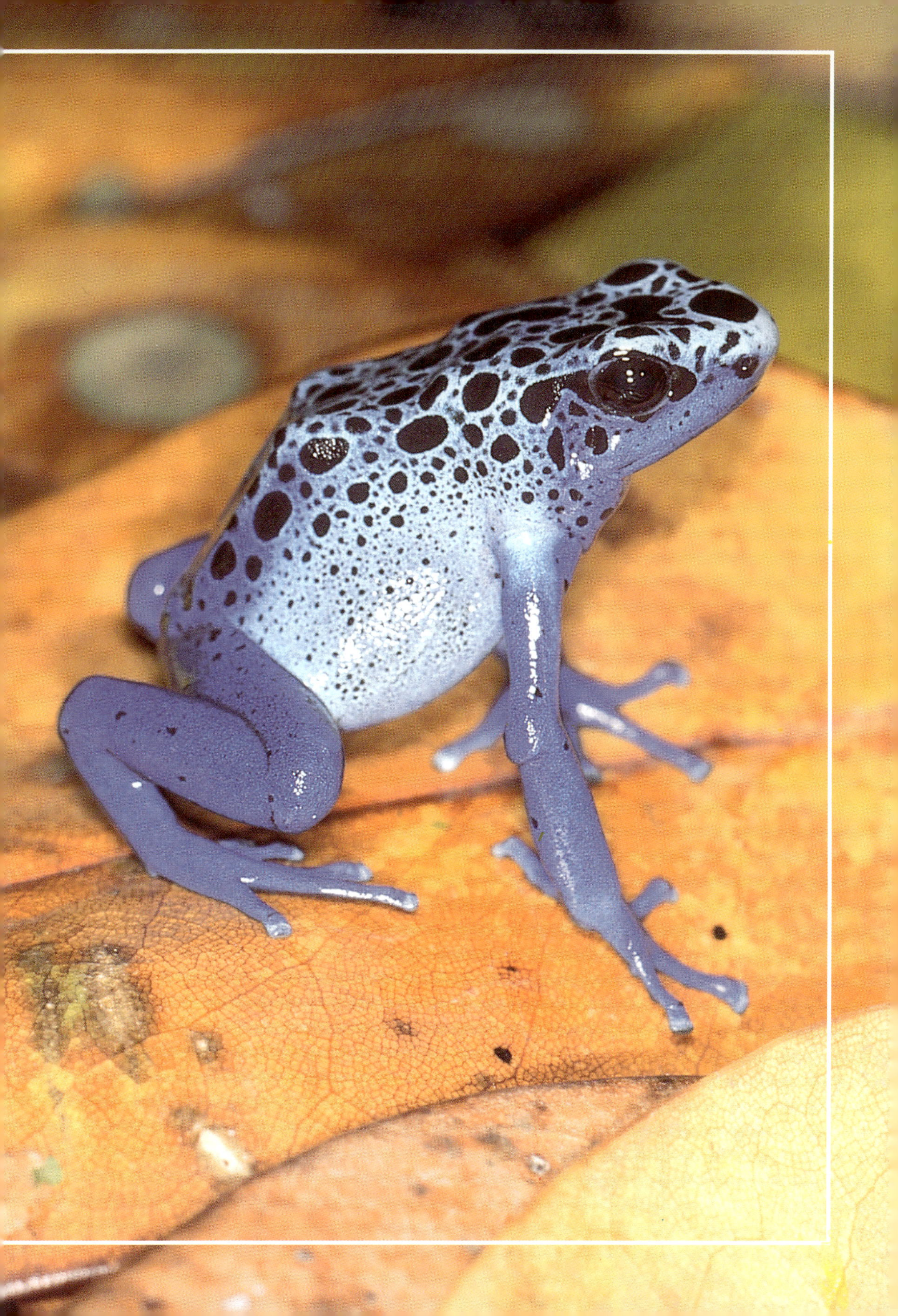

True Toads
ヒキガエル

ヒキガエル科　FAMILY:BUFONIDAE

　ヒキガエル科は20属以上ある大きな科で、飼育者のあいだでは、「true toads（真のヒキガエル）」とも呼ばれるヒキガエル*Bufo*属がよく知られている。150種余りにのぼるヒキガエル属は、熱帯雨林から半砂漠地帯や高地に至るまで、さまざまな地域に生息している。大半は薄明薄暮性および夜行性で、日中は湿気のある場所に隠れている。日中の一定時間帯、日溜まりなどで体を温める昼行性も数種いる。ほとんどの種は地表で暮らしているが、いずれもよじ登る名人なので、ビバリウムから逃げないよう注意すること。一般にヒキガエルは、体がずんぐりとしていて、皮膚が堅くイボがあるが、棘があったり、なめらかなものもいる。皮膚からは毒性のある分泌物を出す。寿命は、一般に20年以上ある。

↑　オークヒキガエル*Bufo quercicus*。体色は個体によって異なり、黒一色もいれば、灰色に黒い大きな斑や色つきのイボがついたものもいるが、この写真のように、背中線の入ったものが一般的。

➡　毎年春になると、ミドリヒキガエル*Bufo viridis*は水の暖まった浅瀬に卵を産む。時期がきたら、屋外やグリーンハウスに産卵場所を用意する。

オークヒキガエル
（Oak Toad）

　学名*Bufo quercicus*。主な生息地は、アメリカ南東部沿岸の平原。アメリカでは最小種のヒキガエルで、体長わずか3cmほどしかない。大型種に比べるとあまり人気はないが、非常に魅力的で体色も美しく、野生で捕獲して飼育するケースが多い。捕獲する際はかならず州法などを調べること。他種と異なり、主に日中に活動するが、本来の住み処は見つけにくい。狭いビバリウムでも繁殖するが、産卵用の水槽や屋外の水場、グリーンハウスなどのほうが繁殖率は高い。植物を荒らすおそれがないので、ビバリウムに装飾的な植物を植えても良い。隠れ家の下に小さな穴を掘って住み着く場合もある。雄は雌に比べて咽喉の部分の色が濃い。野生では、暖かい雨が大量に降ったあとに繁殖期が訪れ、北半球では、4月から9月の間に産卵する。産卵場所には、浅い池や天然の水路などが使われる。ヒキガエル科の他種やほかの両生類と比較すると、オークヒキガエルの産卵数は600〜700個と、少ない部類に入る。産卵したら、欲しい人に分けてやったり、法律に照らしたうえで一部を野生に戻してやるのも良い。
　ビバリウムで繁殖させる場合は、水場が必要になる。一定期間の低温期を経て、雨の代わりに大量の水を撒く。卵は別の飼育水槽に移すこと（154〜155ページ「繁殖」参照）。オタマジャクシは適度な数に限定し、魚用のフレーク状餌を与える。

ミドリヒキガエル
（European Green Toad）

　学名*Bufo viridis*。主な生息地は、中央および東ヨーロッパ、中央および南アジア、北アフリカ全域。成体の体長は10cm、さまざまな体色や模様がみられるが、白に近い地に緑の斑が散らばり、その中に赤い点があるものに人気がある。北アフリカ種は、茶色の地に緑色の斑があるものが多く、斑の色が暗い緑でほとんどわからない場合もある。現在、保護の目的でミドリヒキガエルの捕獲を禁じている地域もある。市販されている個体は、北アフリカ産のものが多い。養殖と明記されていることもある。原産地によって冬季の飼育方法が異なるため、購入するときは原産地を聞くこと。ビバリウムでの繁殖はむ

両生類カタログ

Q&A

●ヒキガエルを触るとイボができるというのは本当ですか、それとも単なる迷信ですか？

単なる迷信です。皮膚から分泌物が出るのは、異常なストレスがかかった場合だけです。触れてもイボの原因にはなりませんが、目や口などの粘膜や傷口に触れるとひりひりと傷みます。できるだけ触らず、やむを得ないときは、やさしく静かに扱い、かならず手を洗ってください。

●ヒキガエルは屋外で飼育できますか？

オオヒキガエルは、夜間でもある程度暖かい気温が必要ですし、脱走する危険もあるので屋内で飼うのが一番です。オークヒキガエルとミドリヒキガエルは、気候さえ適切なら屋外でも飼育できます。屋外の飼育場は、捕食者を防ぎ、カエルが脱走できないように囲っておきます。カエルが掘れる粗い砂地に、小さな池と、直射日光の当たらない複数の隠れ家を設け、屋外植物を植えてください。

●ミドリヒキガエルの冬眠対策はどうするのですか？

通気性のある箱に、少し湿った苔や枯葉といっしょにカエルを入れ、霜が降りない場所に置きます。屋外の飼育場で冬眠させる場合は、水を抜き、冬眠している場所を枯葉や藁、発泡スチロール、板などで覆います。

●「繁殖停滞breeding stagnancy」とは、どういう意味ですか？

繁殖期だけに池を使うある種の両生類は、一度産卵したビバリウムでは二度と産卵しなくなるという意味です。毎年産卵させるには、繁殖期に別のビバリウムに移す、あるいは繁殖期がくる前に床材を交換すると良いでしょう。

●オタマジャクシは、一度にどのくらい飼えますか？

60×30×30cmの水槽に30頭程度なら、十分なスペースを確保できます。ただし、有害とされ、産卵数も非常に多いオオヒキガエル（次ページ参照）は、繁殖しないように気をつけるべきです。

ヒキガエル

ずかしく、屋外に池（最低でも30×30×8cm）つきの飼育場を設けたり、グリーンハウスを流用するほうが良い。

　雄は雌より小さく、喉の皮膚が畳まれて皺になっていて、繁殖期になると指に婚姻瘤（拇指隆起）が生じる。気温が次第に上がって光周期が長くなり、雨が降ったあとで、繁殖期がおとずれる。卵塊状の膨大な数の卵の中には無精卵もあり、これが腐って池の水が汚れるといった問題も発生する。孵化させる場合は、適当な数の卵を取り分け、別の水槽に移すこと。条件にもよるが、オタマジャクシはおよそ2、3カ月で変態を完了する。

Q&A

●オオヒキガエルは、他種のカエルといっしょに飼育できますか？
有毒な分泌物を出すうえ、小さな同種も含めて、動くものは食べてしまうので、飼わないでください。

●オオヒキガエルを繁殖させない方法はありますか？
繁殖させないためには、雄と雌を別にして池をつくらないことです。オオヒキガエルの成体やオタマジャクシは、絶対に野生に放さないでください。処分に困ったときは、かならず獣医師に相談してください。通気性のある箱に、少し湿った苔や枯葉といっしょにカエルを入れ、霜が降りない場所に置きます。屋外の飼育場で冬眠させる場合は、水を抜き、冬眠している場所を枯葉や藁、発泡スチロール、板などで覆ってください。

■飼育の条件■
オークヒキガエル、ミドリヒキガエル、オオヒキガエル

ビバリウムのサイズ　腐食しない材質のもの。
- オークヒキガエル　75×30×30cmに5、6頭。
- ミドリヒキガエル　90×30×38cmに3、4頭。
- オオヒキガエル　120×38×38cmに2、3頭。

床材
- オークヒキガエル　粗い砂土またはローム土。表面積の25％は、保湿性のある場所を確保すること。
- ミドリヒキガエル　砂土。表面積の25％は湿った場所（砂、刻んだミズゴケ、orchid barkの腐葉土）を確保すること。
- オオヒキガエル　表面を苔で覆った粗い砂土またはローム土。排泄物に毒性があるので、床材は頻繁に取り換える。

居住環境
- オークヒキガエル　丸太、岩、植物などで、いくつか隠れ家をつくり、水を入れた小さなボウルを置く。乾燥を防ぐために、ときどき軽く水を吹きかける。
- ミドリヒキガエル　乾いた場所にも湿った場所にも隠れ家をつくり、水を入れた小さなボウルを置く。植物はある程度の乾燥に耐えられるものを選ぶ。夜に軽く水を吹きかける。
- オオヒキガエル　あちこちに隠れ家をつくり、沐浴用に水を入れた大きな容器を置く。毎日、軽く水を吹きかけるが、湿りすぎないように注意すること。植物は丈夫なものを選び、鉢ごと埋め込む。

気温
- オークヒキガエル　日中は18～25.5℃、夜間は13～15℃。光周期：14時間。
- ミドリヒキガエル　日中は21～25.5℃、夜間は最低13℃。光周期：14時間。
- オオヒキガエル　日中は25℃、夜間は20～21℃。光周期：14時間。

繁殖条件　オオヒキガエルを病害虫管理に使っている地域もある。飼育環境で繁殖することはまれだが、1度に3万個の卵を産むので飼育がむずかしく、かといって簡単に処分することもできない。繁殖しないように飼うのが得策。
- オークヒキガエル　明るい照明と最低38×30×8cmの水場が不可欠。8～9週にわたって気温を10℃に下げたあと、大量の水を吹きかけて水場に水をはる。光周期：通常の昼光時間。
- ミドリヒキガエル　オークヒキガエルと同様の水場を用意する。北方種：10～12週にわたって気温5～7℃。南方種：8～9週にわたって気温10℃。光周期：通常の昼光時間。

食餌
- オークヒキガエルとミドリヒキガエル　粉末栄養剤をまぶした昆虫類やミミズ類。
- オオヒキガエル　ピンセットで揺らしながら冷凍ネズミやヒヨコの小片を与える。ほかに粉末栄養剤をまぶした昆虫類。

産卵と孵化
- オークヒキガエル　年1回、卵600～700個。適当な数の卵を別の水槽に移して育てる。孵化期間は、20℃で15～18日。
- ミドリヒキガエル　年1回、卵1万2000個。適当な数の卵を別の水槽に移して育てる。孵化期間は、18.5℃で15～18日。

両生類カタログ

オオヒキガエル *Bufo marinus*。体色は地味だが、適度な大きさと穏やかな性格でファンが多い。すぐに慣れて、座って餌を待つようになる。攻撃されると強力な毒を分泌するので、扱いには注意すること。

オオヒキガエル
(Cane Toad)

学名 *Bufo marinus*。主な生息地は、中央および南アメリカとテキサス州南部。オオヒキガエルは、オーストラリアなどの一部の地域で、虫害駆除に使われていることでよく知られている。当初は、サトウキビの害虫、ハイイロカンショコガネを駆除するために移入されたが、増えすぎて固有の動物種まで捕食するようになり、いまでは、科学者たちがオオヒキガエルの生物学的管理手段を模索している。

体は大きく、体長23cmにも達する。体色がこげ茶色と地味なわりには、ペットとして人気がある。入手は簡単で、値段も比較的安い。ただし、攻撃されると、耳腺から強力な毒を分泌するので、注意すること。激しく挑発すると、この毒液を1mも飛ばす。子供やペットなどは近づかせないようにして、必要な場合以外は手で触らないこと。ふつうにやさしく触るだけなら毒を放たないが、触ったあとはかならず手をきれいに洗う。卵やオタマジャクシにも毒があるので注意が必要だ。

ほかのヒキガエルと同じように、オオヒキガエルも繁殖期を除いて池は必要ないが、ときどき、皮膚が乾燥しすぎると、水の入った大きなボウルの中に座っていることがある。また、暖房の必要もないが、夜間でも比較的高い気温が条件なので、寒い季節には屋内で飼育したほうが良い。

雌は雄よりかなり大きい。繁殖期になると、雄の前肢には婚姻瘤が現れ、「トリルのように響く」鳴き声をあげる。オオヒキガエルの繁殖に挑戦した飼育者はいないようで、繁殖報告は1件もない。繁殖に成功した場合、卵の数は大量（3万個）で、これだけのオタマジャクシを育てるとなると水の濾過と給餌に膨大な労力が必要になるだろう。仮に産卵した場合でも、育てるのは数頭に限ること。ただし、不要なものをむやみに野生に放すと、オーストラリアの例が物語っているように、生態系全体がオオヒキガエルに乗っ取られ、小型哺乳類をはじめ、さまざまな動物種が捕食される可能性がある。アマチュア飼育者にとっては、繁殖させないのが何よりも無難なことだろう。

Arrow-poison Frogs
ヤドクガエル

ヤドクガエル科
FAMILY: DENDROBATIDAE

↑ イチゴヤドクガエル*Dendrobates pumilio*の体長はわずか2.5cm。飼育環境で繁殖させるのはむずかしい。卵は親元に残しておくこと。

　ヤドクガエルの中でも中央・南アメリカに生息する種は、自然界でもっとも強い毒素を持っている。とりわけ、モウドクフキヤガエル*Phyllobates terribilis*、キンオビフキヤガエル*P. aurotaenia*、ヒイロフキヤガエル*P.bicolor*の3種の毒は、昔からコロンビアの原住民たちが吹き矢に塗る毒に使っていた。たった1頭の小さなカエルの分泌物から50本もの毒矢がつくられ、ごくわずかな量で人間を殺すこともできる。しかし、人工的に飼育し、野生で餌にしている有毒昆虫を与えなければ、やがて分泌物の毒素が失われる。このため、飼育者が毒にやられたというケースは1件もない。鮮やかな「警告色」に彩られたヤドクガエル類は、飼育愛好家のあいだで非常に人気がある。ヤドクガエルの種で一般的な英名を持つものは少なく、学名で呼ばれることが多い。市場に出回っているイチゴヤドクガエル*Dendrobates pumilio*、マダラヤドクガエル*D. auratus*、コバルトヤドクガエル*D. azureus*、アイゾメヤドクガエル*D. tinctorius*、ヒイロフキヤガエル*P.bicolor*、セアカヤドクガエル*D. reticulatus*、キオビヤドクガエル*D. leucomelas*などが入手しやすい。英語ではデンドロバテス、ダートポイズンフロッグ、アローポイズンフロッグ、ポイズンフロッグといった名前が集合的な名称として使われている。同じ種でも体色パターンが異なるものもあり、分類学的に確定できない種もいる。全般的にみると、雌の成体は、雄より少し大きく丸みを帯びている。また、雄の指先の「吸盤」が大きく膨らむ。咽喉の鳴嚢を膨らませて鳴いていれば雄、というように、行動を観察する

両生類カタログ

Q&A

●ヤドクガエル類は、触ると危険ですか？

野生で捕獲したものを飼育すると、時間がたつにつれて毒性が失われていきます。また、養殖されたものには、皮膚毒はありません。とはいえ、触るのは必要な場合だけに限り、使い捨て手袋をはめるか、小さな容器に追い込んだりして、直接手に触れないようにします。

●餌はどのくらいの間隔で与えれば良いですか？

ビタミンの粉末をまぶしたショウジョウバエやコオロギは、毎日与えてかまいません。ただし、翌朝になっても餌がかなり残っているようなら控えます。植物の陰に隠れて残っている虫は、毎日の水やりで死んでしまうのがほとんどです。

●ヤドクガエル類の繁殖期はいつですか？

大半の種は年間を通じて繁殖します。ミイロヤドクガエルとアマゾンヤドクガエルは特に産卵回数が多く、抑制しないとすぐに「燃え尽きて」しまいます。そうならないように、光周期を短縮し、気温と湿度を少し下げた時期を4、5カ月ごとに設けると、産卵回数を減らすことができます。照明が使えないほどの猛暑では、自然に繁殖が抑制されますが、命取りになる可能性もあります（157〜159ページ「病気と治療、腕細症候群」参照）。

■飼育の条件■

ビバリウムのサイズ 小型種のペアまたはトリオに必要な大きさは、最低60×30×45cm。木に登るカエルのために植物を植える場合は、高さのある容器が必要になる。大型種には、最低75×45×60cm。

床材 保湿性のあるもの。

居住環境 熱帯雨林型。コルクバーク、流木、瀧、装飾または床材の覆いになる植物（アナナス類などの植物は水はけが必要なので、コルクバークに苔や堆肥を入れた鉢に植える）。フロント部分には植えずにおき、餌場を確保する。

湿度 90%。霧発生装置またはスプレーで、毎日ぬる目の水を吹きかけること。余分な水は除去。

気温 日中は23〜27℃、夜間は20〜21℃。

食餌 粉末栄養剤をまぶしたショウジョウバエ、コオロギ、緑のアブラムシ。ときどき、小さなハチノスツヅリガの幼虫、ホワイトワーム、コクゾウムシの幼虫なども与える。小型種の子ガエルには、トビムシが有効。毎夕、定期的に餌を与える。

↑ 自然界の典型的な警告色、黄色と黒に彩られたキオビヤドクガエル*Dendrobates leucomelas*。同じ種で、オレンジと黒のものもいる。

しか雌雄の識別方法がない種もいる。ヤドクガエルは、ほかの多くの両生類と異なり、昼行性なので、興味深い繁殖行動を観察することができる。

求愛行動

ヤドクガエルの仲間は、適切な相手がいて、餌が豊富で健康であれば、特に繁殖行動を促す必要はない。両生類の中でも、もっとも複雑な社会的行動をとり、求愛行為が数時間から数日続くケースもある。雌は雄の鳴き声に呼び寄せられ、胸部で雄の背中を突いたり、叩いたりする。雄が前肢で雌の頭を抱え込む（抱接）種もいる。また、雄同士が敵を押さえ込むために儀式的な抱接を行い、レスリングのような戦いを繰り広げる種もある。同様の行動は雌同士にもみられる。勝者は、地面にうつ伏せに押し倒された敗者のそばで、雄と求愛行動を行う。1頭の雄だけで産卵をすませる場合もあれば、相手を変え、2〜4頭の雄にアプローチする場合もある。複数の雌をいっしょに飼育すると、ほかの雌の卵を食べてしまうことが多いので気をつけること。

ヤドクガエルの仲間は、たいてい目立たない産卵場所を探すが、ときには葉の上や床材など、目につく場所に産むこともある。ビバリウムでは、浅いプラスチック製の蓋やペトリ皿といった、表面がなめらかな容器が理想的な産卵場所となる。容器は、半分に割った椰子の実の殻や小さなプラスチック製の桶、プラスチック製の大きな葉、出入り口用の穴を空けた植木鉢などで覆っておく。容器の内側に緑か

ヤドクガエル

■繁殖の条件■

産　卵　種や年齢、雌の大きさによって異なるが、年間12〜15回、1回につき1〜30個の卵を産める。

孵　化

グループ1　マダラヤドクガエル、コバルトヤドクガエル、キオビヤドクガエル、アイゾメヤドクガエル、キイロジマヤドクガエル、ミスジヤドクガエル、ミイロヤドクガエル、キスジフキヤガエル、ヒメキスジフキヤガエル、モウドクフキヤガエル、ヒイロフキヤガエル、ウバヤガエル*Coloscethus*属：卵の基部だけが水に触れる深さの、ぬるい水を入れたペトリ皿（細菌培養用の皿）や浅い容器に移す。水分が蒸発しないよう、容器には蓋をかぶせる。孵化には、26〜28℃で9〜14日間かかる。夜間、気温が下がっても、21℃までは耐えられる。

グループ2　ハイユウヤドクガエル、イチゴヤドクガエル、アカオビヤドクガエル：親が世話をするので、卵は産卵した場所に残しておく。

グループ3　アマゾンヤドクガエル、セアカヤドクガエル、ズアカヤドクガエル、マネシヤドクガエル、イツジマヤドクガエル*D.quinquevittatus*：グループ1に同じ。

黒のプラスチックを貼っておくと、卵の一部を孵化用に取り分けるときに便利だ。

　ヤドクガエル類の繁殖時の飼育方法は、大きく3つに分類できる。グループ1に分類される種が一番多く、人工的に卵を孵化することができる。野生では、孵化したオタマジャクシは小さな水場に運ばれる。ビバリウムの場合も、別の水槽に移さずそのまま残しておくと、親が水のある場所に運ぶが、子ガエルが小さくなる傾向がある。グループ2は一番少ないグループで、卵は人工的な産卵容器ではなく葉に産みつけられ、孵化したオタマジャクシはアナナスの水の溜まった葉腋などに運ばれる。雌は定期的にオタマジャクシのところに通い、餌に無精卵を与える。このため、グループ2の種は卵食性（エッグフィーダー）と呼ばれている。雄はテリトリー意識が非常に強く、大型のビバリウムが必要になることから、このグループの繁殖には現実的な問題が伴う。オタマジャクシを親から離して人工飼育するのは非常にむずかしい。餌に乾燥した鶏の卵黄を与えるとうまくいくかもしれないが、親に育てさせるのが一番良い。グループ3は順応性のあるグループで、グループ1のように卵を移すことも、グループ2のように放置することもできる。しかし、親が育てると、変態段階での大きさが普通より小さくなることが多いため（成体の大きさは変わらない）、別の水槽に移して育てたほうが良い。幼体のうちは、かなり小さな餌が必要になる。

オタマジャクシの飼育と給餌

　ゼラチン質から出て泳ぎ始めたオタマジャクシは、汲み置きした25℃の水を深さ1.5cmほど入れたプラスチック容器に個別に1頭ずつ移す。餌は夜間に食べるので、給餌は夜遅くに行い、翌朝、オタマジャクシを網ですくい、24時間汲み置きしたきれいな水の容器に移す。たいていのオタマジャクシは、細かく砕いた魚用のフレーク状餌と配合餌を半々に混ぜた餌を受けつけ

← コバルトヤドクガエル*Dendrobates azureus*の雄と雌。目にも鮮やかな青はカエルには非常に珍しく、熱烈に求めるファンが多い。需要が多いため、それなりに値段も高い。

両生類カタログ

↑ セアカヤドクガエルDendrobates reticulatusの雌。孵化したばかりのオタマジャクシ2頭を背中に乗せ、近くの水場へ向かうところ。オタマジャクシは、スプーン1杯程度の少量の水があれば育つ。

Q&A

●無精卵は取り除くべきですか、それとも抗菌剤を施したほうが良いでしょうか？

そのままにしておいてください。無精卵は、たとえカビが生えても健康な有精卵に影響を与えることはありません。取り除くと、かえって有精卵が傷ついたり、無精卵の中味が漏れだしたりして悪影響を与えます。抗菌剤は神経系にダメージを与え、その影響は幼体に現れます。

●オタマジャクシは単独で飼育するべきでしょうか？

ヤドクガエル科のオタマジャクシは共食いするものが多く、単独飼育にします。マダラヤドクガエルとキイロジマヤドクガエルDendrobates truncatusについては、同じ卵塊から孵化したオタマジャクシを小さな水槽でいっしょに育てることができます。ただし十分な餌を与えてください。種の異なるオタマジャクシをいっしょにしてはいけません。

る。粉末状のコウイカの甲や総合ビタミン剤をひとつまみ与えても良い。水面の餌を食べると空気を吸い込んでしまうので、餌を撒いたら、しずかに水をかき回して底に沈殿させる。ボウフラやアカムシ、ミジンコなどの生き餌は、寄生虫の媒体になるので与えないこと。種や気温によって異なるが、変態には8～12週間かかる。気温が高すぎると幼体の大きさが小さくなる。四肢が揃い、尾の一部がとれた時点で、小型水槽に移し、這い上がれるように周囲を砂利で囲んだ、深さ1.5cmの水場を設ける。尾が完全に消えて幼体になったら、次は濡らしたペーパータオルや苔を床材にした、清潔で小さな容器に移し、餌に慣れさせる。餌を食べるようになったら、成体と同じような幼体専用のビバリウムに移して飼育する。このビバリウムには、隠れ家と切り枝をさした隠れ場所をつくり、餌は小さなものを与える。

➡ 次頁：ヤドクガエル類の中では第2位の毒性を持つヒイロフキヤガエルPhyllobates bicolor。写真のような幼体は飼育用の餌を与えていると、毒性が失われる。

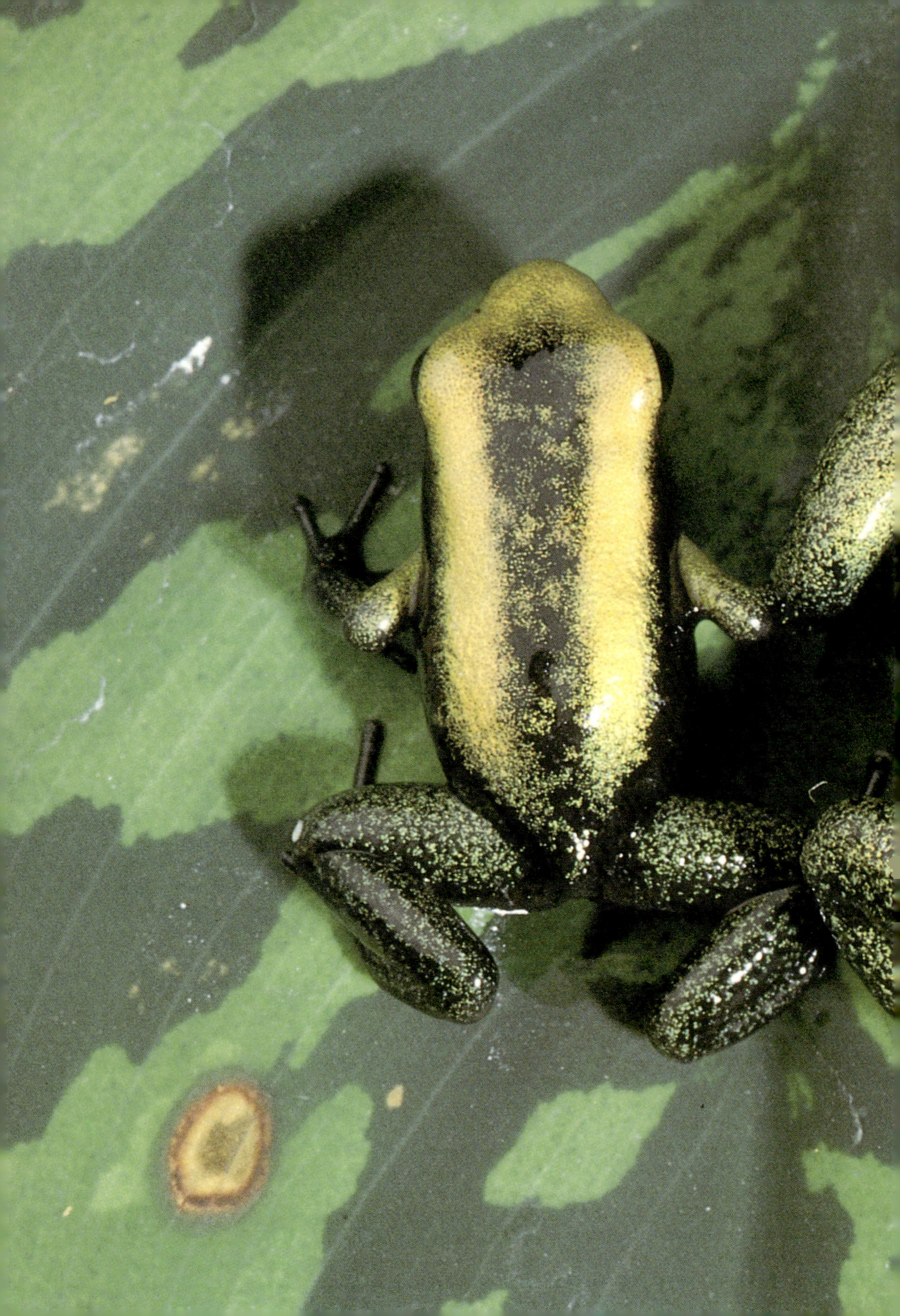

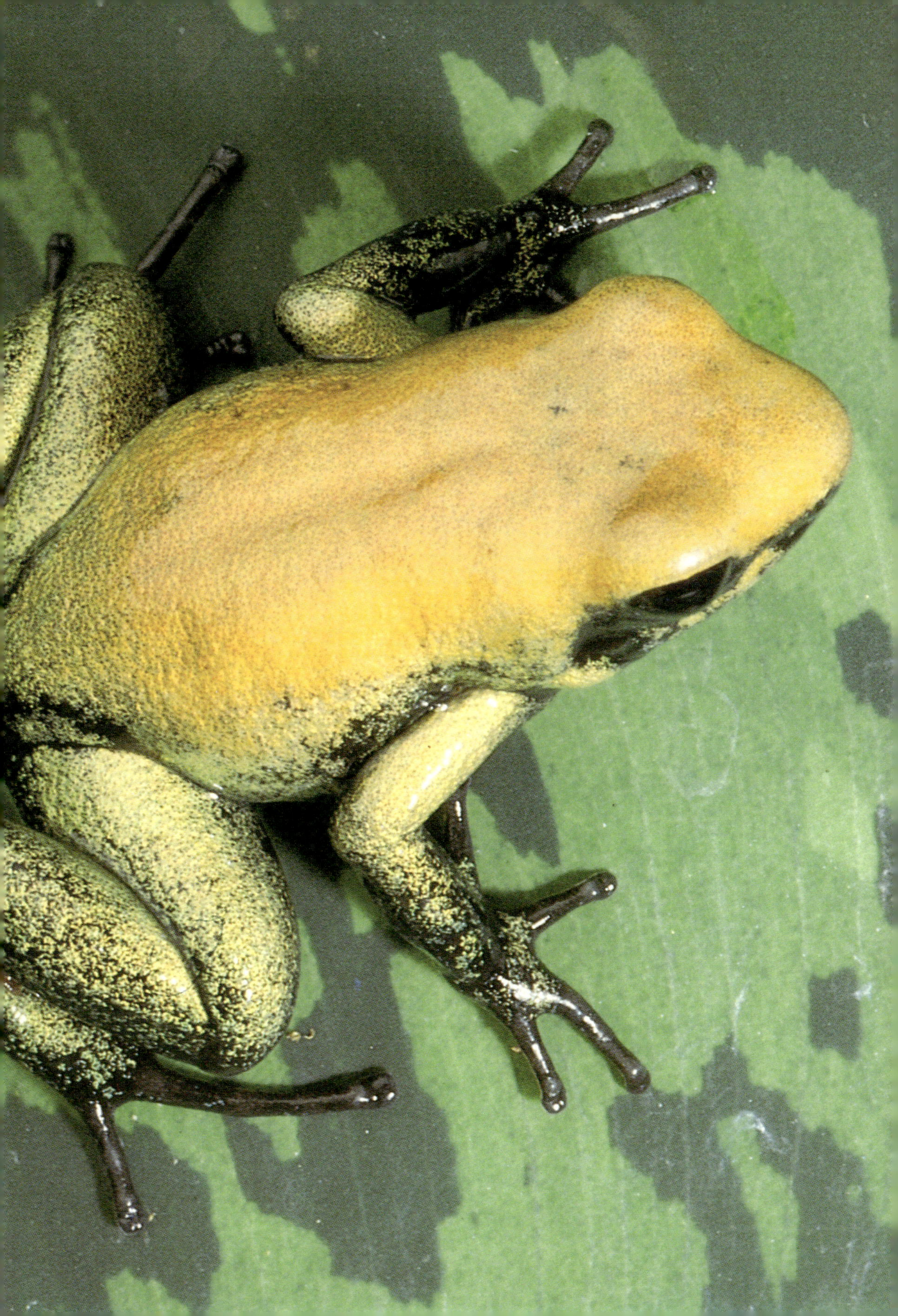

Fire-bellied Toads
スズガエル

スズガエル科　FAMILY: DISCOGLOSSIDAE
　　　　　　　GENUS: BOMBINA

　小型で丈夫なスズガエルは、飼育も簡単で昔から人気がある。
　ほとんどの種は薄明薄暮性だが、繁殖期には日中でも活動する姿がみられる。浅い水たまりに頭を突っ込んで、水中の虫などを食べる。
　スズガエルは、危険を感知すると「反り返り反射」（140～141ページ「両生類とは？」参照）をすることで知られているが、飼育環境におくとその行動もみられなくなる。
　攻撃されると、背中に並んだ毒腺から白い分泌物を出すが、毒性の程度はわかっていない。
　舌は円盤状で、口の奥に固定されているため、舌をすばやく出し入れして餌を食べることはできない。その代わりに、顎で獲物をくわえこみ、前肢で口の中に押しこむ。餌を皿に入れておくと、皿から食べるようになる。
　餌の昆虫が水場に入って溺れると水質が悪くなるので、皿から食べる習慣をつけると良い。スズガエル類は屋外でも十分飼育できる。
　スズガエル類は6種で構成されている。
　ヨーロッパスズガエル Bombina bombina は体長5cmと小さく、東ヨーロッパとアジアの一部に生息している。背面は茶色で、緑色の不規則斑があり、腹部はオレンジ色または赤色で、黒っぽい斑がある。
　大きさが同じ程度のキバラスズガエル B. variegata は、中央および南ヨーロッパに生息している。背面は灰色、茶色またはオリーブ色で、はっきりしたイボがあり、腹部は黄色またはオレンジ色で灰色か黒の斑がある。
　朝鮮半島と中国北部に生息するチョウセンスズガエル B. orientalis は、飼育用としてもっとも一般的で、簡単に繁殖する。前述の2種に比べて、体長7～8cmと少し大きく、背面は明るい緑色に黒い斑、腹面は赤色かオレンジ色に黒い斑がある。
　4種の中では最大種となる体長9～9.5cmのオオスズガエル B. maxima は、ベトナムと中国南部に生息している。体色はチョウセンスズガエルと同じだが、背面にイボが多い。

Q&A

●オタマジャクシを飼っている水は、どのように換えるのですか？
　小さな容器で育てている場合は、汲み置きして塩素を抜き、同じ水温に調整した水を別の容器に入れ、オタマジャクシを網ですくって移します。小型水槽で飼っている場合は、沈殿物を吸い上げ、部分換水を行ってください。水槽に加える水は24時間汲み置きして、水槽水と同じ水温にしたものを使ってください。

●スズガエルは同種のオタマジャクシを食べますか？
　食べます。卵を別の場所に移すのはそのためです。

●オタマジャクシには、どのぐらいの間隔で餌を与えますか？
　オタマジャクシと幼体には毎日給餌してください。余った餌が水中に残っていたら、翌日から少し量を減らします。数時間で餌がすっかりなくなるようなら、もう少し量を増やしてください。

●スズガエル類の体色は、餌や居住環境の影響を受けますか？
　養殖した個体の腹部の色合いは、野生のものと比べて薄いようです。もっと鮮やかにするために、本来はオタマジャクシに与える魚用フレーク状餌に、カナリヤの色を良くする特殊な餌を混ぜて与える人もいます。フリーズドライ・ブラインシュリンプでも同じような効果が期待できます。

↓　腹面の警告色を見せるキバラスズガエル Bombina variegata。どの両生類にもいえることだが、できるだけ手で触らず、触ったときはすぐに十分洗い流すこと。

両生類カタログ

メイティングコール（繁殖コール）

繁殖期になると、雄の前肢が太くなり、婚姻瘤が現れ、背中の皮膚が荒くなる。雌はやや大きくなり、丸みを帯びてくる。

春になって光周期が伸び、気温が次第に上がってくると、雄はメイティングコールを始め、雌を引きつける。雄は求愛を受け入れた雌の背中にのぼり抱接を行う。12～24時間たつと産卵が始まり、2mmほどの小さな卵が1個ずつあるいは小さな塊で植物に産みつけられる。卵は前もって用意しておいた水槽に移すが、数が多い場合は一部だけ取り分け、あとはそのまま残しておく。

オタマジャクシはすぐにミジンコやイトミミズなどを食べるようになるが、この種の餌には病原菌や寄生虫の心配があるので、高蛋白の魚用フレーク状餌を与えたほうが安全である。ある程度成長したら、ときどき、生の牛の赤身肉や牛の心臓肉を与える。ただし、12時間たったら、食べ残した分を取り除いておくこと。

4週間ほどたつと、オタマジャクシに四肢が生え、変態が始まる。この段階に入ったら、水から這い上がれるように、なだらかな斜面をつくる。幼体は、気温をオタマジャクシの飼育器と同じ温度に調整した水槽に移す。濡らしたペーパータオルやフォームラバーを床材に使うと、汚れても簡単に取り換えることができる。幼体は小さなコオロギやショウジョウバエを食べるが、モモアカアブラムシgreen flyやアリマキは特に栄養価が高い。1カ月ほどたったら、2週間に1回、ビタミンやカルシウムなどの栄養剤をまぶしたコオロギを与える。この時点で生育の遅れている幼体は、水槽から出して別の容器で育てること。

← チョウセンスズガエル*Bombina orientalis*。野生で捕獲したものは、養殖個体に比べて一段と色鮮やかだ。餌をきちんと与えていれば、8、9カ月で成体になる。

■飼育の条件■

ビバリウムのサイズ 90×38×38cmに6～8頭。内部を高さ5cmのシリコン板で仕切り、38×38cm、深さ3cmの水場をつくる。

床 材 陸場には粗い砂土を入れ、ミズゴケで覆う。

居住環境 陸場：複数のコルクバークの隠れ家を設ける。植物はなくても良い。床材を少し湿らせるために、軽く水を吹きかける。水場：エロデア類などの水草。

気 温 日中は18～25℃、夜間は12～15℃。光周期：光が十分に入る部屋に置く場合は、自然光にまかせる。照明に蛍光灯を使う場合は、14時間。

ウィンタークーリング 掘って潜れるように、床材と苔をたっぷり入れる。

チョウセンスズガエルとオオスズガエル 10℃で8～12週間。光周期：通常の昼光時間。

ヨーロッパスズガエルとキバラスズガエル 4～6℃で8～12週間。光周期：通常の昼光時間。

食 餌 昆虫類、粉末栄養剤をまぶしたコオロギ。ときどき、ミールワームやグラスプランクトン。

産卵と孵化 年に1、2回、1回につき卵100個ほど。汲み置きした水温21～23℃の水を深さ5cmほど入れた水槽で育てる。2～5日で孵化したオタマジャクシは、卵黄囊がなくなるまで水槽の底でじっとしている。やがて藻類を食べ始めたら、水深を10～15cmに増やす。

Treefrogs
アマガエル

アマガエル科　FAMILY: HYLIDAE

　アマガエル科には450を超える種（およそ37属）があり、世界各地に生息している。アマガエルの仲間は四肢の指にディスク（いわゆる吸盤）があり、ほとんどが樹上生活をしていることから、「典型的な」ツリーフロッグとも呼ばれている。しかし、同じ科の中には、地表棲や半水棲種もいる。ほとんどの種は飼育に向いている。

ヨーロッパアマガエル
（European Green Treefrog）

　学名*Hyla arborea*。ヨーロッパの愛好家のあいだではよく知られている種で、イギリスを除く、カスピ海までのヨーロッパ全域に生息し、東南アジアにも近縁種がいる。体長はわずか5cmと小さいが、樹上で生活しているため、空間的余裕のあるビバリウムが必要になる。基本的に夜行性だが、日中、熱い太陽の光に当たっている姿もよく見かける。体色は樹木の葉と同じ緑色をしている。この体色はときに変化し、茶色や明るいベージュに変わる。静かな夏の夜には、雄の鳴き声が遠く離れていても聞こえてくる。飼育にもっとも適した場所は、屋外の一部を囲った飼育場やグリーンハウスなどで、繁殖させるには特にこうした環境が必要になる。過密にならないよう、収容数に気をつけること。

　雄は皮膚がたるんでいて、雌より少し小さく、咽喉の部分が黄色い。繁殖行動は通常、日が長くなり、日中と夜間の気温が一定レベルに上がると始まる。屋外で飼育している場合は、直接雨が当たる場所でなくても、まとまった雨が引き金となる。卵は池のほとりや水生植物などあちこちに、1個ずつ、あるいは小さな塊で産みつけられる。孵化させる場合は、別の場所に移さなければならない。孵化用には、適度なエアレーション、または底面濾過装置を備えた水槽を用意し、かならず部分換水を行う。明るい照明があれば、オタマジャクシの餌となる藻類の生育に役立つ。このほかにも、魚用フレーク状餌やペレット状餌を細かく砕いたもの、湯通ししたパセリやレタスなどの餌も与える。

　変態中の幼体が脱走しないように、水槽には網蓋をかぶせ、前肢が生えてきたら水中に小さな浮島を

← 鳴嚢を膨らませて鳴くアメリカアマガエル*Hyla cinerea*。簡単に入手できるが、十分なスペースがないと産卵しない。

両生類カタログ

つくる。幼体は植物を植えた湿度の高い環境で育て、餌に栄養剤をまぶした小さな昆虫類を与える。幼体は成体に比べて日中の活動量が多く、低パーセンテージのフルスペクトル（UVB）ライトが有益といわれている。

　同じ方法で飼育できる種には、スジナシアマガエル H. meridionalis、アメリカアマガエル H. cinerea、ホエアマガエル H. gratiosa、ハイイロアマガエル H. versicolor、パシフィックアマガエル H. regilla がいる。

イエアメガエル
(White's Treefrog)

　学名 Litoria caerulea。オーストラリアとニューギニアに生息し、体長10cm、丸々とふとった体と

↑ イエアメガエル Litoria caerulea は、乾期に入ると夏眠する。皮膚は乾いていて、水分の蒸発を防ぐ役割を果たしている。

■飼育の条件■
ヨーロッパアマガエル、イエアメガエル、アカメアマガエル、リオバンバフクロアマガエル

ビバリウムのサイズ　腐食しない材質のもの。

ヨーロッパアマガエル　屋外飼育が最適。最低150×45×60cmに雄3頭、雌2頭。水場は60×60cm、水深最低13cm。

イエアメガエル　90×45×75cmに1～2ペア。水場の水深は2.5cm。

アカメアマガエルとリオバンバフクロアマガエル　60×60×75cmに6～7頭。水場は60×20×8cm。

床材　保湿性の良いもの。表面を苔で覆う。

居住環境　木の枝、隠れ家、コルクバークの板、植物などを入れ、樹上生活に合った環境をつくる。特にイエアメガエルには頑丈な木の枝が必要。

気温　低パーセンテージのフルスペクトル（UVB）ライト。

ヨーロッパアマガエル　日中は18～26.5℃、夜間は12～18℃。光周期：14時間。

イエアメガエル　日中は22～26.5℃、夜間は18℃。光周期：14時間。

アカメアマガエルとリオバンバフクロアマガエル　日中は22～26.5℃、夜間は20～22℃。光周期：14時間。

湿度　毎日、水を吹きかける。

ヨーロッパアマガエル　70～75％。

イエアメガエル　80％。

アカメアマガエル　85％。

リオバンバフクロアマガエル　75～85％。

繁殖条件

ヨーロッパアマガエル　気温8～10℃で3ヵ月間の冬眠。光周期：通常の昼光時間。

イエアメガエル　4～6週間にわたって毎日、水を吹きかけたあと、気温を23℃まで下げる。水深8cm。光周期：10時間。

アカメアマガエル　8～10週間にわたって湿度を65～70％に下げたあとに、湿度が通常レベル（85％）に達するまで集中的に水を吹きかける。光周期：11時間。

リオバンバフクロアマガエル　3～4週間にわたってやや乾燥気味（湿度65～70％）の期間を設ける。光周期：10時間。

食餌　羽虫類（アオバエ、ガなど）など、粉末栄養剤をまぶした昆虫類。イエアメガエルは若いマウスも食べるが、2週間に1頭以上は与えないこと。

産卵と孵化　水深8～10cmの孵化用水槽を用意し、定期的に換水する。

ヨーロッパアマガエル　年1、2回、1回につき卵150～300個。孵化期間は、20～26.5℃で10～20日。

イエアメガエル　年3、4回、1回につき卵150～300個。孵化期間は、24℃で3日。

アカメアマガエル　年2回、1回につき卵20～75個。孵化期間は、25.5～26.5℃で7～10日。

リオバンバフクロアマガエル　年2、3回、1回につき最高200個の卵を産み、母親の保育嚢で孵化する。

アマガエル

太い四肢から、別名Dumpy（ぶかっこうな）Treefrogとも呼ばれている。養殖個体は簡単に入手できる。普段の体色は艶のある明るい緑色だが、深緑や茶色、あるいは青に近い緑に変わることもある。個体によっては白斑があるものもいる。薄明薄暮性から夜行性で、通常は夜遅くに餌を食べるが、スプレーで水をかけたあとなど、日中でも餌を食べることがある。雄は雌よりやや小さく、咽喉の部分が灰色で若干皺がある。繁殖期は夏眠期（152〜153ページ「繁殖」参照）のあとに訪れる。別の容器で産卵させる場合は、夏眠から「覚めた」時点で新しい容器に移し、徐々に通常の気温に戻していく。レインチェンバー（154〜155ページ「繁殖」参照）はイエアメガエルの繁殖にも役立つ。卵は十分なスペースのある別の水槽で育てる。オタマジャクシの育て方や餌は、ヨーロッパアマガエルと同じで、変態には約32日かかる。幼体は、成体と同じ飼育条件で育てる。

アカメアマガエル
（Red-eyed Treefrog）

学名*Agalychnis callidryas*。中央アメリカの低地熱帯雨林に生息し、完全な夜行性種にもかかわらず絶大な人気を誇っている。体色は黄緑色で腹部が白く、脇腹に沿って青と白の帯が入り、オレンジ色の足先と赤い目がきわだった特徴となっている。体長は大きいもので7cm、雌は雄より大きい。ほっそりした長い四肢には「吸盤」がついている。

日中は、「吸盤」のある四肢で葉や草の陰に、まるで緑色の滴のように体を縮めてしがみついているので、なかなか見つけにくい。

ほかの熱帯種と同様に、アカメアマガエルも時期を選ばず産卵するが、湿度を抑えて少し乾燥した時期をつくり、その後一気に湿度を上げると、繁殖を促すことができる。環境条件が整うと、雄はメイティングコールを始め、雌を引きよせる。卵は水中から突きだした葉や茎、枝、あるいはビバリウムのガラスなどに産みつけられる。乾燥を防ぐために、卵塊には毎日2回、しずかに水を吹きかけること。孵化したオタマジャクシは、自然に水の中に落ちるので、卵の真下に水がない場合は、水の入った大きなボウルなどを置いておく。オタマジャクシは網ですくって、植物を植えた水深15cmのアクアリウムに移す。水温はアマガエルの他種より高い26.5℃に調整する。飼育方法や餌は他種のオタマジャクシと同じだが、孵化したての頃は餌にインフゾリアが必要になる。150〜151ページの両生類の幼生の餌に関する記述参照。

↑ アカメアマガエル*Agalychnis callidryas*は、派手な色合いが特徴。赤い眼とくっきりと浮きでた斑点は魅力的だが、活動時間帯が夜なので、めったに見るチャンスがない。

同じ方法で飼育できる種に、ネコメガエル *Phyllomedusa* やワキマクアマガエル *Hyla ebraccata*、フチドリアマガエル *Hyla leucophyllata* などがいる。

リオバンバフクロアマガエル
(Marsupial Frog)

学名 *Gastrotheca riobambae*。別名 Poached（袋のある）Treefrog とも呼ばれ、中央アメリカ、特にエクアドルを中心に生息している。ほかのアマガエルに比べて、樹上よりも低い草木に棲む傾向がある。体色は明るい茶色から緑までさまざまで、茶色の縦縞がある。基本的に薄明薄暮性か夜行性で、一般にいわれているよりは低温に強く、霜が降りない場所なら屋外で飼うこともできる。

日中は隠れ家で過ごすが、枝や切り株、ガラス面などに姿を見せることもある。ビバリウムに装飾用の生きた植物を植えた場合は、照明が必要になる。カエルには必要ないが、照明があると飼育者が観察するときに便利だ。

リオバンバフクロアマガエルは珍しい繁殖行動をとるため、飼育対象として興味深い。雌の成体は体長約7cmに達すると、腰のあたりに後ろ向きに口がU字型に開いた保育嚢ができる。フクロアマガエル属の中には、この保育嚢の中で完全に孵化するものもいれば、部分的に孵化するものもいる。雄は雌より少し小さく、咽喉にある鳴嚢の色が濃い。繁殖は年間を通じて時期を選ばないが、乾燥期（一時的に毎日の水やりを控える）が繁殖行動の引き金となる。産卵は地上で行われ、雄は抱接時に白い液体を出し、後肢でかき回して泡状にする。雌は腰を弓なりに上に上げて、産んだ卵を保育嚢に向かって滑らせ、雄は足先で保育嚢の入り口を開けまま、後肢を巧みに使って卵を中に送り込む。卵は保育嚢の中で孵化し、5〜6週間たつと、中でオタマジャクシが成長し、皮膚がコブのように膨れ上がる。

ある程度まで成長すると、雌は水に入り、片方の足先で保育嚢の口を開けてオタマジャクシを放す。この段階で、オタマジャクシを網ですくい、水温22〜24℃の飼育水槽に移してやる。

↑ リオバンバフクロアマガエル *Gastrotheca riobambae* という名前は、雌が背中にある保育嚢にオタマジャクシを入れて育てることからつけられた。

Q&A

●アマガエルは初心者向きですか？
初心者でも飼育できるのは、*H. arborea* やアメリカアマガエルなどの温帯種です。熱帯種の飼育にはある程度の経験が必要です。

●アマガエル科の複数種を同居させても良いですか？
交雑する可能性があり同居はできません。また、イエアメガエルは自分より小さなカエルを捕食します。

●ヨーロッパアマガエルにはどんな冬眠対策が良いですか？
屋外の場合、カエルはやわらかい土や草木の中に潜り込んで冬眠します。冬眠に入ったら、枯葉や藁、発泡スチロールの板などをかぶせて保護してやります。屋内の場合は、枯葉や苔をたっぷり入れた小さなビバリウムに移し、屋外の霜が降りない場所に置きます。163ページの、ミドリヒキガエルのQ&Aを参照。

●アカメアマガエルを繁殖させるには雄雌何頭ぐらいの比率にしたら良いでしょうか？
一般的な比率は、雄2頭に対して雌1頭です。飼育する数は、ビバリウムのサイズによって変わってきます。収容数が多すぎると、環境が汚染され、病気が発生するので注意してください。

●リオバンバフクロアマガエルの保育嚢に無精卵が入るとどうなりますか？
孵化したオタマジャクシが出てきた時点で、雌は無精卵や未成熟な卵、死んだ卵を足先で掻き出します。

●オタマジャクシはまとめて飼育できますか？
収容数が多すぎると、成長が抑制されるといわれています。容器や水槽をいくつか用意し、少数に分けて育てたほうが良いでしょう。表面積60×30cm当たり、オタマジャクシ20〜30頭ぐらいを目安にしてください。

Horned Frogs
ツノガエル

ミナミガエル科　FAMILY: LEPTODACTYLIDAE
ツノガエル属　GENUS: CERATOPHRYS

　南アメリカに生息するツノガエルは、どんなものでも、たとえ飼い主の指でさえ、容赦せずに食べてしまうといわれている。体長は6～22.5cm、体はずんぐりと丸く、大きな頭部と横に広い口が特徴。背面は黄緑色から深緑色まで、種々の色味の緑と赤、茶色などが交じり合っている。ツノガエルという名前は、両目の上の角状突起からつけられたが、ツノがはっきり見える種もいれば、それほどでもない種もいる。ツノガエル属には約7種が分類され、とくに、アルゼンチンに生息するベルツノガエルC. ornata、クランウェルツノガエルC. cranwelli、コロンビアツノガエルC. calcarata、アマゾンツノガエルC. cornutaがよく知られている。アメリカではどの種も商業的に養殖されており、店頭には交雑個体が多く出回っているため、種の識別はむずかしくなっている。ツノガエルは、自分より体の小さな生き物はもちろん、同じ大きさの仲間まで食べてしまう可能性があるので、単独で飼育しなければならない。床材が土であれば、1日のほとんどを半ば土に埋もれた状態で過ごす。しかし、食欲が旺盛な分だけ排泄物の量も多く、できれば衛生面を優先させて、土以外の床材を使ったほうが良い。掘れない床材で

Q&A

●ツノガエルの給餌間隔はどのくらいですか？
成体は太りやすいので、7～14日ごとにマウス1頭ぐらいが適当です。変態直後の若いカエルには、2日ごとに餌を与え、成長するにつれて給餌間隔を伸ばし、大きな餌を与えるようにします。こうすると、12～18カ月で十分な大きさに成長します。幼体にあまり頻繁に餌を与えると、早い場合6カ月ぐらいで成体の大きさに達し、以後、筋肉や骨ではなく脂肪で体重が増えてしまうので注意しましょう。

●金魚を餌にしても良いですか？
ツノガエルは、与えれば魚も食べます。しかし、金魚の場合は、寄生虫の心配があるのでやめましょう。

●アクアリウム用の豆粒大の砂礫は、床材に適していますか？
使えません。カエルが飲み込んだ場合、消化管が塞がって死んでしまいます。

●ビバリウムを掃除するとき、中のカエルはどうしたら良いでしょうか？
小さなカエルなら、後ろからそっと近づいて、両手で囲んですくいとり、汲み置きした水を少し入れた清潔な容器に移してください。大きなものはプラスチック製のシャベルですくうと良いでしょう。

■飼育の条件■

ビバリウムのサイズ　46×30×30cmに1頭。

床材　衛生面を優先した場合は、濡らしたペーパータオルを重ねたものやフォームラバー。大型ビバリウムには、落ち葉や苔を深さ8cmに重ねた保湿性の高い床材を使い、頻繁に交換する。水深1cmの水槽で飼育する人もいる。

居住環境　コルクバークの隠れ家、鉢植えの丈夫な植物、水浴び用のボウル。

気温　日中は25.5～30℃、夜間は22～24℃。光周期：12～14時間。

湿度　80％。毎日スプレーで水を吹きかけること。

食餌　大型昆虫類、マウスの成体、1日たったヒヨコ、カルシウム剤。

繁殖条件　繁殖期になったら、3週間餌を控えておき、徐々に気温を15℃まで下げて、光周期を8時間に減らすこと。穴が掘れるように、床材を10cmの厚さに増やし、少し乾燥した状態にしておくこと。8週間たったら、徐々に普段の環境に戻していき、4週間にわたって3、4日ごとに餌を与え、水温28～29℃、水深3.5cmのレインチェンバーに移す。水深が深いと、すぐに溺れてしまうので、十分注意すること。

産卵と孵化　年1回か2回産卵し、1回につき5000個ほどの大量の卵を産む。孵化用の容器には、汲み置きしておいた水を深さ22.5～25cmになるぐらいまで入れて、レインチェンバーと同じ水温に調整して底面濾過装置を入れること。孵化には24～36時間かかる。

両生類カタログ

も適応するので心配ない。照明は自然光だけで十分足りる。また、暖かい場所なら保温装置の必要もない。雄は雌より少し小さく、体色がもっと鮮やかで、咽喉（鳴嚢）の部分がたるみ、色が濃い。

繁殖期になると、雄の前肢には雌をつかみやすいように婚姻瘤が現れる。繁殖行動を促すには、雨期を模した環境をつくってやる必要がある。レインチェンバー（154～155ページ「繁殖」参照）に入れるのが一番確実な方法だ。ただし、ペアといえども共食いの可能性がないわけではないので、よく監視すること。雄が数日間鳴いたあと、抱接が始まる。産卵が終わったら、親を元のビバリウムに戻して、レインチェンバーの水量を増やす、あるいは卵を別の水槽に移す。ツノガエル類のオタマジャクシは肉食性が強いため、できるだけ個別の容器で飼育したほうが良い。小さな容器の場合は毎日水を換え、水槽で何頭もいっしょに飼う場合は底面フィルターと部分換水が必要になる。

オタマジャクシは、イトミミズやアカムシ、冷凍のブラインシュリンプ、牛の心臓肉片などを大量に食べる。最適な条件で飼育すれば、4週間ほどで後肢が生え、背中にうっすらと模様が現れ、体長9cmに達する。前肢が生えてきた時点で、幼体が這い上がれるように、水面にコルクまたは発泡スチロールの浮島を浮かべる。幼体は1頭ずつ、濡らしたペーパータオルを底に敷いたプラスチック製のカップに入れ、通気性のよい蓋をかぶせて飼育する。床材は毎日交換すること。尾は数日で消える。幼体にはまず栄養剤をまぶした昆虫を与え、成長に合わせて解凍したピンクマウスやヒヨコの肉片を与えていく。

➡ 子供のツノガエル *Ceratophrys*種でも大人並みの攻撃性を発揮する。変態が完了したら、単独で飼育しなければならない。

⬇ アマゾンツノガエル *Ceratophrys cornuta*の成体。ツノガエルの仲間は成長が早いため、カルシウムを補給すること。

Tomato Frogs and Crevice Creepers
ヒメガエル

ヒメガエル科
FAMILY: MICROHYLIDAE

ヂムグリガエルともいわれるヒメガエル科は約50の属を含み、ヨーロッパおよび北アメリカの一部を除いて、世界各地に生息している。ほとんどの種は歯がなく、主にシロアリやアリを食べる。

↑ トマトガエルの仲間（写真はアカトマトガエル*Dyscophus antongili*）はストレスを感じると皮膚から白い液を分泌する。この液に触れると腫れるので、使い捨て手袋を使い、扱いには注意する。

トマトガエル
（Tomato Frogs）

トマトガエル*Dyscophus*属。動きが鈍く、丸々としていて、地上棲。マダガスカルに生息し、昼行性だが、一日堆積物に埋もれて暮らす。体色は、アカトマトガエル*D. antongili*にみられる鮮やかな赤橙色から、サビトマトガエル*D. guineti*やヒメトマトガエル*D. insularis*の鈍い赤茶色まで種によって異なる。アカトマトガエルは、捕獲を禁じられているが、資格を持つ業者から養殖個体を入手できる。アカトマトガエルは大きいもので体長10.5cmに達するが、ヒメトマトガエルはもっと小さい。トマトガエルの仲間は飼育しやすいが、繁殖はかなりむずかしい。雌は雄より大きく、特にアカトマトガエルとサビトマトガエルの雄には、みずかきが発達している。サビトマトガエルの場合、雄の背中には濃い模様、雌の背中には赤い網目模様がある。ヒメトマトガエルの場合は、雄は鳴嚢の部分が黒く、腹部の斑点が濃い。

繁殖行動を促すには、レインチェンバーが必要（154～155ページ「繁殖」、178～179ページ「ツノガエル」参照）。卵はそのままチェンバーに残す、あるいは別の水槽に移して育てる。オタマジャクシは濾過摂食を行い、餌にはインフゾリアや細かく砕いた魚用フレーク状餌を与える。何百頭もいっしょに飼育するときは、穏やかな濾過装置またはエアレーション、頻繁な換水が必須条件となる。這い上が

両生類カタログ

Q&A

● 「飼育の条件」欄にある「繁殖条件」というのは、単に繁殖を目的とする場合のことですか？ 繁殖させないと病気になったり死んだりしませんか？

大丈夫です。繁殖条件というのは、この条件を整えないと繁殖しないというだけのことで、健康を害するようなことはありません。野生でも、この条件が揃わないと繁殖行動に至りません。繁殖させたくないのなら、逆に条件が揃わないようにすれば良いわけです。

● 繁殖させるときは、ビバリウム全体を乾燥状態にしたほうが良いですか？

トマトガエルの場合は、床材の一部を湿った状態にして、水を入れた小さなボウルを置いてください。ナゾガエルの場合は、テラリウム全体を6〜7週間乾いた状態に置き、その後、大量の水を吹きかけ、気温を少し上げます。これでうまくいかないときは、レインチェンバー（154〜155ページ「繁殖」参照）を使ってください。乾燥期でも、床材の土中には湿った層が必要です。

● オタマジャクシに酸素を供給するにはどうしたら良いですか？

飼育水槽に、小型エアーポンプで空気を送るエアーストーン（エアーディフューザー）を置きます。エアーストーンは飼育魚店で扱っています。

● 幼体はどんな環境で育てれば良いですか？

規模の小さな成体用ビバリウムを用意します。同種の幼体は集団で飼育してもかまいません。餌は毎日与えましょう。

る場所がないと溺れてしまうので、変態が始まったら小さな浮島かいかだを浮かべる。低パーセンテージのフルスペクトル（UVB）ライトが効果的。

ナゾガエル
(Crevice Creepers)

ナゾガエル*Phrynomerus*属。体長5cmほどの小さな肉厚のカエルで、サハラ砂漠以南に生息し、長い乾期をやわらかい土の中に潜って過ごす。市場には、オビナゾガエル*P. bifasciatus*とコガタナゾガエル*P. microps*が出回っている。体色は焦げ茶色か黒、四肢には赤い斑点があり、背中の両側に赤い帯がある。コガタナゾガエルは背部が赤く、雄は咽喉が黒くて腹部の色が濃い。両種とも皮膚から強い毒液を分泌するため、ほかのカエルとの同居はできない。雄は雌より小さい。雨期がくると求愛行動が始まる。飼育環境での繁殖はめったに成功しないが、ペアよりも8、9頭で飼ったほうが成功率は高い。産卵後は卵を別の水槽に移す、あるいはレインチェンバーに残して成体のほうを移す。孵化したオタマジャクシは、水中に体をたてにしてただよっている。餌はトマトガエルと同じものを与える。照明はインフゾリアの発生を促す効果がある。多数のオタマジャクシをいっしょに飼育する場合は、酸素を供給するエアレーションが必要になるだろう。

■飼育の条件■
トマトガエルとナゾガエル

ビバリウムのサイズ　75×38×38cmにトマトガエルなら2頭、ナゾガエルなら4〜6頭。陸場と水深8cmほどの水場に分ける。

床材

トマトガエル　深さ8cmの粗いローム土、表面を苔で覆う。

ナゾガエル　深さ15cmの刻んだミズゴケを混ぜた粗い砂土。

居住環境　水生植物。陸場に成長の遅い植物を植えても良い。陸場にはコルクバークの隠れ家をつくり、岸は水から上がりやすいように傾斜をつける。

気温　日中は24〜26℃、夜間は22℃。光周期：12〜14時間。成長の遅い植物がある場合は、低パーセンテージのフルスペクトル（UVB）蛍光灯が有効。

湿度　75％。毎日、床材に水を吹きかける。

繁殖条件　気温を22℃に下げ、水やりをやめること。6週間後、普段の日中の気温に戻し、レインチェンバーに移す、あるいはビバリウムにたっぷり水を吹きかける（洪水にならないよう、排水には気をつけること）。数日後に産卵が始まる。雄がメイティングコールをやめて、産卵が始まらないような場合は、元のビバリウムに戻してやるか、あるいは水を吹きかけるのをやめる。

食餌　粉末栄養剤をまぶした昆虫類。

産卵と孵化

トマトガエル　最高で年3回、1回につき卵1000〜1500個。卵は、水温28℃、水深10cmの水槽またはレインチェンバーで数日後に孵化する。レインチェンバーの場合、孵化後、別の飼育水槽に移しても良い。

ナゾガエル　最高で年3回、1回につき卵400〜1500個。孵化期間はトマトガエルと同様。

Spadefoot Toad and Malaysian Horned Frog
スキアシガエル

スキアシガエル科　FAMILY: PELOBATIDAE

　スキアシガエル科のカエルには、特殊な環境条件が必要で、飼育者はある程度経験を要する。地表棲で土中などに隠れているので、ほかのカエルほど人気はないが、実際に飼育してみると非常に興味深い。

ヨーロッパニンニクガエル（Spadefoot Toad）

　学名*Pelobates fuscus*。ヨーロッパスキアシガエルの別名を持つ。体長8cm、夜行性。ヨーロッパに棲むスキアシガエル4種のうちのひとつで、アラル海に至るまで、ヨーロッパ全域に生息している。体色は個体差があり、背中は灰色に黄色の模様、または明るい茶色に濃い色の斑点や縞、マーブル模様などがある。ヨーロッパニンニクガエルは屋外の囲い込みやグリーンハウスで飼育できる。雌は雄より少

↑　ヨーロッパニンニクガエル*Pelobates fuscus*は、「鋤」のような丈夫な後肢で穴を掘って潜り込む。穴掘りに適した床材を入れること。

■飼育の条件■
スキアシガエルとミツヅノコノハガエル

ビバリウムのサイズ

スキアシガエル　46×30×30cmに1ペア。ビバリウムの3分の1に、水深10cmの水場をつくること。

ミツヅノコノハガエル　75×30×38cmに1頭。

床材

スキアシガエル　深さ10cmの砂地。一部、適度に湿った場所をつくる。

ミツヅノコノハガエル　ローム土と苔。表面を厚さ5cmの落ち葉で覆う。

居住環境

スキアシガエル　乾いた場所と湿った場所、両方にコルクバークの隠れ家をつくる。水場には足場としてエロデア属の水草を植える。湿った部分の湿度を維持するために、ときどきスプレーで水を吹きかける。

ミツヅノコノハガエル　床材の上にコルクバークの隠れ家数カ所を設ける。夜、スプレーで2回、水を吹きかける。

気温

スキアシガエル　日中は18〜28℃、夜間は12〜18℃。光周期：14時間。

ミツヅノコノハガエル　日中は24〜25.5℃、夜間は24℃。光周期：12時間。

湿度

スキアシガエル　低湿度。

ミツヅノコノハガエル　80〜90％。

繁殖条件

スキアシガエル　光を遮断、7℃で8〜12週間冬眠期。

ミツヅノコノハガエル　45×30×8cmの水場がある横長のビバリウムで、2〜3週間にわたって水深2.5cm、気温20℃に下げ、その後徐々に通常の気温に戻し、大量の水を吹きかけ、水場を満たす。光周期：10時間。

食餌

スキアシガエル　粉末栄養剤をまぶした昆虫類、ミミズ類。

ミツヅノコノハガエル　粉末栄養剤をまぶした昆虫類。ときどき、マウスまたは生の牛肉赤身片を与える。

産卵と孵化

スキアシガエル　年1回、卵800個。孵化には、16℃で7日間かかる。

ミツヅノコノハガエル　年2回、1回につき卵600個。孵化期間は、23〜24℃で12日。

し大型で丸みを帯びている。雄は繁殖期に入ると、上腕の外側に大きな卵円腺が現れ、下腕と手に明るい色の顆粒状のイボが生じる。産卵は春に行われる。抱接が始まったら、残りの雄は別の場所に移すこと。産卵が終わったら、短く太い紐状の卵をオタマジャクシ用の水槽に移す。この水槽の水深と水温は、生まれた場所と同じに調整しておく。育て方については、154～155ページ「繁殖」参照。オタマジャクシは集団で飼育できる。

同じ方法で飼育できる種に、シリアニンニクガエル*P. syriacus*、イベリアニンニクガエル*P. cultripes*、モロッコニンニクガエル*P. varaldii*、パセリガエル*Pelodytes punctatus*などがいる。パセリガエルのビバリウムには、登れるように樹皮や枝などを入れること。

ミツヅノコノハガエル
(Malasian Horned Frog)

学名*Megophrys nasuta*。スキアシガエルの仲間で完全な夜行性。タイ、マレーシア、インド・オーストラリア群島に生息している。飼育愛好家のあいだで人気がある。茶色の体は枯れ葉の色に見事に溶け込む。体はたくましく、雌は15cmにも達するが、雄は雌の半分ほどにしか成長しない。

繁殖期の前は、雄雌ともに十分餌を与えること。レインチェンバーが効果的だが、ない場合は、普段のビバリウムと同じような繁殖用水槽を用意してペアを移す。産卵が終わったら、成体は元のビバリウムに戻す。卵は水面に張りだしたコルクバークや丸太に産みつけられ、孵化したオタマジャクシは糸を伝って水面に滑り降りる。孵化後、7～8日たつと、オタマジャクシの口が漏斗状にせりだし、これを使って水面に浮かぶ小さな有機物などを吸い込む。餌には、インフゾリアや魚用フレーク状餌を細かく砕いたものを与える。四肢が生えてきたら水位を下げ、小さな浮島かいかだを浮かべる。幼体は、床材に濡らしたペーパータオルを敷いた気温23℃の通気性の良い容器に単独で飼育する。餌には、栄養剤をまぶした小さな昆虫を与える。

Q&A

●なぜニンニクガエルと呼ばれるのですか？
ヨーロッパニンニクガエルは、危険を感じると、ガーリック（ニンニク）の匂いのする分泌液を出すからです。生傷にこの液が触れると、ひりひり痛みます。

●オタマジャクシの飼育水槽には、濾過装置が必要ですか？
どんなオタマジャクシにも清潔な水が必要です。パワーフィルターを使うと吸い込まれる危険があるので、底面フィルターを入れ、頻繁に水を換えてください。

●陸場の床材にフォームラバーを使っても良いですか？
フォームラバーとコルクバークの隠れ家を使っている人もいますが、しょっちゅう掃除しなければなりません。また、フォームラバーの場合、土のように掘って潜り込むことができなくなります。

●ミツヅノコノハガエルの床材には、どんな木の落ち葉が良いのですか？
オークやブナの葉なら耐久性があります。使う前に、熱で虫などを殺しておけば安心です。

●ミツヅノコノハガエルは共食いしますか？
よく共食いします。繁殖期を除いて、1頭ずつ単独で飼育してください。

↓ ミツヅノコノハガエル*Megophrys nasuta*のきわだった特徴といえば、角張った頭部、尖った吻と「ツノ」だ。うまく飼育することはできるが、輸送時のダメージで弱っている場合が多い。

Clawed Toads
ツメガエル

ピパ科　FAMILY: PIPIDAE

　ツメガエル類の特徴は、平べったい体、内側3本の指に爪を持つ力強い後肢にある。ピパ科の仲間は暗く濁った水中で暮らしているので、視力よりも敏感な感覚器、特に口の周囲にある感覚器で餌を探す。

アフリカツメガエル
(Clawed Toad)

　学名*Xenopus laevis*。アフリカ産のツメガエルの中ではもっとも大型で、体長10cmに達する。一時期、妊娠テストに使われていたが、現在では飼育種として定着し、市場にも出回っている。体色は茶が一般的だが、不規則な黒い模様があるものもいる。腹部の色は白っぽく、濃い斑点がある。アルビノも簡単に入手できる。順応できる水温の幅が広く、極端な高温、低温でなければ影響はない。池などに放しても、卵やオタマジャクシ、魚の卵や稚魚などを餌にして環境に適応する。現在、アフリカツメガエルは有害動物とされており、アメリカでは地域によって販売や飼育を禁じているところもある。雌は雄より大きく、総排出腔の周囲に3つの小さな突起物（弁状ひだ）がある。繁殖期になると、雄の指には黒い婚姻瘤が現れる。求愛行動はピパ科の種すべてにみられる（ピパ属にはいつくかバリエーションが

Q&A

●ピパ科のカエルは手で触っても大丈夫ですか？
　皮膚に毒性はないといわれていますが、人間の体温は彼らにとっては熱すぎるので、どんな両生類でもなるべく触らないでください（140～141ページ「両生類とは？」参照）。ヌルヌルしてつかみにくいので、場所を移すときは網ですくうと良いでしょう。水槽に蓋をしておかないと、ガラスを登って脱走するので注意してください。

●ツメガエル類にペレット状餌を与えても良いですか？
　水棲カエルや小型カメ用のペレット状餌を与えてください。ヒメツメガエル類には砕いて与えます。食べないようなら、別の餌に変えてください。

●ツメガエル類は他種といっしょに飼育できますか？
　同居はすすめられません。小さい種だと食べられてしまいます。そうならなくても、逆に繁殖期にツメガエルの卵を食べてしまう危険があります。

●餌には栄養剤をまぶしたほうがよいですか？
　水棲ガエルなので餌にまぶすといってもなかなかむずかしいのですが、ときどき、生の牛肉赤身片に粉末のビタミンやカルシウムをまぶして与えてみてください。

➡　アフリカツメガエル*Xenopus laevis*のアルビノ。ピパ科の例にもれず、水中で繁殖し、口に入る大きさの生き物ならほとんどなんでも食べてしまう。

■飼育の条件■
アフリカツメガエルとベトガーヒメツメガエル

ビバリウムのサイズ	
アフリカツメガエル　75×30×38cmに1、2頭。水深13～15cm。	アフリカツメガエル　6～7日間、水温を28℃に上げてから水深を10cmに下げ、水温10℃で水位を戻す。
ベトガーヒメツメガエル　90×30×38cmに6～10頭。水深25～27cm。	ベトガーヒメツメガエル　6～7日間、水温を26.5℃に上げる。
床　材　水生植物を植える場合、底に砂利を入れる。	**食　餌**　ミミズ、イトミミズ、アカムシ、水生甲虫類、水生昆虫類。
居住環境　植木鉢を半分に割った隠れ家、岩、泥炭地の埋もれ木（流木）。アフリカツメガエルには流木、ベトガーヒメツメガエルには水生植物。薄暗い照明。	**産卵と孵化**　別の水槽を用意する。
	アフリカツメガエル　年2回、1回につき卵500～600個。孵化期間は、21～26℃で2～3日。
水　温　20～25.5℃。	
繁殖条件　両種とも2、3週間、水温を20℃に保った後、以下の条件を整える。	ベトガーヒメツメガエル　年2回、1回につき卵700～1000個。3、4日かけて26.5℃の水温を25℃まで下げると孵化する。

ある)。抱接が始まると、ペアは円を描きながら水中を上昇し、水面に到着すると仰向けになって卵を産み、雄が授精する。この水中アクロバットは、産卵が完了するまで何度も繰り返される。産卵が終わったら、すぐに網で卵をすくって別の場所に移さないと、成体が食べてしまう。オタマジャクシは濾過摂食を行い、口の近くに2本の触角を持っている。餌にはインフゾリア、魚用フレーク状餌を細かく砕いたもの、粉末状のゆで卵の黄味、稚魚用の餌などを与える。粒子が大きいと濾過できずに窒息するので注意すること。また、餌を与えすぎると水質が悪化する。変態にはおよそ2.5ヵ月かかる。同じ方法で飼育できる種に、ケニアツメガエル*X. borealis*、ネッタイツメガエル*Silurana tropicals*がいる。

ベトガーヒメツメガエル
(Dwarf Clawed Toad)

学名*Hymenochirus boettgeri*。西アフリカに生息する。体長3.5cmほどの水棲種で、爬虫類店よりも熱帯魚店で見かけることが多い。値段が安く、比較的飼育も簡単で、6〜10頭のグループで飼うことができる。茶色の地に濃い斑点を持つ個体が多く、体全体が棘状の小さな突起物で覆われている。アルビノも入手できる。ほかのツメガエルに比べて、目の位置はそれほど高くない。ベトガーヒメツメガエルはよじ登って逃げる可能性があるので、水槽にはかならず通気性の良い蓋(亜鉛やアルミニウムの金網は避ける)をかぶせること。保温には、サーモスタットの付いたアクアリウム用保温器が良い。床材

ツメガエル

にアクアリウム用の砂利を敷く人もいる。底面フィルターは必須というわけではないが、濾過装置がない場合は週に1回、半量の水を換えること。濾過装置があっても、定期的に部分換水をしたほうが良い。雄は雌よりもほっそりして小さく、腋窩のすぐ後ろに黄色い隆起（post-axillary gland）を生じる。

餌さえ十分に与えていれば、時期を選ばず繁殖する。雄は雌の腰に近づき、しっかりと抱きしめる。抱接は実際の産卵が始まるまで、1、2日から長いときで数週にわたって何度も繰り返される。

産卵自体は、アフリカツメガエルで説明したように、典型的な水中「アクロバット」様式で行う。卵は親と別の容器で育てる。オタマジャクシは肉食で、孵化直後はインフゾリアを与えなければならないが、インフゾリアは別の水槽で養殖することができる（150～151ページ「餌と給餌」参照）。大きくなるにつれ、次第にミジンコやケンミジンコ、イトミミズ、アカムシなどを食べるようになる。変態が完了した幼体には、成体と同じ餌を与える。コンゴ南部に生息するホソユビヒメツメガエル*H. curtipes*も同じ方法で飼育することができる。

ピパ属
（Surinam Toad）

南アメリカに生息するピパ属の仲間は、アフリカツメガエルと同じような環境で暮らしている。

ヒラタピパ*P. pipa*はもっとも大型の種で、体長13～15cmに達する。体長5～8cmほどの小型のカルバルホピパ*P. carvalhoi*とドワーフピパ*P. parva*は、ときどき店頭に姿を見せる。

その特異な姿と繁殖習性から、観察に値する飼育種としてもてはやされている。ほとんど長方形に近い平べったい体に三角形の頭部、四肢はツメガエル科の例にもれず力強い。ただし、指先に爪はなく、星形の感覚器がついている。背中や口唇、脇腹、腹部は突起物で覆われている。

眼は非常に小さく、ピパ科の多くの種と同様に高い位置についている。体は基本的に灰色から茶色で、腹部のほうが明るい。ピパ属のカエルは水から出る心配はないが、水槽には通気性の良い蓋をしたほう

↓ 背中に卵を乗せて運ぶヒラタピパ*Pipa pipa*の雌。ピパ科の多くは、平べったい体に強力な後肢を持っているが、写真はその特徴が顕著に現れている。

が良い。

　雌は雄よりひとまわり大きく、繁殖の準備が整うと、総排出腔の周囲がリング状に隆起し、背中も肥厚してくる。雄はこの時期になるとクリック音を出す。求愛行動はアフリカツメガエルと同様に行うが、卵はペアが水面に到達した時点で、雌の総排出腔から突き出した産卵管から送り出される。雄は受精させた卵を雌の背中にあるいくつもの小さな穴に運び、卵はその中で孵化する。

　小型種の場合は、変態前のオタマジャクシの状態で穴から出て、水中で変態するが、ヒラタピパの場合は産卵から12～20週たつと、幼体となって穴から出てくる。

　今のところ、飼育環境での繁殖はあまり一般的でなく、小さなアクアリウムでは繁殖しにくいようだ。小型種のほうが成功の確率が高い。雌の背中から出たオタマジャクシや幼体は、成体に食べられないよう、網ですくって別の容器に移してやる。

　アフリカツメガエル同様、オタマジャクシは濾過摂食を行い、集団で飼育することができる。幼体には成体と同じ餌を小さめに砕いて与える。

■飼育の条件■
ピパ属

ビバリウムのサイズ

ヒラタピパ　最低122×45×45cmにペア1組またはトリオ。水深43cm。

カルバルホピパとドワーフピパ　最低60×30×38cmにペア2、3組。水深28cm。

床材　砂利。

水温

ヒラタピパ　25.5～26.5℃

カルバルホピパとドワーフピパ　23～25.5℃

繁殖条件　7日間、水温を2～5℃下げ、通常の水温に戻す。これでうまくいかない場合は、もう1度水温を下げ、水位を半分に減らして7日間おき、再び元の水位に戻し、2～3日後に水温を戻す。

食餌　ミミズ、イトミミズ、アカムシ、水生甲虫類、水生昆虫類。

産卵と孵化　年2、3回、1回につき最高200個。卵は雌の背中で孵化する。孵化したてのオタマジャクシは別の水槽に移して育てる。

Q&A

●ツメガエル類は何頭ぐらいいっしょに飼育できますか？
雄雌1頭ずつで飼うのが良いでしょう。もう1頭雄を入れると、繁殖を促しますが、産卵が始まったらペア以外は外に出してください。ベトガーヒメツメガエルなら7～8頭いっしょに飼えますが、産卵したらほかのカエルを別に移さないと卵を食べられてしまいます。ヒラタピパはペア、またはトリオで飼育します。

●アクアリウムにはパワーフィルターをつけても良いですか？
大丈夫ですが、水流ができないように注意します。産卵したら、吸い込まれないように、卵が雌の背中に落ち着くまでフィルターのスイッチを切ってください。

●産卵時は底面フィルターのスイッチも切ったほうが良いですか？
切る必要はありません。底面フィルターは、常時水が循環することで有益なバクテリアが活動し、老廃物を処理する仕組みになっています。スイッチを切ると、バクテリアが死滅し、水が有毒物質で汚染されます。

●ツメガエル類の給餌間隔はどれぐらいですか？
ツメガエル類は、幼生、幼体、成体を問わず、毎日餌が必要です。食欲旺盛で、ほとんどなんでも食べます。

●ツメガエル類の寿命はどれぐらいですか？
飼育環境さえ整っていれば、大型種なら15年程度、小型種はもう少し短いでしょう。

●ベトガーヒメツメガエルのオタマジャクシは共食いしますか？
産卵が数週間続くこともあり、先に孵化したオタマジャクシが卵や小さなオタマジャクシを食べてしまうので、大きさの違うものをいっしょにしないことです。

●小型ピパ属の変態にはどのぐらいかかりますか？
水温によって異なりますが、26℃ぐらいなら12週間かかります。変態が完了すると生き餌を食べるようになります。オタマジャクシの収容数が多すぎると、成長速度が遅くなります（他種のオタマジャクシも同じです）。完全な成体になるには、約2年かかります。

●ヒラタピパを繁殖させる場合、雄雌どんな比率で飼うと良いですか？
雄2頭に雌1頭です。残った雄に卵を食べられないようにするために、抱接開始時点で別の容器に移したほうが良いでしょう。

●ヒラタピパの水槽に水生植物を植えられますか？
ヒラタピパは力強く泳ぎ回るので、せっかく植えても甲斐がありません。

Mantellas
アデガエル

マラガシーガエル科
FAMILY: MANTELIIDAE

　マダガスカルに生息するカエルで、昼行性。色が美しく、非常に人気がある。キノボリアデガエル*Mantella laevigata*を除いて、基本的に地表棲で、成体でも18〜31mmとかなり小さい。養殖されている種はごく一部にすぎない。もっとも有名なのはキンイロアデガエル*M. aurantiaca*だが、英名を持たないものも多く、飼育愛好家のあいだでは、クロテアデガエル*M.cowani*、キノボリアデガエル*M. laevigata*、アオアシアデガエル*M. expectata*、ウルワシアデガエル*M. pulchra*といった種名が使われている。体色が多様で種の識別がむずかしいことから、分類学的な結論も出ていない。ここで説明する飼育条件は、マラガシーガエル科の大半の種に適用できるが、*M. "loppei"*や*M. bernhardi*といった最近発見されたばかりの種については、さらなる研究を待たなければならない。マダガスカル島はいくつかの気候域に分かれており、標高によって気温も変動する。野生のカエルならある程度温度差があっても自然環境を利用して適応できるが、限られた飼育環境ではなかなか適応できない。特に繁殖期前の低温を維持するのはむずかしい。アデガエルは協調性があり、6頭程度の集団飼育ができる。雄は戯れるが、喧嘩にはならないのでけがをすることはない。雄雌1頭ずつでも繁殖するが、集団（雌1頭に対して最高で雄4頭）のほうが繁殖しやすい。雌は雄よりひと回り大きく、ふとっている。繁殖期の雄は鳴嚢を大きく膨らませて鳴くので、性別がはっきりとわかる。腹部の色が薄い種（キンイロアデガエルなど）は、水滴を垂らした小さな透明な容器に入れて雄雌を識別する。雄は、横腹を底に押しつけたとき、2本の白い線が透けて見える。

▼ キンイロアデガエル*Mantella aurantiaca*は頻繁に輸入されている。鮮やかな体色は、毒があることを示しているが、環境で毒性が失われるかどうかはわかっていない。

産卵用の穴

　通常、卵は物陰の下の苔に掘った小さな穴に産みつけられる。ビバリウムでは、その代わりに直径2.5cmのプラスチック製のパイプを使う。パイプを折り曲げて、片端を水場に入れ、動かないように周囲を苔で抑える。この時期、湿度は上げておかなければならない。このパイプにうまく卵を産んでくれれば、孵化したオタマジャクシは身をくねらせて水中に落ちる。あるいは、卵ごとパイプを別の容器に移すこともできる。飼育環境での産卵数は、野生に比べてかなり少ない。孵化したオタマジャクシは、3日後に、水温20～21℃、水深8cmの水槽に移す。水は3、4日ごとに半分捨て、同じ水温に調整した汲み置きの水を足す。水生植物を入れると水質維持に役立つ。オタマジャクシは、25×20×20cmの水槽に10頭を目安にし、過密にならないよう注意すること。餌については、168～169ページ「ヤドクガエルの仲間」参照。変態には5、6週間かかる。前肢が生えてきたらすぐに水から上がるので、後肢が生えた時点で小さな浮き島かいかだを浮かべておく。水槽には、脱走に備えて通気性のよい蓋をかぶせる。幼体は成体用のビバリウムと同じ設備を備えた飼育器に移し、小さな生き餌を与える。

➡　マダガスカル南西部の比較的乾燥した地域に生息するアオアシアデガエルMantella expectata。短い雨期のあとに繁殖期を迎える。

Q&A

●アデガエルの仲間は毒を持っていますか？

毒性があることは、鮮やかな体色を見ればわかりますが、ほとんど研究されていません。ハイレグアデガエルM. madagascariensisの皮膚からは、ヤドクガエル類と同じアルカロイドが検出されています。鳥がアデガエルの仲間を捕食しようとしないのは、嫌な味がするからでしょう。また、野生のアデガエルといっしょに飼育した他種のカエルが死んだ例もあり、おそらく毒にやられたのでしょう。その毒性が飼育環境で失われるかどうかは、不明です。

●アデガエルは初心者向きですか？

実際問題として向いていません。飼育自体はそれほどむずかしくありませんが、値段が高く、ほとんどの種は野生で捕獲するしかないからです。また、もっとも一般的なキンイロアデガエルとハイレグアデガエル以外は、文献もほとんどありません。初心者なら、スズガエルかアマガエルが無難です。

■飼育の条件■

ビバリウムのサイズ　地表棲の場合、90×38×38cmに6～8頭。水場または水を入れた容器は、15×25×1.25cm。キノボリアデガエルなど樹上棲種のビバリウムは、最低75cmの高さが必要。	**湿　度**　85％。通気性が不可欠。
床　材　表面に苔を敷いた保湿性のある素材。	**繁殖条件**　6～8週間、気温20℃、湿度約50％に下げ、光周期を10時間に減らしてから、2週間にわたって軽く水を吹きかけ、その後大量に水を吹きかけ、光周期を元通りに戻す。床材に溜まった余分な水は吸い出しておくこと。
居住環境　植物は任意。水辺に小さなコルクバークの洞穴または隠れ家をつくる。	**食　餌**　粉末栄養剤をまぶした小型昆虫類。
気　温　低パーセンテージのフルスペクトル(UVB)蛍光灯を使い、気温が上がらないように注意する。光周期：12～14時間。	**産卵と孵化**　卵と床材の一部を小さな容器に移し、卵塊すれすれまで水を入れる。通常のビバリウムと同じ気温に調整し、10～14日間たつと孵化する。
キノボリアデガエル　日中は最高26.5℃、夜間は最低21℃。	**キノボリアデガエル**　年2、3回、1回につき最高10個。
その他の種　日中は20～24℃、夜間は13～15℃。	**その他の種**　年2、3回、1回につき20～60個。

Foam-nesting Frog and Flying Frog
アオガエル

アオガエル科　FAMILY: RHACOPHORIDAE

　アオガエル科の仲間は泡状の巣をつくって産卵することで有名だが、別名トビガエルとも呼ばれる一部の種は、滑空することでも知られる。しかし、ペット市場で取り引きされる種はごく限られている。

ハイイロヒナタガエル
(Foam-nesting Treefrog)

　学名*Chiromantis xerampelina*。樹上棲で、アフリカ南部および東部に生息している。体長は大きいもので9cm、四肢はほっそりとして長く、指先には「吸盤」があり、指が対置できる仕組みになっているため、枝をしっかりとつかむことができる。黒っぽい模様のある背中は、灰色または薄茶色に変化し、樹上では格好のカモフラージュになる。特に暑い季節の日中などには、瞬く間に濃い灰色からほとんど白に近い色に変わる。腹部はピンク色、咽喉と首の周りの皺の寄った部分は白で、黒い斑点があるものも多い。ハイイロヒナタガエルは、暑く乾燥した環境条件に適応し、強い日差しのもとで何時間も日光浴をする。

　雄は雌よりかなり小さく、第一指と第二指に白い婚姻瘤がある。産卵は夜に行われる。抱接したペアは、水の上に張りだした枝など、産卵に適した場所を見つける。雌は産卵管から分泌液を出し、後肢でかき回して白い泡状にする。約15分後、産卵が始まり、卵は泡の中に埋もれる。「巣作り」の合間に、体を濡らすために雌が巣を離れ、水に入ることもある。複数の雌が共同でひとつの大きな巣をつくることもある。翌日の夜になると、雌は巣の上にもうひとつ巣をつくる。泡状の巣の表面は、乾燥を防ぐために堅くなり、何日かたつと表面がひび割れてくる。やがて雨が降ると、雨に促されるように孵化が始まり、孵化したオタマジャクシが次々と水に落ちていく。飼育環境では、雨の代わりに卵塊に水を吹きつける。オタマジャクシは別の水槽に移すこと（145～155ページ「繁殖」参照）。変態には約10週間かかる。幼体は成体とほとんど同じ環境のビバリウムで育てるが、湿度だけは少し高くする。

■飼育の条件■
ハイイロヒナタガエルとトビガエル

ビバリウムのサイズ
ハイイロヒナタガエル　60×60×90cmにペア2組。水場は60×25×8cm。水場は常設でも繁殖期だけでも良い。
トビガエル　最低150×90×120cmにペア1、2組。常設の水場、最低60×45×8cm。

床　材　保湿性のある素材。

居住環境　木の枝や植物、水場に張りだす部分をつくる。床材の上には隠れ家を置く。ハイイロヒナタガエルには水を入れた小さなボウルが必要。

気　温
ハイイロヒナタガエル　日中は25.5～26.5℃、夜間は23℃。フルスペクトル（UVB）ライトと保温用ランプ。光周期：14時間。
トビガエル　日中は26.5℃、夜間は24.5℃。低パーセンテージのフルスペクトル（UVB）蛍光灯。光周期：14時間。

湿　度　90～95％。毎日水を吹きかける。

繁殖条件
ハイイロヒナタガエル　通常の気温で6～8週間水をかけず、ビバリウム内を乾燥させる。その後、水場に大量の水を吹きかける。光周期：12～14時間。
トビガエル　通常の気温で6～7日間水をかけずに乾燥させてから、大量に水をかける。光周期：12～14時間。

食　餌　粉末栄養剤をまぶした昆虫類。

産卵と孵化
ハイイロヒナタガエル　年2、3回、1回につき最高200個。卵塊に水を吹きかけて孵化を促し、その後、水中に卵を入れて4～6日たつと孵化する。気温は成体のビバリウムと同じ気温に調整する。
トビガエル　年2、3回、1回につき30～80個。成体のビバリウムと同じ水温に調整した容器で、4～6日たつと孵化する。

両生類カタログ

クロマクトビガエル
（Flying Frog）

　学名*Rhacophorus nigropalmatus*。アオガエル科を代表するカエルで、体長10cmほどの魅力的な熱帯種。タイ、マレーシア、スマトラに生息し、いくつかのバリエーションがある。指には濃い色の広いみずかきがあり、木々の間を滑空できる。背中は緑色で、白い斑点のあるものが多い。トビガエルの仲間は食欲旺盛で、小さなカエルやトカゲまでも食べてしまう。飼育するときは、十分なスペースのあるビバリウムを用意しておかないと、滑空時にけがをする可能性がある。グリーンハウスなどは理想的なビバリウムになる。雄は雌より小さく、繁殖期になると親指に婚姻瘤（拇指隆起）が現れる。ハイイロヒナタガエルと同様に、トビガエルも水の上に張りだした枝などに泡状の巣をつくる。

　オタマジャクシや幼体の育て方については、154～155ページ「繁殖」参照。同じ方法で飼育できる種に、シロアゴガエル*Polypedates leucomystax*（以前はアオガエル*Rhacophorus*属に分類され、滑空はしないがAsian Flying Frogとも呼ばれる）やマレートビガエル*R. reinwardtii*などがいる。ただし、マレートビガエルのほうは飼育環境への適応力に欠ける。

➡　アオガエルの仲間では最大のクロマクトビガエル*Rhacophorus nigropalmatus*。食欲旺盛で、小さなトカゲや他種のカエルまで食べるので有名。体の小さな動物との同居は避けること。

Q&A

●ハイイロヒナタガエルは気温が高いと汗をかいているように見えますが、どうしてですか？

　暑く乾燥した気候に適応するためです。汗が蒸発すると熱が奪われ、体を冷やすことができます。汗で失われる水分は少量なので問題ありません。また糞にはほとんど水分はなく、体の水分が足りなくなる心配はありません。

●繁殖期にあぶれた雄は、別の場所に移したほうが良いですか？

　その必要はありません。野生では、抱接相手のいない雄が産卵時に参加し、受精させることもあります。

●ハイイロヒナタガエルの場合、レインチェンバーを用意したほうが良いですか？

　原則として必要ありません。長い乾燥期をつくり、その後水をかけて湿度を上げれば、繁殖期が訪れます。ただし、アオガエル属の場合、この方法で繁殖に成功しなかったら、レインチェンバーでやってみると良いでしょう。装置のつくり方は154～155ページ「繁殖」を参考にしてください。

●トビガエルはどのぐらい滑空できますか？

　高さと広さにもよりますが、1回で15m飛べるといわれる種もいます。けがをせずに滑空の練習ができるように、かならず十分なスペースを与えてください。

●トビガエルには日光浴用の太陽灯が必要ですか？

　アオガエル類はモリガエル類のような日光浴はしません。スポットランプの位置が近すぎると、脱水状態になる危険もあります。ただし、保温用に、ガラス製の蓋の上から照らす程度なら問題ないでしょう（144～145ページ「保温、照明、湿度」参照）。

Reed and Running Frogs
クサガエル

クサガエル科
FAMILY: HYPEROLIIDAE

　アフリカのサハラ砂漠以南に生息し、クサガエル科と呼ばれる大きな科に属す。飼育は簡単。一部は昔から輸入されている。また、アルキガエル属 *Kassina* は20種以上確認されているが、一般的に取り引きされているのは3種にすぎない。

イロカエクサガエル
（Marbled Reed Frog）

　学名 *Hyperolius marmoratus*。英名ではPainted Reed Frog（絵の具で描いたようなクサガエルの意）と呼ばれ、クサガエルの中ではもっともよく知られている。成体（生後6、7カ月）でも体長2.5cmほどで、白、ベージュ、緑、赤、黄色など、体に斑点または縞があり、腿の上部と足先が赤い。幼体は一色で、雄の成体にも茶色一色のものがいる。四肢が細長く、指先にふくらみがあり、敏捷に木登りがで

Q&A

●イロカエクサガエルは初心者向きですか？
　初心者向きです。植物を植えた樹上棲用ビバリウムでも、かなり小さなシンプルな飼育器でも元気に暮らします。買うときは、できれば成体よりも幼体を選んだほうが良いでしょう。

●オタマジャクシ用の水槽はフィルターが必要ですか？
　必要です。底面フィルターを使ってください。ほかの濾過装置は、吸い込み口を工夫しないと卵やオタマジャクシが吸い込まれてしまいます。

●クサガエルやアルキガエルのオタマジャクシは、どのように育てれば良いですか？
　水温を25.5℃に保ち、頻繁に水を換えてください。水は1日汲み置きした同温の水を使います。餌は、藻類、魚用フレーク状餌を砕いたもの、水生植物などです。変態期間は、クサガエルが約2カ月、アルキガエルは5カ月です。

■飼育の条件■
イロカエクサガエルとモモアカアルキガエル

ビバリウムのサイズ

イロカエクサガエル　60×38×60cmに6頭。15×15×5cmの水場をつくる。

モモアカアルキガエル　60×60×60cmにペア1組。20×15×5cmの水場をつくる。

床　材　陸場には保湿性の高い素材を使い、表面を苔で覆う。

居住環境　高湿の熱帯域。登れるように木の枝、コルクバークを置き、装飾用の植物なども植える。水場には水生植物を数本植える。

気　温　低パーセンテージのフルスペクトル（UVB）蛍光灯を使用すること。特に植物を植えた場合は照明が必要。

イロカエクサガエル　日中は23〜28℃、夜間は20℃。光周期：12〜14時間。

モモアカアルキガエル　日中は21〜27℃、夜間は21℃。光周期：12〜14時間。

湿　度　毎日、水を吹きかける。

イロカエクサガエル　90％。

モモアカアルキガエル　60〜65％。

繁殖条件

イロカエクサガエル　1〜2週間だけ湿度を80％に下げる。気温と光周期は通常通り。

モモアカアルキガエル　90×30×30cmのレインチェンバーに水を10〜13cm入れ、カエルを移す。気温と光周期は通常通り。普段のビバリウムを使う場合は、水を大量に吹きかけ、湿度を90〜95％に上げる。

食　餌　粉末栄養剤をまぶした小型昆虫類。

産卵と孵化　オタマジャクシ用の水槽に植物ごと移す。孵化期間は、24℃で3〜5日。腐り始め、カビが生えた無精卵は吸い出すこと。

イロカエクサガエル　年最高7回、1回につき200個。

モモアカアルキガエル　年2、3回、1回につき最高300個。

↑ 喉を風船のように膨らませて鳴くイロカエクサガエル*Hyperolius marmoratus*の雄。単にクサガエル*Hyperolius*種として店頭に出ることが多い。

➡ 休憩中のモモアカアルキガエル*Kassina maculata*。太腿の内側と腕の付け根の赤い色が鮮やか。

きる。薄明薄暮性から夜行性で、有毒ではない。

　雄には灰色の喉盤（のどの円盤状のふくらみ）があり、この部分にオレンジ色の斑点がついていることもある。輸入されたばかりの個体は、11月から3月の間に繁殖するが、養殖個体は時期を選ばず繁殖する。雄はテリトリー意識が強いが、喧嘩にはならない。抱接の後、ペアは水に入り、水中に卵をまき散らす、あるいは水生植物に卵塊を産みつける。産卵が終わったら、卵を水の入った容器に移して育てる。オタマジャクシは集団で飼育し、粉末にした魚用のフレーク状餌、細かく刻んだイトミミズ、藻類などを与える。

モモアカアルキガエル
(Red-legged Kassina Frog)

　学名*Kassina maculata*。アフリカ南部に生息する。「吸盤」があり、樹上生活をおくることから（アルキガエル類はほとんど地表棲）、別属に*Hylambates maculata*として分類されることが多

い。体長は大きいもので8cm。非常に美しいカエルで、背中は茶色に大きな濃い斑点があり、斑点の縁は白っぽい線で囲まれている。大腿の内側と鼠蹊部は鮮やかな赤色、腹部は色が薄くざらざらしている。基本的に夜行性だが、日中でも餌を食べに姿を見せることがある。体の大きさは雌雄変わらないが、雄はしぼんだ鳴嚢の上に喉盤があるので区別できる。喉盤は黄色で、普通は鳴嚢の部分の黒い色素が見える。繁殖期の雌には、総排出腔の周囲に突起（わずかな隆起）が現れる。レインチェンバーには、隠れ家として、石を組んでつくった島の端にコルクバークの洞穴や流木を置くと良い。人工的な「雨」は、夜半から翌朝まで降らせる。雄は先を争ってメイティングコールの場所を確保しようとする。水生植物は卵を集めるときに役立つ。産卵が継続するようなら、新たに植物を補給しておく。同じ方法で飼育できる種に、セネガルガエル*K. senegalensis*や*Semnodactylus wealii*がいる。いずれも地表棲なので、床材の上にかならず隠れ家を用意すること。

Newts and Salamanders

イモリ

イモリ科　マルクチサラマンダー科
FAMILY: SALAMANDRIDAE AND AMBYSTOMATIDAE

　イモリ類は、簡単な設備で飼育できるので人気がある。多くは夜行性で、あまり姿を見せず、地味な色合いだが、昼行性の種の中には鮮やかな体色もみられる。冷却器のないビバリウムでは、夏期の高温が問題になる。暑く乾燥した状態だと、隠れ家を見つけて夏眠（あまり動かなくなること）するが、長期間ではなくときどき気温が上がる（26.5℃）程度ならば、健康には影響しない。

ブチイモリ
(Red-spotted Newt)

　学名Notophthalmus viridescens。トウブイモリ属に入り、北アメリカ東部に生息する。水棲種で、飼育家のあいだではよく知られており、3、4種の亜種がいる。変態後に「レッドエフト」と呼ばれる幼体段階を迎える。幼体の体色は、オレンジ色から赤色まで個体差があり、小さな黒い斑点がついている。この斑点は成長するにつれて赤く変わる。成体の全長は最大10cmほどで、体色はオリーブ色から茶色、黒い斑点と黒縁の赤い斑点があり、その数は個体によって異なる。腹部は黄色からオレンジ色で、細かい黒い斑点があり、後肢は大きく力強い。

　繁殖期を迎えると、雄は後肢に婚姻瘤が現れ、尾にかけてわずかにヒレ状の隆条が生じ、雌の体は丸みを帯びてくる。雄の総排出腔は半球状だが、雌の場合はもっと円錐形に近く、尖っている。抱接のあとに産卵する。卵は成体から離し、別の場所で育てること。

　2、3カ月後に変態が完了すると、幼体は水から出て地上で暮らす。この段階に入ったら水量を減らし、浮島かいかだを浮かべる、あるいは保湿性の高い床材を苔で覆ったテラリウムに移す。変態を終えたばかりのレッドエフトには小さな生き餌を与える。レッドエフト期は最長3年ほど続くが、水場のあるビバリウムで飼育すると成長を早められる。

　同じ方法で飼育できる種に、ゴマダライモリN. meridionalis、アカスジイモリN. perstriatusがいる。いずれも多少温度が高くても問題はない。

↑　ブチイモリNotophthalmus viridescensの幼体。この時期、3才まではレッドエフトと呼ばれ、完全な陸棲で、鮮やかな赤色をしている。

Q&A

●イモリとサラマンダーの違いはどこにありますか？
　学問的に厳密にいえば、違いはありません。一般的な使い方としては、水中に卵を産み、水中で幼生が育つものをイモリ、地上で生活する割合が多いものをサラマンダーと呼んでいます。

●イモリは協調性がありますか？
　大型のビバリウムで餌さえ十分に与えていれば、数頭の同種を同居させることはできます。一番問題がないのは雄雌ペアでの飼育です。亜種を混ぜたり、共食いをする成体を卵や幼生といっしょにするのは避けてください。

●飼っているブチイモリの中で、足がなくなっているものがいます。放っておいても大丈夫でしょうか？
　水棲イモリは、動くものならなんにでも食いつく傾向があるので、おそらく仲間にかじられたのでしょう。しかし、いずれ再生するので問題はありません。

●アカハライモリはペレット状餌を食べますか？
　水棲種は、水中でしか餌を食べません。とりあえず水中で餌を与えてみてください。ただし、ペレット状餌を受けつけない種もいます。

両生類カタログ

アカハライモリ
（Fire-bellied Newt）

学名*Cynops pyrrhogaster*。日本に生息し、別名Japanese Fire-bellied Newt（腹部が赤い日本のイモリの意）とも呼ばれる。

その名の通り、腹部は薄い赤色から鮮やかな紅色で、さまざまな形の黒っぽい模様がある。尾は横から押しつぶしたような形をしている。非常に丈夫で寿命も長く、簡単に繁殖する。

普段は水の中で暮らしているが、繁殖期末期になると陸に上がってくる。夏のあいだは、ビバリウムを屋外に出しても良い。屋外の水場付きの囲い込みで飼育することもできる。

ほかの水棲イモリと同様、地上では動く餌しか食べようとしないので、餌は水中にいるときに与える。幼体は湿ったテラリウムで育てるが、4、5カ月で完全な水棲に戻る。成体になるまでには約2年要する。若いイモリはよじ登る名人で、足がかりのないガラスなどでも平気で登ってしまうため、ビバリウムにはかならず蓋をすること。

成体の全長は10～12cm。雄の尾のヒレのような部分は、雌に比べて幅が広く、脇腹と尾には青い光沢がある。「求愛ダンス」を含めて非常に複雑な一連の求愛行動を経て、雌は雄が置いた精包を拾い上げる。雌は交尾の翌日ぐらいに、水生植物の重なり合った葉に産卵する。卵を別の場所に移すときは、植物ごと移すと良い。

同じ方法で飼育できる種に、シナイモリ*C. orientalis*、シリケンイモリ*C. ensicauda*、ホンコンイモリ*Paramesotriton hongkongensis*がいる。

イベリアトゲイモリ
（Ribbed Newt）

学名*Pleurodeles waltl*。ヨーロッパのイモリの中では最大種。イベリア半島とモロッコ北部に生息している。全長は平均25～28cm、背中は焦げ茶色からオリーブ色で、黒っぽい斑紋がある。脇腹に沿った黄色やオレンジの斑点の中に、毒液を分泌する細胞があり、毒のついた肋骨の先端がここを通って突

↓ アカハライモリ*Cynops pyrrhogaster*。ほかの水棲イモリと同様、餌の虫が床材の中に逃げ込まないよう、水中で与えたほうが良い。

イモリ

き出す仕組みになっている。個体によっては、肋骨の先端が見えているものもいる。しかし、それほど危険ではなく、手荒な扱いさえしなければけがをする心配はない。ただし、小さな子供が触らないように注意すること。繁殖期になると、雄は雌よりも細くなり、総排出腔が膨れ、四肢が太く、尾が若干長くなり、前肢の内側に黒っぽい婚姻瘤が生じる。また、背中がほんのりと赤くなる場合も多い。繁殖期は時期を選ばず訪れ、一般に一時的な低温期、あるいは若干乾燥した状態のあとで起こる。明るい照明も繁殖を促す要素となるが、気温が上がらないように注意すること。繁殖期には大量の水を吹きかけ、十分な水と水生植物を入れた容器にペアを移す。幼生の外鰓が退化し始めたら、水位を下げ、這い上がれる陸場をつくる。変態は、孵化後、10～16週ほどで始まる。

同じ方法で飼育できる種に、アルジェリア北部に生息する小型の近縁種アルジェリアトゲイモリ *P. poireti* がいる。

アルプスイモリ
（Alpine Newt）

学名 *Triturus alpestris*。ヨーロッパ全域に生息し、ヨーロッパおよびイギリスの愛好家のあいだで人気がある。性的に成熟した個体が幼体の形質を保持することを「幼形進化 paedomorphosis」と呼ぶ

■**飼育の条件**■
ブチイモリ、アカハライモリ、イベリアトゲイモリ、アルプスイモリ

ビバリウムのサイズ
ブチイモリ、アカハライモリ、アルプスイモリ 90×30×30cmに6頭。
イベリアトゲイモリ 最低90×38×45cmに成体のペア1組。

床材 陸場：表面に苔を敷いたローム土。水場：底にアクアリウム用の砂利を敷く。

居住環境 ビバリウムの内部を仕切って、水深10cmの水場をつくり、水生植物を植える。陸場の植物はかならずしも必要ないが、コルクバークの隠れ家は置く。

気温 日中は17～22℃、夜間は15℃。光周期：14時間。植物には低パーセンテージのフルスペクトル（UVB）蛍光灯が有効。内部の気温が上がりすぎるなら照明は使わないこと。

繁殖条件 通常の昼光時間。

ブチイモリ、アカハライモリ、アルプスイモリ 南方種は10～12℃で3～6週間。その他の種は、最低7℃で6～8週間。

イベリアトゲイモリ 3～6週間、気温を7～10℃に下げ、徐々に20℃まで上げてから大量の水を吹きかける。その後、水場の水深が25cmの、同じようなビバリウムにペアを移す。

食餌 ナメクジ、ミミズ、粉末栄養剤をまぶしたコオロギ。

産卵と孵化
ブチイモリ、アカハライモリ、アルプスイモリ 年1回、最高200個の卵を数週間かけて産む。飼育用水槽に移した卵は、水温17℃で20～35日間で孵化する。

イベリアトゲイモリ 年1回、350～1000個。飼育用水槽に移した卵は、水温17℃で3～10日間で孵化する。

が、これは高度の高い地域に生息する種に共通してみられる。アルプスイモリは非常に丈夫で、生涯、アクアリウムで飼育することもできるし、適切な池のある屋外の囲い込みでも飼育できる。ヨーロッパイモリ*Triturus*属の中ではもっとも美しい種のひとつで、特に繁殖期の雄は一段と色鮮やかになり、背中は灰色から青みがかった黒。水に入ると、濃いマーブル模様がくっきりと現れる。脇腹の下のほうは白から明るい青、四肢、脇腹、頭部、尾には地色と対照的な濃い斑点がある。

また、春になると腰から尾にかけて白い帯状のヒレが生じる。雌の背中は茶色一色で、脇腹と尾に沿ってかすかな斑点が並んでいる。雄雌ともに、腹部は黄色かオレンジ色。同じような方法で飼育する種にマダライモリ*T. marmoratus*がいるが、冬場は防寒対策が必要になる。

注意：イギリスでは、クシイモリ*T. cristatus*は厳密に保護されている。ライセンスがない限り、捕獲や取り引き、飼育はできない。

ミナミイボイモリ
(Emperor Salamander)

学名*Tylototriton shanjing*。中国西部などに生息し、輸入数も多いが、環境条件や生態学的研究は進んでいない。

体色は茶が一般的で、脇腹の斑点や頭部、背中に沿って、隆起したオレンジ色の分泌腺がある。

かつては低温で飼育するものと考えられていたが、イギリスの夏の室温で十分繁殖することがわかった。

↑ ミナミイボイモリ*Tylototriton shanjing*。植物の豊富なビバリウムで、ほかのイモリ類よりも若干高めの気温にする。

イモリ

ビバリウムには、水でも土でも育つミズワラビ Ceratopteris thalictrodesとタネツケバナCardamine lyrataを十分に植え込む。水場と陸場の一部は、植物を刈り込んで空けておく。

主に日中活動するため、フルスペクトルライトは必要ないが、植物のためにオーバーヘッドライトをつける。冬季は動きが鈍くなり、餌を食べる量も減る。

ミナミイボイモリの繁殖はあまり容易ではなく、冬眠期を設けるだけでは十分とはいえない。1年目に失敗したら、翌年は少し気温を上げてみる。そして、水場にホースの先にじょうろ口を付けた小型の循環ポンプを設置し、5、6日間人工雨を降らせる。交尾が観察できなくても、尾をくねらせる雄の姿がみられる。卵は、水面から12～13cm上方の葉の上に産みつけられるが、水中も探してみたほうが良い。

幼生は日中の気温29℃、夜間21℃の環境で育てる。日中は植物の陰に隠れているが、夜になると餌を食べる。気温が17℃以下になると、幼生は餌を食べなくなり、死んでしまう。孵化後10～12週で変態が始まる。

タイガーサラマンダー（Tiger Salamander）

学名Ambystoma tigrinum。北アメリカ大陸のカナダからメキシコにかけて生息する人気種で、アメリカでは法律で保護されている州もあるが、市場には出回っている。成体は全長30cmにも達し、地表棲サラマンダーの中では最大種。黒っぽい地に黄色の模様や帯、斑点などがある。亜種は6亜種といわれているが、ひとつの亜種の中でもかなりの個体変異がある。

一般に薄明薄暮性から夜行性で、なかなか姿を見せないものの、ピンセットから餌を食べる程度にはなつき、餌を与えようと近づく人間をじっと見つめたりする。食欲旺盛で、そのぶん、排泄物の量も多いので、床材は頻繁に取り換え、清潔にしておかなければならない。

観察用に照明をつけるなら、ビバリウム内の気温

↓ タイガーサラマンダーAmbystoma tigrinumは食欲旺盛。床材があっというまに汚れるので、まめに交換すること。

両生類カタログ

■飼育の条件■
ミナミイボイモリ、タイガーサラマンダー、ファイアサラマンダー

ビバリウムのサイズ　通気性の良い網蓋をかぶせる。

ミナミイボイモリ　90×30×38cmに6頭。

タイガーサラマンダー　90×30×30cmにペア1組。

ファイアサラマンダー　90×30×30cmに6頭。

床材　表面を苔で覆った保湿性のある素材。

居住環境

ミナミイボイモリ　タイガーサラマンダーと同じ。ただし、ボウルの代わりに水深8cmの水場をつくり、水陸両方にミズワラビ*Certopteris thalictroides*とタネツケバナ属lyrataを植える。枝は刈り込むこと。

タイガーサラマンダー　床材の上にコルクバークの隠れ家を置く。植物は必須ではない。直径23～25cmのボウルに水を深さ2.5cm入れる。定期的に水をかけること。

ファイアサラマンダー　タイガーサラマンダーと同じ。ただし、ボウルの代わりに水深3.5cmの水場をつくり、這い上がれるように浮島または石を置く。

気温

タイガーサラマンダーとファイアサラマンダー　日中は20～22℃、夜間は最低10℃。

ファイアサラマンダー　日中は24～26.5℃、夜間は15℃。

湿度

ミナミイボイモリ　85％。

タイガーサラマンダーとファイアサラマンダー　70％。

繁殖条件

ミナミイボイモリ　日中15～17℃、夜間12.5～15℃で8～12週間。光周期：10時間。

タイガーサラマンダー　3℃で9～10週間の冬眠。光周期：通常の昼光時間。

ファイアサラマンダー　北方亜種と中央亜種は、5～8℃で12～16週間の冬眠。光周期：通常の昼光時間。南方亜種は冬眠しないが、数週間、活動量が落ちる。

食餌

ミナミイボイモリとファイアサラマンダー　ミミズ、ナメクジ、粉末栄養剤をまぶしたコオロギ。

タイガーサラマンダー　ミミズ、小型カタツムリ、ナメクジ、粉末栄養剤をまぶした昆虫類、ピンクマウス（体の大きな個体用）。

産卵と孵化

ミナミイボイモリ　卵で産む。年3回、1回につき20個。水温24℃の汲み置きした水の小型容器に、1個ずつ別々に入れ、30日で孵化する。

タイガーサラマンダー　卵で産む。年1、2回、1回につき350～1400個。飼育用水槽に移し、水温8～10℃で2～10日間で孵化する。

ファイアサラマンダー　幼生で生まれる。年1、2回、1回につき最高70頭。水温20℃の汲み置きした水の小型容器で別々に飼育する。変態が始まるまで約12週間かかる。

が上がらないワット数の低いものを使うこと。

タイガーサラマンダーは基本的に陸棲で、繁殖期だけ水に入る。気温が少し上がると冬眠から醒める。

北部および山岳地域からやってきた個体は、3月から6月、南部の個体は12月から2月、南西部の個体は7月から8月に繁殖期を迎える。北部の冬季に適応させると、生き餌が不足する冬季に冬眠するようになる。

繁殖期になると、雄は総排出腔が膨れ、雌はふとって丸みを帯びてくる。この時期には、アクアリウム、またはアクアテラリウムに移す。水場には水生植物をたくさん入れ、水深は最低でも15cm、できればもっと深いほうが良い。

卵は小石や植物などに1個ずつ、あるいは卵塊で産みつけられる。卵は別の水槽に移すこと。幼生は共食いするので、孵化したら個別の容器に移して育

Q&A

●**ミナミイボイモリは熱帯種用アクアリウムで飼えますか？**

このようなアクアリウムに入れて展示するペットショップもありますが、この種類は完全なアクアリウムで飼育するものではありません。半水棲なので、繁殖期に浅い水場をつくるだけで十分です。

●**ミナミイボイモリには毒がありますか？**

多くの両生類と同様、危険を感じると皮膚から毒を分泌します。イベリアトゲイモリと同じで、強くつかむと、肋骨が脇腹の毒腺から突き出して刺さるといわれています。しかし他種と同様、注意深く扱えば大丈夫ですが、小さな子供が触らないようにしてください。

●**タイガーサラマンダーの孵化や変態を早めることはできますか？**

温度を高くすれば早まりますが、無理に早めると幼生は育ちません。指示通りの温度を保ち、自然に任せます。

イモリ

⬆ ファイアサラマンダー*Salamandra salamandra*は丈夫なので、大きな囲い込みの中であれば屋外でも飼育できる。日除けや霜除けを工夫すること。

てたほうが良い。

最初のうちはインフゾリアを与え、成長に合わせて、次第にミジンコ、ケンミジンコ、アカムシからミミズへと変えていく。アンビストマ属の他種も同じような方法で飼育することができる。

ファイアサラマンダー
(European Fire Salamander)

学名*Salamandra salamandra*。黒と黄色の強烈な色彩で、ヨーロッパではこの色に惹かれる愛好家が多い。

ヨーロッパ全域（イギリスを除く）、中東、北アフリカに生息し、高度1600mまでのあまり日の当たらない湿気のある場所や小川のそばで暮らしている。寿命の長いこと、丈夫なことで定評があり、体色が示しているように皮膚から毒を分泌する。同じ種で黒とオレンジのものもいる。

最低限の設備を備えたビバリウムがあれば飼育できる。普通の気温と太陽光で十分だが、25℃を超えると弱り始め、暖かい季節には餌の摂取量も減ってくる。しかし逆に、気温が低くても食欲は落ちないので、餌はいちばん寒い時期だけを除いて与えること。

一般に雌は、雄より若干体長が長く、体重もある。繁殖期になると、雄の総排出腔が膨れてくる。交尾は時期を選ばず行われ、懐胎期間が数カ月に及ぶこともある。

冬眠期は少し乾燥気味にして、その後、春の雨を降らせると繁殖を促せる。雌は水中で、四肢と羽毛のような外鰓を持つ幼生を産み落とす。高度の高い地域からやってきた個体は、完全に変態を終えた幼体を産む。幼生は共食いするので、別々の容器で育て、インフゾリアより大きな餌を与える（150～151ページ「餌と給餌」参照）。変態には最長3カ月かかり、3～4年たつと性的に成熟する。変態を終えた幼体は、小型で湿気のあるテラリウムに移すこと。

両生類カタログ

メキシコサラマンダー
(Axolotl)

学名*Ambystoma mexicanum*。丈夫な水棲種で、愛好家のあいだで非常に人気が高い。生息地のメキシコでは絶滅に瀕した種として保護されているが、養殖個体が広く出回っている。

成体は体長30cmに達し、背中は濃い灰色から黒、腹部は明るい灰色をしている。皮膚はベルベットのような手触りで、尾は幅が広くヒレのように見える。突然変異による白と黒のまだら、金色、黒、アルビノなどの個体も比較的簡単に手に入る。四肢は弱々しく、頭の両側に3対の房飾りのような鰓が飛び出している。メキシコサラマンダーはネオテニー（幼形成熟）で、幼形の形質（この場合は外鰓）を残したまま成体となる。この状態をアホロートルという。性成熟に要する期間は1年で、雄は総排出腔の両側の皮膚の皺が増え、繁殖期になるとこの部分が膨れる。交尾は11月から6月までに行われる。成体は冬のあいだ、別々に飼育し、春に同居させると良い。受精は体外で行われ、雄が精包を落とし、雌が拾い上げる。卵は受精から数時間以内に、植物や床材に産みつけられる。水を少し入れた小さな容器に卵を移し、バクテリアなどが繁殖しないよう、かならず定期的に水を換える。幼生には、ほかのイモリと同様の小さな餌を与える。

同じ方法で飼育できる種に、レッサーサイレン*Siren intermedia*、フタユビアンフューマ*Amphiuma means*、マッドパピー*Necturus maculosus*がいる。ただし、水槽は大型のものを用意すること。

■飼育の条件■
メキシコサラマンダー

ビバリウムのサイズ	60×30×30cmのガラス製アクアリウムにペア1組。
床　材	アクアリウム用の砂利。
居住環境	水生植物を植える。
気　温	日中は最高20℃、夜間は最低10℃。
繁殖条件	5℃で8〜12週間。
食　餌	ミミズ、ボウフラ、小魚、水生昆虫類、コオロギ、ときどき生の牛赤身肉片を与える。
産卵と孵化	年1回、最高600個。汲み置きした水を水深8cmまで入れた小さな容器に移し、最高20℃で14〜15日間で孵化する。

↑ メキシコサラマンダー*Ambystoma mexicanum*のリューシスティック。ふつうのアルビノは眼が赤かピンクだが、本種は黒いので人気がある。めったに入手できない。

Q&A

●ファイアサラマンダーが毒をまき散らすという説は本当ですか？

それはあくまでも、捕食者に攻撃されたときの反応を調べるために極度に挑発した場合のことです。これまで飼育者が害を被ったという例はありません。万が一触れた場合は、毒が口や眼に入るといけないので、手をよく洗ってください。子供やペットが手を出せない場所で飼育し、他種との同居は避けます。

●孵化したばかりのメキシコサラマンダーは、オタマジャクシですか、それとも幼生と呼ぶのですか？

厳密にいうと、オタマジャクシというのはカエルやヒキガエル類の幼生段階に使われる名称です。孵化したてのサラマンダーは幼生と呼ぶのが適切です。

●メキシコサラマンダーの幼生は共食いしますか？

幼生を集団で飼育すると共食いが起きます。成長の早いものが遅いものを攻撃する傾向があります。個体差が現れたら、別の容器に移し、単独で育ててください。

●メキシコサラマンダーの変態を早められますか？

変態を促すチロキシンを投与すれば可能です。また、ごくわずかずつ徐々に湿度を下げていっても促進できるといわれていますが、死んでしまう場合もあります。絶滅に瀕している種なので、自然に任せるのがいちばん良いでしょう。

学名索引

A

Acanthodactylus 96
    A.erythrurus 96
    A.boskianus 96
Acanthosaura 84
Acontias 103
Adolphus 97
Agalychnis callidryas 146,176
Agama
    A.atricollis 48
    A.stellio 48
Algyroides 97
Ambystoma
    A.mexicanum 201
    A.tigrinum 198
Amphiuma means 201
Andrias japonicus 141
Anguis fragilis 56,57
Anolis
    A.carolinensis 24,85
    A.equestris 86
    A.sagrei 86
Antaresia childreni 112

B

Basiliscus
    B.basiliscus 87
    B.plumifrons 86,87
    B.vittatus 87
Boa constrictor 106,107
Bombina
    B.bombina 172
    B.maxima 172
    B.orientalis 173
    B.variegata 172
Bolitoglassa 145
Bradypodion thamnobates 58
Breviceps 152
Bronchocela cristatella 84
Brookesia
    B.perarmata 64
    B.stumfii 65
    B.superciliaris 65
    B.thieli 65
Bufo
    B.blombergi 158
    B.bufo 141
    B.marinus 17,165
    B.quercicus 162
    B.viridis 162

C

Calabaria reinhardti 113
Candoia carinata 107
Ceratophrys
    C.calcarata 178
    C.cornuta 144,178,179
    C.cranwelli 178
    C.ornata 140,178
Chalcides
    C.bedriagai 103
    C.chacides 103
    C.ocellatus 103
Chamaeleo
    C.bitaeniatus 62
    C.ellioti 62
    C.jacksonii 60,61
    C.j.jacksonii 62
    C.j.merumontana 61
    C.j.xantholophus 61,62
    C.johnstoni 62
    C.minor 12
    C.montium 63
    C.pardalis 58,59
    C.pfefferi 63
    C.quadricornis 63
    C.rudis 62
    C.wiedershami 63
Chelydra serpentina 125
Chelonoidis
    C.carbonaria 134,135
    C.denticulata 135
Chinemys reevesii 127
Chiromantis xerampelina 190
Chondropython viridis 112
Chrysemys picta bellii 129
Chrysemys picta dorsalis 128
Clemmys 127
Coleonyx variegatus 71
Coloscethus 168
Corallus
    C.caninus 107,110
    C.enhydris 5,110
Cordylus
    C.jonesi 67
    C.warreni 67
Corucia zebrata 5,100
Corytophanes cristatus 84
Crotaphytus
    C.bicinctores 88
    C.c.baileyi 88
    C.collaris 5,24,88
    C.c.collaris 88
Crytodactylus kotschyi 72
Cynops 152
    C.ensicauda 195
    C.orientalis 195
    C.pyrrhogaster 195
Cytopodion scaber 40

D

Dasypeltis scabra 29
Daphnia 151,155
Dendrobates
    D.auratus 166,168,169
    D.azureus 160,166,168
    D.leucomelas 166,167
    D.pumilio 141,166
    D.quinquevittatus 168
    D.reticulatus 166,169
    D.tinctorius 148,166
    D.truncatus 169
    D.ventrimaculatus 168
Dipsosaurus dorsalis 93
Dyscophus
    D.antongili 180
    D.guineti 180
    D.insularis 180

E

Elaphe
    E.guttata 119
    E.guttata guttata 42
    E.g.rosacea 119
    E.obsoleta rossalleni 39
    E.subocularis 27
Emys orbicularis 26,126
Epicrates cenchria cenchria 106,107
Epipedobates

E.tricolor 167,168
E.trivittatus 168
Eryx 111
　E.colubrinus 111
Eublepharis macularius 70
Eumeces
　E.algeriensis 102
　E.fasciatus 101
　E.inexpectatus 101
　E.laticeps 101
　E.schneideri 102
　E.s.algeriensis 102

F

Furcifer pardalis 60

G

Gambelia wislizenii 88
Gastrophryne 152
Gastrotheca riobambae 177
Gekko gecko 31,74
Geochelone
　G.carbonaria 134
　G.pardalis 135
　G.sulcata 33
Gerrhonotus multicarinatus 56
Gerrhosaurus 8
　G.flavigularis 67
　G.major 67
　G.nigrolineatus 67
　G.validus 66
Gonocephalus 84
Graptemys
　G.geographica 128
　G.kohni 128
　G.pseudogeographica 128

H

Hemidactylus turcicus 72
Hemitheconyx caudicinctus 72, 73
Heterixalus madagascariensis 157
Heterodon nasicus 120
Holbrookia maculata 93
Hyla
　H.arborea 174
　H.cinerea 174,175

H.ebraccata 177
H.gratiosa 175
H.leucophyllata 176
H.meridionalis 175
H.regilla 175
H.versicolor 175
Hylambates maculata 193
Hymenochirus
　H.boettgeri 185
　H.curtipes 186
Hyperolius 193
Hyperolius marmoratus 192,193

I

Iguana iguana 10,43,44,45,82,83

K

Kaloula 152
Kassina 192
　K.maculata 193
　K.senegalensis 193
Kinosternon 137

L

Lacerta 94
　L.lepida 94
　L.schreiberi 94
　L.strigata 94
　L.trilineata 94
　L.viridis 94
Lacertillia 12
Laemanctus 85
Lampropeltis 5,116,119
　L.triangulum elapsoides 117
　L.triangulum sinaroae 5
Latastia 97
Laudakia 48
Liasis
　L.childreni 112
　L.fuscus 13
Lichanura
　L.trivirgata 111
Litoria caerulea 74,175
Lophognathus temporalis 55

M

Malocochersus tornieri 134,136
Mantella 147

M.aurantiaca 188
M.bernhardi 188
M.cowani 188
M.expectata 188,189
M.laevigata 188
M."loppei" 188
M.madagascariensis 189
M.pulchra 188
Mauremys caspica 127
Melacochersus tornieri 136
Megophrys nasuta 183
Morelia
　M.spilota cheynei 112,113
　M.viridis 44,112,115

N

Necturus maculosus 201
Notophthalmus
　N.meridionalis 194
　N.perstriatus 194
　N.viridescens 153,194

O

Opheodrys aestivus 122,123
Ophidia 12

P

Pachydactylus bibroni 72
Paramesotriton hongkongensis 195
Paroedura pictus 68,69,71,72
Pelobates
　P.cultripes 183
　P.fuscus 182
　P.syriacus 183
　P.varaldii 183
Pelodytes punctatus 183
Phelsuma 80
　P.laticauda 80
　P.lineata 80
　P.madagasucariensis
　P.m.grandis 80
　P.m.kochi 80
　P.quadriocellata 80,81
　P.standingi 80
Phrynocephalus
　P.helioscopus 50
Phrynosoma 50

P.mystaceus 50
Phrynomerus
    P.bifasciatus 181
    P.microps 181
Phrynosoma platyrhinos 92
Phyllobates
    P.aurotaenia 166
    P.bicolor 166,169
    P.terriblis 166
Phyllomedusa 177
Physignathus
    P.cocincinus 54,55
    P.leseurii 55
Pipa
    P.carvalhoi 186
    P.parva 186
    P.pipa 186
Pituophis
    P.catenifer 119
    P.melanoleucus 119
    P.m.melanoleucus 119
    P.m.mugitus 119
    P.sayi 119
Platysaurus
    P.imperator 67
    P.intermedius 67
Pleurodeles waltl 195
Podarcis 94,97
    P.taurica 94,95
Pogona
    P.barbata 53
    P.brevis 52
    P.henrylawsoni 53
    P.nullarbor 53
    P.vitticeps 52,53
Polypedates leucomystax 191
Psammodromus 97
Pseudemys 129
Ptychozoon 78
    P.kuhlii 78
    P.lionotum 76
Ptyodactylus hasselquistii 71
Python regius 112,114

R

Rana 146
Rhacophorus
    R.nigropalmatus 191
    R.reinwardtii 191
Rhampholeon 64
    R.kerstenii 65

S

Salamandra
    S.atra 140
    S.salamandra 141,143,200
Sauria 12
Sauromalus obsesus 91
Sceloporus
    S.cyanogenys 90
    S.graciosus 91
    S.grammicus 91
    S.jarrovi 91
    S.magister 91
    S.malachiticus 91
    S.occidentalis 91
    S.orcutti 34
    S.poinsetti 91
    S.undulatus 91
Semnodactylus wealii 193
Serpentes 12
Silurana tropicalis 185
Siren intermedia 201
Sphenops sepsoides 103
    S.scincus 102
Stenodactylus
    S.petrii 69,70
    S.sleveni 69
    S.stenodactylus 69,70
Sternotherus odoratus 137
Storeria dekayi 5,122

T

Takydromus 97
    T.sexlineatus 97
Tarentola mauritanica 72
Teratoscincus 13
    T.keyserlingii 79
    T.microlepis 79
    T.scincus 78,79
Terrapene
    T.carolina 46,130
    T.coahuila 130
    T.nelsoni 130
    T.ornata 16,130,131
Testudo 132

T.graeca 35,132
T.hermanni 132
T.horsfieldi 133
Thamnophis sirtalis parietalis 121
Tiliqua
    T.gerrardii 100
    T.gigas 98
    T.rugosa 29
    T.s.intermedia 98
    T.s.scincoides 98
Trachemys 129
Triturus
    T.alpestris 196
    T.cristatus 197
    T.marmoratus 138,152,197
Tupinambis teguixin 104
Tylototriton shanjing 197

U

Uromastyx acanthinurus 50,51
Uroplatus
    U.alluaudi 75,76
    U.ebenaui 76
    U.fimbriatus 75
    U.guentheri 76
    U.henkeli 75
    U.malahelo 76
    U.phantasticus 75,76
    U.sikorae 75
Uta stansburiana 93

X

Xenopus
    X.borealis 185
    X.laevis 184

和名索引

あ〜お

アイゾメヤドクガエル　166,168
アオアシアデガエル　188〜189
アオガエル　190〜191
アオジタトカゲ　98〜100,101
アオハリトカゲ　88,90〜91
アカアシガメ　134〜135
アカアシ病(潰瘍性皮膚炎)　157,158
アカオビヤドクガエル　168
アカガエル　146
アカスジイモリ　194
アカトマトガエル　180
アカハライモリ　194,195,196
アガマ　48〜51
アカミミガメ　17
アカメアマガエル　146,175,176,177
アゴヒゲトカゲ　52〜53
アデガエル　188〜189
アフリカタマゴヘビ　28,29
アフリカツメガエル　184〜185
アホロートル　201
アマガエル　174〜177
アマゾンツノガエル　144,178〜179
アマゾンヤドクガエル　167,168
アメーバ　41
アメリカアマガエル　174,175
アメリカハコガメ　130〜131
アメリカネズミヘビ　116,119
アリュオーヘラオヤモリ　75〜76
アルキガエル　192,193
アルジェリアトカゲ　102
アルジェリアトゲイモリ　196
アルビノ　201
アルプスイモリ　196〜197
アルプスサラマンダー　140
アンギストカゲ　56〜57
アンフューマ類　141
イエアメガエル　175〜176
イグアナ　17,82〜93
異種間繁殖　143
イチゴヤドクガエル　141,166,168
イツジマヤドクガエル　168
イツスジトカゲ　99,100,101
イツユビカラカネ　103
イベリアトゲイモリ　195〜196
イベリアニンニクガエル　183
イベリアヘリユビカナヘビ　96
イモリ　140,141,145,194〜201
イロカエクサガエル　192,193
イワハリトカゲ　91

イワヤマプレートトカゲ　66〜67
インドシナウォータードラゴン　54
インフゾリア　146,150,151
隠蔽色　84
ウォータードラゴン　48,54〜55
ウチワヤモリ　71〜72,73
ウバヤガエル　168
ウルワシアデガエル　188
エジプトクサビトカゲ　103
エダハヘラオヤモリ　75,76
エッグフィーダー(卵食性)　168
エバグレーズネズミヘビ　39
エベノーヘラオヤモリ　76
エメラルドツリーボア　107,110
エリオットカメレオン　60,62〜63
オオアオジタ　98
オオアシカラカネ　103
オオサンショウウオ　141
オオスズガエル　172,173
オオトカゲ　46
オオヒキガエル　17,163,164,165
オオミドリカナヘビ　94
オカアリゲータトカゲ　56〜57
オークヒキガエル　162,163,164
オタマジャクシ　153,155,163,168,169
オニプレートトカゲ　67
オビナゾガエル　181
オマキトカゲ　99,100〜101
温帯種　6
温度性決定(TSD)　38,69

か〜こ

外温性(変温性)　12
潰瘍性皮膚炎(アカアシ病)　157,158
カキネハリトカゲ　91
カスピミドリカナヘビ　94
ガットローディング　33
ガーデンツリーボア　5,110
カナヘビ　12,94〜97
カベカナヘビ　94
ガマトカゲ　49,50,51
カミツキガメ　16,124〜125
夏眠　65
カメレオン　12,58〜65
カラカネトカゲ　103
カラバリア　113
カルバルホピパ　186,187
カレハカメレオン　64〜65
カロリナハコガメ　46,130
環境指標生物　138
感染性口内炎(マウスロット)　44
カンムリトカゲ　84
キアシガメ　135

キイロジマヤドクガエル　168,169
キオビヤドクガエル　166,167,168
キスジフキヤガエル　168
キタアオジタ　98
擬態　141
キタナキヤモリ　72
キタパインヘビ　119
キノドプレートトカゲ　67
キノボリアガマ　48〜49
キノボリアデガエル　188
キバラスズガエル　172,173
キメカナヘビ　94
吸引法　43
吸盤　68,81,141,174
ギュンターヘラオヤモリ　76
ギリシャリクガメ　35,132〜134
キンイロアデガエル　188〜189
キンオビフキヤガエル　166
キングヘビ　116〜117
クサガエル　192〜193
クサカナヘビ　96,97
クサガメ　127,128
クシイモリ　197
クシトカゲ　84
クスリサンドスキンク　102
クーターガメ　129
クチヒゲガマトカゲ　50
クビワトカゲ　24,88,90
クランウェルツノガエル　178
グランディスヒルヤモリ　80
クリプトスポリディア症　41
グリーンアノール　24,36,85〜86,87
グリーンイグアナ　10,29,43,44,45,82〜83
グリーンウォータードラゴン　54〜55
グリーンバシリスク　84,85,86〜87
クル病　45,147
クロテアデガエル　188
クロマクトビガエル　191
ケステンカレハカメレオン　65
ケズメリクガメ　33
ケニアツメガエル　185
交雑個体　178
光周期　21,146
抗生物質　40
甲板　126
コーカサスイシガメ　127
コガタナゾガエル　181
コグシカロテス　84
コクチガエル　152
コッチホソユビヤモリ　72
骨　鱗　66
コバルトヤドクガエル　166,168

ゴファーヘビ 116,119～120
鼓膜下大型鱗 82,83
ゴマダラİモリ 194
コロンビアツノガエル 178～179
婚姻瘤 152
コーンスネーク 116,119

さ～そ

ササメスキンクヤモリ 79
雑種 52
サバクイグアナ 92,93
砂漠棲のイグアナ 88～93
サバクツノトカゲ 92～93
サバクトゲオアガマ 50～51
サバクナメラ 27
サバクハリトカゲ 91
サビトマトガエル 180
サラマンダー 28,152,155,194,198,201
サルモネラ症 44,82
シェルロット（潰瘍性の甲の病気）44
色素体 141
シナイモリ 195
ジムグリガエル 152
ジャクソンカメレオン 60,61～62,63
ジャングルカーペットニシキヘビ 112～114,115
樹上棲種 24,27,84～87
樹上棲のイグアナ 84～87
シュトゥンプフヒメカメレオン 65
シュナイダートカゲ 101,102,103
シュライバーカナヘビ 94
春化処理 35,37,131
ジョンストンカメレオン 62
ジョーンズヨロイトカゲ 67
シリアニンニクガエル 183
シリケンイモリ 195
シロアゴガエル 191
人為淘汰 52,119
ズアカヤドクガエル 168
スカーレットキングヘビ 117
スキアシガエル 182～183
スキンク 98～103
スキンクヤモリ 13,78
スケールロット（疱疹）44
スジナシアマガエル 175
スジプレートトカゲ 67
スズガエル 172～173
スタンディングヒルヤモリ 80
スナバシリ 97
スナボア 110,111
スベトビヤモリ 74,76,78

スベヒタイヘラオヤモリ 75,76
スベヒタイヘルメットイグアナ 84,85,87
スライダーガメ 129
スローワーム 56～57
セアカヤドクガエル 166,168,169
性的二型性 34,152
性的二色性 34
セイブシシバナヘビ 120～121
セイブニシキガメ 129
セスジニシキガメ 128～129
セネガルガエル 193
ソメワケササクレヤモリ 68,69,71,72
反り返り反射 141,172

た～と

体外受精 152～153
タイガーサラマンダー 198～200
体内受精 152～153
タウリカナヘビ 94～96
蛇食性 123
ダーツスキンク 103
脱皮 13,42～43
ダブルクラッチング 117
タンニン 30
チアミナーゼ 33,120
チズガメ 128,129
チチュウカイリクガメ 132～134
ヂムグリガエル 180
昼行性 18,21,48,147
チョウセンスズガエル 172～173
チルドレンニシキヘビ 112～115
ツメガエル 184～187
ツノガエル 178～179
ティールヒメカメレオン 65
テグー 104～105
デケイヘビ 5,122,123
テタニー（強直性痙攣症）69
透過性 140
トウブイモリ 194,196
トウブクビワトカゲ 88
トウヨウイモリ 152
トゲオアガマ 51
トッケイヤモリ 31,74～75,76
トビヤモリ 78
トマトガエル 180～181
共食い 17,39,143,151,155,164,169,172,178,179,183,191,199,200
トルキスタンスキンクヤモリ 78～79
ドロガメ 137
ドワーフピパ 186

な～の

ナイトアノール 86
ナイルスナボア 111
ナガハナヒョウトカゲ 88
ナゾガエル 181
ナミウチワヤモリ 71～72,73
ナミカメレオン 64
ナミハリトカゲ 91
ナミヒラタトカゲ 66～67
ナミヘビ 116～123
ナメラ属 119
ナラーボーアゴヒゲ 53
ニオイガメ 137
ニシアフリカトカゲモドキ 15,71,72～73
ニシキハコガメ 16,130～131
ニシキヘビ 46,107,112～115
ニセチズガメ 128
ヌマガメ 126～129
ヌマハコガメ 130
ネオテニー（幼形成熟）201
ネコメガエル 177
熱帯種 6
ネッタイツメガエル 185
ネルソンハコガメ 130
膿瘍 44
ノギハラバシリスク 87

は～ほ

ハイイロアマガエル 175
ハイイロヒナタガエル 190～191
ハイオビキングヘビ 117
ハイユウヤドクガエル 168
ハイレグアデガエル 189
パインヘビ 116,119
バクテリア感染症 45
バクテリア性結核症 157
薄明薄暮性 18,21,68,146
パシフィックアマガエル 175
パセリガエル 183
ハブモドキボア 107,110
パラシュートヤモリ 78
ハリトカゲ 90
ハリユビヤモリ 69～70,71,72
ハルドンアガマ 48～49
パンケーキガメ 134,136
パンサーカメレオン 58,59～60,62
繁殖周期 35
繁殖停滞 163
半水棲ガメ 9,127
バンドトカゲモドキ 70
ヒイロフキヤガエル 166,168,169
ヒガシアオジタ 98

和名索引

ヒガシアゴヒゲ　53
ヒキガエル　141,162〜165
ピパ　186〜187
ビブロンヤモリ　72
ヒメガエル　180〜181
ヒメカメレオン　64〜65
ヒメキスジフキヤガエル　168
ヒメトマトガエル　180
ヒメミミナシトカゲ　93
ヒョウモンガメ　134,135〜136
ヒョウモントカゲモドキ　70〜73
ヒラオヒルヤモリ　80
ヒラタトカゲ　66
ヒラタピパ　186〜187
ヒルヤモリ　80〜81
ヒロズトカゲ　101
ファイアサラマンダー　141,199〜201
孵　化　37,38〜39
フクラガエル　152
フタユビアンフューマ　201
フトチャクワラ　90,91〜92
ブチイモリ　153,194,196
フチドリアマガエル　177
フトアゴヒゲ　52〜53
ブラウンアノール　86,87
ブラウンウォータードラゴン　55
ブラウンバシリスク　87
ブラジルニジボア　106〜107,110
ブルスネーク　116,119
フロリダパインヘビ　119
ブロンベルグヒキガエル　158
ベトガーヒメツメガエル　184〜187
ヘラオヤモリ　74,75〜76
ヘリスジヒルヤモリ　80
ヘリユビカナヘビ　95,96〜97
ペルシアスキンクヤモリ　79
ベルツノガエル　140,178〜179
ベルベット病　157
ヘルマンリクガメ　132〜134
変温性（外温性）　12
変　態　140,141,155
ボ　ア　106〜111
ボアコンストリクター　106〜107
疱　疹　44
ホウセキカナヘビ　94,95
抱　接　152,153,167
抱　卵　60,101,114
ホエアマガエル　175
ホオスジドラゴン　55
ホシニラミガマトカゲ　50
ボスカヘリユビカナヘビ　96

ホソユビヒメツメガエル　186
ポッピング　34〜35
骨の代謝障害（MBD）　29,45,105,157
ボールニシキヘビ　112〜115
ホンコンイモリ　195

ま〜も

マウスロット（感染性口内炎）　44
マガイスジトカゲ　101
マダガスカルヒルヤモリ　80〜81
マダガスカルヘラオヤモリ　75,76
マダライモリ　152,197
マダラヤドクガエル　166,168,169
マツカサトカゲ　29
マッドパピー　201
マネシヤドクガエル　168
マユダカヒメカメレオン　65
マラカイトハリトカゲ　91
マラヘロヘラオヤモリ　76
マレートビガエル　191
ミイロヤドクガエル　167,168
ミカゲハリトカゲ　34
ミカドヒラタトカゲ　67
ミシシッピチズガメ　128,129
ミシシッピニオイガメ　137
ミスジヤドクガエル　168
ミズニシキヘビ　13
ミツヅノコノハガエル　182,183
ミットサラマンダー　145
ミツユビカラカネ　103
ミドリカナヘビ　94
ミドリニシキヘビ　112〜115
ミドリヒキガエル　162,163,164
ミナミイボイモリ　197〜198,199
ミナミカナヘビ　97
ミノールカメレオン　12
ミルクヘビ　116〜117
ミールワーム　31,151
ムーアカベヤモリ　72
メイティングコール　173
メキシコサラマンダー　201
メスキートハリトカゲ　91
モウドクフキヤガエル　166,168
モトイヒシメクサガエル　157
モハベクビワトカゲ　88
モモアカアルキガエル　192,193
モモジタトカゲ　99,101
モリドラゴン　84
モロッコニンニクガエル　183

や〜よ

夜行性　18,21,68,146,151
ヤコブソン器官　13
ヤスリユビマガリヤモリ　40

ヤドクガエル　143,147,149,152,155,159,166〜169
ブッシュカメレオン　58〜59
ヤマカメレオン　60,62,63〜64,65
ヤマキングヘビ　117
ヤマビタイヘラオヤモリ　75,76
ヤモリ　68〜79
ヤーローハリトカゲ　91
有毒種　46,141,143
有尾類　140,141,148,152,153,155
養殖個体　8,158
羊膜卵　34,37
ヨツヅノカメレオン　63
ヨツメヒルヤモリ　80,81
ヨツユビリクガメ　133〜134
ヨモギハリトカゲ　91
ヨロイトカゲ　66〜67
ヨーロッパアマガエル　147,174〜175,177
ヨーロッパイモリ　197
ヨーロッパスズガエル　172〜173
ヨーロッパニンニクガエル　182〜183
ヨーロッパヒキガエル　141
ヨーロッパヌマガメ　26,126〜127,128

ら〜ろ,わ

ラタストカナヘビ　97
ラフアオヘビ　122〜123
ラメラ　69,70,72
ランキンアゴヒゲ　52
卵　歯　39
卵　塞　41,43,50,134
卵食性（エッグフィーダー）　168
卵生種　34
卵胎生種　34
リオバンバフクロアマガエル　175,177
リクガメ　132〜136
リューシスティック　201
レインチェンバー　154,176
レッサーサイレン　201
レッドコーンスネーク　42
レッドラットスネーク　119
ロージーボア　110〜111
ロージーコーンスネーク　119
ロゼッタカメレオン　64
ローソンアゴヒゲ　53
ワキアカガーターヘビ　120,121
ワキマクアマガエル　177
ワキモンユタ　93
ワレンヨロイトカゲ　67

■監訳者プロフィール

千石正一（せんごく・しょういち）

1949年、東京都生まれ。東京農工大学卒業。幼少の頃より動物に興味があり、中学生頃から爬虫両生類に特に興味を持つ。日本野生生物研究センター(現・自然環境研究センター)を設立し、現在その研究主幹。『月刊フィッシュマガジン』などの趣味誌から、図鑑、学術論文にわたる幅広い執筆活動と、JICA専門家としての海外派遣、講演会、『どうぶつ奇想天外！』などのテレビ出演で広く知られる。著書に『決定版生物大図鑑・動物』(世界文化社)、『動物たちの地球』(朝日新聞社) などがある。

Q&Aマニュアル 爬虫両生類飼育入門

1998年11月 1 日　第 1 版第 1 刷発行Ⓒ
2006年 9 月20日　第 1 版第 3 刷発行Ⓒ

　　　　　著　　者　　ロバート・デイヴィス／ヴァレリー・デイヴィス
　　　　　監訳者　　千石正一
　　　　　発行者　　森田　猛
　　　　　発行所　　株式会社 緑書房
　　　　　　　　　　〒101-0054　東京都千代田区神田錦町3丁目21番地
　　　　　　　　　　TEL 03－5281－8200　FAX03－5281－0171
　　　　　　　　　　http://www.mgp.co.jp　http://www.pet-honpo.com
　　　　　DTP編集　　有限会社 森光社

落丁・乱丁本は弊社送料負担にてお取り替えいたします。
ISBN4-89531-649-1

JCLS　<㈱日本著作出版権管理システム委託出版物>
本書の無断複写は著作権法上での例外を除き禁じられています。
複写される場合は、そのつど事前に㈱日本著作出版権管理システム
(電話03-3817-5670, FAX03-3815-8199)の許諾を得てください。